TRIZ 创新理论及应用

主　编　韩提文　董中奇　张　莉
副主编　梁海军　宋慧敏　张士宪

图书在版编目(CIP)数据

TRIZ 创新理论及应用/韩提文,董中奇,张莉主编. —天津:天津大学出版社, 2020.3

ISBN 978-7-5618-6612-2

Ⅰ.①T… Ⅱ.①韩…②董…③张… Ⅲ.①创造性思维-研究 Ⅳ.①B804.4

中国版本图书馆 CIP 数据核字(2020)第 037582 号

出版发行	天津大学出版社
地　　址	天津市卫津路 92 号天津大学内(邮编:300072)
电　　话	发行部:022-27403647
网　　址	publish.tju.edu.cn
印　　刷	廊坊市海涛印刷有限公司
经　　销	全国各地新华书店
开　　本	185mm×260mm
印　　张	14
字　　数	349 千
版　　次	2020 年 4 月第 1 版
印　　次	2020 年 4 月第 1 次
定　　价	34.00 元

本书编委会

主　编　韩提文　董中奇　张　莉
副主编　梁海军　宋慧敏　张士宪
参　编　唐振华　王丽佳　曹　珍　王占勇
主　审　曹国忠

前　　言

本书是以 G. S. Altshuller 的发明问题解决理论（TRIZ）为核心，为满足高等学校创新人才培养和企业产品创新设计的需求，结合实际创新案例编写而成的。

本书共分为基础理论、TRIZ 工具、TRIZ 发明案例和专利申请及保护四部分。

本书由河北工业职业技术学院韩提文、董中奇、张莉任主编，梁海军、宋慧敏、张士宪担任副主编，唐振华、王丽佳、曹珍、王占勇参编，参加编写的还有河北工业职业技术学院胡孟谦、石永亮、巩甘雷、谷洪雁、谷军明、李文红、李月朋、时彦林、韩立浩、马东祝、郭鹏、温自强、吴鹏飞、郭立达、赵宇辉。

本书由河北工业大学曹国忠教授担任主审。曹国忠教授在百忙中审阅了全书，提出了许多宝贵的意见，在此谨致谢意，并真诚感谢孙建广教授、许波副教授和吴春龙博士的培训指导。

本书力求紧密结合生产实际，注意学以致用，体现以提高创新技能为目标的特点。在叙述和表达方式上力求深入浅出，直观易懂，使读者触类旁通。

本书可作为创新培训的专业教材，并可供从事产品创新设计、科研、生产的人员参考。

本书在编写过程中参考了相关书籍、资料，在此对其作者表示由衷的感谢。由于编者水平所限，书中不当之处，敬请读者批评指正。

编者

2019 年 1 月

目　　录

第1部分　基础理论

绪　论 ······ 1

第1章　基础知识 ······ 6

1.1　功能 ······ 6

1.2　理想解 ······ 9

1.3　创新分级 ······ 13

1.4　可用资源 ······ 14

1.5　物质－场模型 ······ 23

第2章　产品技术成熟度预测技术 ······ 26

2.1　技术生命周期 ······ 26

2.2　技术与产品生命周期 ······ 26

2.3　TRIZ中的S－曲线及技术成熟度预测 ······ 27

第3章　技术进化定律 ······ 33

3.1　技术进化阶段 ······ 33

3.2　技术进化系统 ······ 34

3.3　技术进化潜力 ······ 41

3.4　产品概念形成顺序过程模型 ······ 42

第4章　产品设计中的冲突 ······ 43

4.1　冲突 ······ 43

4.2　技术冲突的通用化 ······ 44

4.3　物理冲突 ······ 46

4.4　技术冲突与物理冲突 ······ 47

第2部分　TRIZ工具

第5章　冲突解决理论 ······ 48

5.1　技术冲突解决理论 ······ 48

5.2　物理冲突解决理论 ······ 59

第6章　76个标准解 ······ 61

6.1　物质－场模型 ······ 61

6.2　76个标准解 ······ 62

6.3　标准解应用过程 ······ 66

第7章　基于效应的功能设计 ······ 68

7.1　效应及效应链 ······ 68

7.2　基于效应的功能设计过程 ······ 71

第 3 部分　TRIZ 发明案例

第 8 章　应用案例分析 …… 76

8.1　基于 TRIZ 理论的含油轴承粉料制备工艺及设备开发 …… 76

8.2　电磁式铁屑清扫机性能优化设计 …… 86

8.3　降低遮挡情况下目标跟踪失败率 …… 93

8.4　提升自动感应门灵敏度 …… 102

8.5　如何解决盒尺划伤手问题 …… 110

8.6　儿童书写姿势矫正装置 …… 115

8.7　提高乙酰水杨酸的产量 …… 123

8.8　改善竖炉向气化炉输送矿石受阻问题 …… 128

8.9　解决杨梅素含量测定的问题 …… 136

8.10　提高在 NaCl – KCl – NaF – Cr_2O_3 熔盐体系中制备的 0.2% 含碳量碳钢基 Fe – Cr 合金复合材料镀层铬含量 …… 144

8.11　降低焦炉煤气中硫的含量 …… 153

8.12　降低多孔钛人体骨骼的制备成本 …… 165

8.13　提高焦炭热态强度的方法 …… 180

8.14　提高试验过程中中药材粉末研磨的粒度的问题 …… 186

8.15　升降横移立体车库 …… 192

8.16　提高北方寒冷地区单层钢结构厂房建筑采暖性能 …… 196

第 4 部分　专利申请及保护

第 9 章　专利保护及申报 …… 202

9.1　无形财产与知识产权 …… 202

9.2　专利权与专利权的保护对象 …… 207

9.3　专利权的取得 …… 210

9.4　专利权人的权利和义务 …… 212

9.5　专利权的限制和保护 …… 214

第1部分　基础理论

绪　论

1. TRIZ 理论简介

TRIZ 理论也称发明问题解决理论(Theory of Inventive Problem Solving,TRIZ 是其俄文首字母缩写),是由以前苏联发明家阿奇舒勒(G. S. Altshuller)为首的研究团队,通过对高水平发明专利进行分析和提炼之后总结出来的指导人们进行发明创新、解决工程问题的系统化的方法学体系。

TRIZ 理论的主要目的是研究人类在进行发明创造、解决技术难题过程中所遵循的科学原理和法则,并将之归纳总结,形成能指导实际新产品开发的理论和方法体系。运用这一理论,可大大加快人们创造发明的进程,并且能得到高质量的创新产品。

冷战时期,以美国为首的西方国家的特工与苏联的克格勃进行过无数次惊心动魄的间谍战,其中一次就是围绕被称为神奇的“点金术”展开的。因为美国、德国等西方国家惊异于苏联在军事、工业等方面的创造能力,他们把创造这种奇迹的神秘武器称为“点金术”,可强大的克格勃使欧美国家只能望“术”兴叹。那么这种神奇的“点金术”到底是什么呢?它为什么有这么大的威力?这个“点金术”就是当前世界著名的发明问题解决理论,被简称为 TRIZ 理论,TRIZ 是“发明问题解决理论”的俄语缩写,该理论是由苏联发明家阿奇舒勒在 1946 年创立的,因而阿奇舒勒也被尊称为 TRIZ 理论之父。

TRIZ 理论被公认为是使人聪明的理论。1946 年,阿奇舒勒开始了发明问题解决理论的研究工作。当时阿奇舒勒在苏联里海海军专利局工作,在处理世界各国发明专利过程中,他总是考虑这样一个问题:当人们进行发明创造、解决技术难题时,是否有可遵循的科学方法和法则,从而能迅速地实现新的发明创造或解决技术难题呢?答案是肯定的!阿奇舒勒发现任何领域的产品改进、技术变革、创新和生物系统一样,都存在产生、生长、成熟、衰老、灭亡的过程,是有规律可循的。人们如果掌握了这些规律,就会能动地进行产品设计并能预测产品未来发展趋势。以后数十年中,阿奇舒勒穷其毕生的精力致力于 TRIZ 理论的研究和完善。在他的领导下,前苏联的数十家研究机构、大学、企业组成了 TRIZ 研究团体,分析了世界近 250 万份高水平的发明专利,总结出各种技术发展进化遵循的规律模式以及解决各种技术矛盾和物理矛盾的创新原理和法则,建立了一个由解决技术问题,实现创新开发的各种方法、算法组成的综合理论体系,并综合多学科领域的原理和法则,建立起 TRIZ 理论体系。

TRIZ 理论以辩证法、系统论和认识论为哲学指导,以自然科学、系统科学和思维科学的研究成果为根基和支柱,以技术系统进化法则为理论基础,包括了技术系统和技术过程、(技术系统进化过程中产生的)矛盾、(解决矛盾所用的)资源、(技术系统的进化方向)理想化等基本概念。TRIZ 理论提供了分析工程问题所需的方法,包括矛盾分析、功能分析、资源分析和物场分析等,同时还提供了相应的问题求解工具,包括技术矛盾创新原理、物理矛盾分离原理、科学原理知识库和发明问题标准解法等。TRIZ 理论针对复杂问题的求解提供了发明问题解决算法(Algorithm for Inventive-Problem Sloving,ARIZ 是其俄文首字母缩写),同时 TRIZ 理论还包括了一些创新思维的方法,例如九屏幕法、智能小人法、金鱼法,等等。

TRIZ 的核心是技术进化原理。按这一原理,技术系统一直处于进化之中,解决矛盾是其进化的推动力。它们大致可以分为三类:TRIZ 的理论基础、分析工具和知识数据库。其中,TRIZ 的理论基础对于产品的创新具有重要的指导作用;分析工具是 TRIZ 用来解决矛盾的具体方法或模式,它们使 TRIZ 理论能够得以在实际中应用,其中包括矛盾矩阵、物 - 场分析、ARIZ 等;而知识数据库则是 TRIZ 理论解决矛盾的精髓,其中包括矛盾矩阵 (39 个工程参数和 40 条发明原理)、76 个标准解决方法等。相对于传统的创新方法,如试错法、头脑风暴法等,TRIZ 理论具有鲜明的特点和优势。它成功地揭示了创造发明的内在规律和原理,着力于澄清和强调系统中存在的矛盾,而不是逃避矛盾。其目标是完全解决矛盾,获得最终的理想解,而不是采取折中或者妥协的做法,而且它基于技术的发展演化规律研究整个设计与开发过程,而不再是随机的行为。实践证明,运用 TRIZ 理论,可大大加快人们创造发明的进程而且能得到高质量的创新产品。它能够帮助我们系统地分析问题情境,快速发现问题本质或者矛盾;能够准确确定问题的探索方向,不会错过各种可能;能够帮助我们突破思维障碍,打破思维定式,以新的视角分析问题,进行逻辑性和非逻辑性的系统思维;还能根据技术进化规律预测未来发展趋势,帮助我们开发富有竞争力的新产品。

在前苏联,TRIZ 一直被作为大学专业技术必修科目,且已广泛应用于工程领域中。前苏联解体后,大批 TRIZ 研究者移居美国等西方国家,TRIZ 流传于西方,且受到极大重视,TRIZ 的研究与实践得以迅速普及和发展。西欧、北欧、美国、日本等地出现了以 TRIZ 为基础的研究、咨询机构和企业,一些大学将 TRIZ 列为工程设计方法学课程。经过半个多世纪的发展,如今 TRIZ 理论和方法已经发展成为一套解决新产品开发实际问题的成熟理论和方法体系,它实用性强,并经过实践的检验,如今已在全世界得到广泛应用,为众多知名企业带来了重大的经济效益和社会效益。

2. TRIZ 的定义

国际著名的 TRIZ 专家 Savransky 博士给出了 TRIZ 的如下定义:TRIZ 是基于知识的、面向人的、解决发明问题的系统化方法学。

1)TRIZ 是基于知识的方法

(1)TRIZ 是解决发明问题的启发式方法的知识。这些知识是从全世界范围内的专利中抽象出来的。

(2)TRIZ 大量采用自然科学及工程中的效应知识。

(3)TRIZ 利用出现问题领域的知识。这些知识包括技术本身,相似或相反的技术或过程、环境、发展及进化。

2)TRIZ 是面向人的方法

TRIZ 中的启发式方法是面向设计者的,不是面向机器的。

TRIZ 理论是基于将系统分解为子系统，区分有益及有害功能的实践，这些分解取决于问题及环境，本身就有随机性。计算机软件仅起支持作用，而不是完全代替设计者，是为处理这些随机问题的设计者提供的方法与工具。

3）TRIZ 是系统化的方法

在 TRIZ 中，问题的分析采用了通用及详细的模型，这些模型的系统化知识是重要的。解决问题的过程是一个系统化的、能方便应用已有知识的过程。

4）TRIZ 是解决发明问题的理论

TRIZ 的提出源于以下认识：大量发明面临的基本问题和矛盾（TRIZ 称之为系统冲突和物理矛盾）是相同的，只是技术领域不同而已。同样的技术发明和相应的解决方案一次次地在后来的发明中被重新使用。将这些有关的知识进行提炼和重新组织，形成一种系统化的理论知识，就可以指导后来者的发明创造、创新和开发。

TRIZ 正是基于这一思路开发的，它打破了人们思考问题的惰性和片面性的制约，避免了创新过程中的盲目性和局限性，明确指出了解决问题的方法和途径。

RTIZ 的理论核心是技术系统进化理论。该理论指出，技术系统一直处于进化之中，解决冲突是进化的推动力；进化速度随技术系统一般冲突的解决而降低；使技术系统产生突变的唯一方法是解决阻碍技术系统进化的更深层次的冲突。

3. TRIZ 的基本观点

（1）TRIZ 认为，对技术系统本身而言，重要的不在于系统本身，而在于如何更科学地实现功能。较好的技术系统应是在构造和使用维护中既消耗资源较少，又能完成同样功能的系统。理想技术系统则是不需要建造材料，不耗费能量和空间，不需要维护，也不会损坏的系统，即在物理上不存在，却能实现所需要的功能。这一思想充分体现了简化的原则，是 TRIZ 所追求的理想目标。

（2）TRIZ 将所有问题分为两类：缩小的问题和扩大的问题。缩小的问题致力于使系统不变甚至简化，以消除系统的缺点，完成改进；扩大的问题则不对可选择的改变加以约束，因而可能为实现所需功能而开发一个新的系统，使解决方案复杂化，甚至使解决问题所需的耗费与效果相比得不偿失。TRIZ 建议采用缩小的问题，这一思想也符合理想技术系统的要求。

（3）系统冲突是 TRIZ 的一个核心概念，表示隐藏在问题后面的固有矛盾。如果要改进系统的某一部分属性，其他的某些属性就会恶化，就像天平一样，一端翘起，另一端必然下降，这种问题就称作系统冲突。TRIZ 认为，发明是系统冲突的解决过程。

（4）物理冲突又称为内部系统冲突。如果互相独立的属性集中于系统的同一元素上，就称为存在物理冲突。物理冲突的定义是：同一物体必须处于互相排斥的物理状态。物理冲突也可以表述为：为实现功能 F1，元素应具有属性 P；为实现功能 F2，元素应有对应的属性 P1。根据 TRIZ 理论，物理矛盾可以用三种方法解决：把对立属性在时间上加以分割；把对立属性在空间上加以分割；把对立属性所在的系统与部件分开。

4. TRIZ 的主要内容

TRIZ 可以被应用在产品生命周期的各个阶段，它与开发高质量产品、获得高效益、扩大市场、产品创新、产品失效分析、保护自主知识产权以及研发下一代产品等都有十分密切的联系。

TRIZ 主要包括以下内容。

(1)TRIZ 中的产品进化理论将产品进化设计过程分为四个阶段:导入期、成长期、成熟期和衰退期。处于前两个阶段的产品,企业应加大投入,尽快使其进入成熟期,以便获得最大的效益;处于成熟期的产品,企业应对其替代技术进行研究,使产品取得新的替代技术,以应对未来的市场竞争;处于衰退期的产品使企业利润急剧下降,应尽快淘汰。产品进化理论还研究产品进化模式、进化定律与进化路线。沿这些路线,设计者可以较快地取得设计中的突破。

(2)分析是 TRIZ 的工具之一,包括产品的功能分析、理想解的确定、可用资源分析和冲突区域的确定。分析是解决问题的一个重要阶段。功能分析的目的是从完成功能的角度而不是从技术的角度,分析系统、子系统和部件。该过程包括裁减,即研究每一个元件是否必要,如果必要,系统的其他元件是否可以完成其功能。设计中的重要突破、成本和复杂程度的显著降低往往是功能分析和裁减的结果。假如在分析阶段问题的解已经找到,可以移到实现阶段;假如问题的解没有找到,而该问题的解需要最大限度地创新,则可以采用基于知识的三种工具——原理、预测和效应。在很多的 TRIZ 应用实例中,三种工具要同时采用。

(3)冲突解决原理是获得冲突解所应遵循的一般规律。TRIZ 主要研究技术与物理两种冲突。技术冲突是指传统设计中所说的折中,即由于系统本身某一部分的影响,所需要的状态不能达到。物理冲突是指一个物体有相反的需求。TRIZ 引导设计者挑选能解决特定冲突的原理,其前提是要按标准参数确定冲突。然后利用 40 条发明创造原理解决冲突。

(4)阿奇舒勒对 TRIZ 的贡献之一是提出了功能的“物质 - 场”描述方法与模型。其原理为:所有的功能可以分解为两种物质和一种场,即一种功能由两种物质及一种场的三元件组成。产品是功能的一种实现,因此可用物质 - 场分析产品的功能,这种分析方法是 TRIZ 的工具之一。

(5)效应指应用本领域特别是其他领域的有关定律解决设计中的问题,如采用数学、化学、生物和电子等领域中的原理解决设计中的创新问题。

TRIZ 认为,解决一个问题的困难程度取决于对该问题的描述或程序化方法,描述得越清楚,问题的解就越容易找到。

TRIZ 中,发明问题求解的过程是对问题不断描述,不断程序化的过程。经过这一过程,初始问题最根本的冲突被清楚地暴露出来,能否求解已很清楚。如果已有的知识能用于该问题,则有解;如果已有的知识不能解决该问题,则无解,需等待科学技术的进一步发展。该过程是靠 ARIZ 实现的。

ARIZ 被称为解决发明问题的程序,是 TRIZ 的一种主要工具,是解决发明问题的完整算法,该算法采用一套逻辑过程逐渐将初始问题程序化。ARIZ 特别强调冲突与理想解的程序化,一方面技术系统向理想系统的方向进化,另一方面如果一个技术问题存在冲突需要克服,该问题就变成一个创新问题。

ARIZ 中,冲突的消除需要强大的效应知识库的支持。效应知识库包括物理的、化学的、几何的等。作为一种规则,经过效应分析后问题仍无解,则认为初始问题定义有误,需对问题进行更一般化的定义。

应用 ARIZ 取得成功的关键在于,在没有理解问题的本质前,要不断地对问题进行细化,一直到物理冲突的确定。

5. TRIZ 的体系架构

TRIZ 的体系架构包括 9 个方面的内容：

(1)八大技术系统进化法则；

(2)最终理想解(IFR)；

(3)40 个发明原理；

(4)39 个通用参数和阿奇舒勒矛盾矩阵；

(5)物理矛盾和分离原理；

(6)物质－场模型分析；

(7)76 个标准解法；

(8)发明问题解决算法(ARIZ)；

(9)科学原理知识库。

总之,TRIZ 理论成功地揭示了创造发明的内在规律和原理,着力于澄清和强调系统中存在的矛盾,其目标是完全解决矛盾,获得最终的理想解。它不是采取折中或者妥协的做法,也不是随机的行为,而是基于技术的发展演化规律研究整个设计与开发过程。实践证明,运用 TRIZ 理论,可大大加快人们创造发明的进程,而且能得到高质量的创新产品。

第 1 章　基 础 知 识

本章介绍功能、理想解、创新分级、可用资源、物质－场模型的基本概念。掌握这些概念，是理解及应用 TRIZ 的基础。功能是其他设计方法中经常采用的概念，其他几个概念是 TRIZ 中专有的。有的基本概念，如可用资源，可单独用于解决问题，如果能获得某些可用资源，则可能直接得到某个问题的解。另一些概念与后续的方法一起用于解决问题。

1.1　功能

产品设计是包含需求分析、概念设计、技术设计及详细设计的复杂过程。概念设计阶段的根本任务是产生满足需求功能的原理解，即根据用户需求确定产品的总功能，或称为需求功能。将需求功能转变成功能结构，之后将功能结构转变成产品结构，或称为物理结构。概念设计是面向功能的设计过程。

功能是概念设计中的关键因素，这一观点在各种设计理论和方法中得到了广泛的认同。这些设计理论和方法有的给出了详细而精确的步骤以指导设计过程，如系统化设计依据物料流、能量流和信号流将产品的总功能分解为分功能和功能元。公理设计利用独立公理和信息公理保证功能设计的合理性。有的设计给出了功能的形式化表达以减少设计过程中的不确定性，如功能基使功能结构的开发具有可重复性。

1.1.1　功能的概念

产品功能分析是概念设计过程中的一个重要环节，它起着承上启下、传递并生成设计信息、主导创新原理产生的重要作用。近年来，随着人们对产品概念设计研究的深入，对于功能的抽象化表达、功能分类、功能分解、功能基以及功能标准化等方面的研究越来越多。

20 世纪 40 年代美国通用电气公司工程师迈尔斯首先提出功能（Function）的概念，并把它作为价值工程研究的核心问题。迈尔斯认为，顾客要购买的是产品的功能而不是产品本身，功能体现了顾客的某种需要。

Koller 将功能定义为输入和输出量之间的因果关系，即“什么”应当转变为“什么”。Koller 定义了 12 对基本功能：放出⟷吸收、传导⟷绝缘、集合⟷扩散、引导⟷不引导、转变⟷回复、放大⟷缩小、变向⟷变向、调整⟷振动、联结⟷隔断、结合⟷分离、接合⟷分开、贮存⟷取出。Koller 认为技术系统中一切过程都可以由这 12 对功能概括，也就是说它们可以构成一切复杂的系统。

Pahl 和 Beitz 将功能定义为以完成任务为目的，系统的输入与输出之间的一般关系。从系统的观点出发，可将系统的功能分为总功能和分功能。每个系统都有其总功能，对系统整体的功能要求就是该系统所具有的总功能，系统输入、输出的能量、物料、信息的差别和关系反映了系统的总功能。Pahl 和 Beitz 定义了 5 种通用功能：转变、变化、联结、导通和贮存。但同时他们指出，在许多情况下，不宜用通用功能来建立功能结构，因为它们构造得太一般，以至于在后续的求解方面不能输出足够具体的相互关系设想。

Hubka 将功能定义为反映输入与输出间关系的技术函数。产生若干表现为一定功能的功能部件称为机体。根据功能结构，Hubka 把机械系统归为 5 类：工作机体、辅助机体、驱动机体、控制调节和自动化机体、连接和支撑机体。

Collins 等开发了一个主要机械功能列表，用于直升机零部件的失效分析。这一列表包括了 46 个关键词和 40 个先行形容词，将它们组合后形成 105 个主要功能。这些功能是在设计直升机时必须考虑的。

功能是一个主观的概念，对于相同的行为和物理现象，不同的人或相同的人在不同的时刻，从不同的侧面，可以得到不同的表示。因此，功能不仅与物理现象行为有关，而且与设计者的意图以及观察角度有关。以往的研究中，功能主要有 3 种表达方式：

（1）动词 + 名词；

（2）输入、输出变换，输入、输出可以是能量、物质或信息；

（3）行为、状态间的输入、输出变换。

为了更好地描述语言表达功能，已提出了功能基的概念，并将其作为一种标准的设计语言。功能基包含两类术语：功能与流，前者用主动动词描述，后者用名词描述。功能基可以描述所有的工作领域，而术语是独立的。其中的功能集分为 8 类，称为类功能或基类，每一类还可以分为第二级及第三级，这两级增加了专门化的程度。基类表示功能的空泛概念，第二级及第三级为描述功能的细节。第二级功能包含 21 个主动动词，是经常采用的功能描述。表1－1列出了功能集基类及第二级功能的所有主动动词。

功能基中的流集描述功能的输入与输出关系。与功能集相似，流集分为 3 类，流集的基类包括能量、物料、信号；第二级包含 20 个名词，这些名词经常被采用。表 1－2 描述了流集基类及第二级的名词。表中忽略了第三级流。

表 1－1 功能集及其分类

类	分开	引导	连接	控制	转换	供应	发信号	支持
二级	分离	引入	结合	启动	转换	存储	感知	稳定
	散布	输出	混合	调节		供给	显示	保证
		传递		改变			处理	安置
		引导		停止				

表 1－2 流集及其分类

类	物料	信号	能量		
二级	人	状态	人	电	机械
	气体	控制	声学	电磁	气动
	液体		生物学	液压	放射性
	固体		化学	磁	热
	等离子体				
	混合物				

1.1.2 功能模型的建立

功能模型是产品或过程的一种描述，按这种描述，基本功能的组合能满足完成总功能或目的要求。功能模型的一种图形表达方式是功能结构，这种结构对设计者简明适用。对产品总的输入、输出描述为总功能，总功能分解成若干分功能，一直分解到功能元，将系统的各功能元用流有机地组合起来就得到功能结构。产品功能用“动词 + 名词”形式表示，输入、输出由用户需求确定，如图 1 – 1 所示。将总功能分解可得到功能结构，如图 1 – 2 所示。图 1 – 3 是咖啡壶的磨豆功能模型。

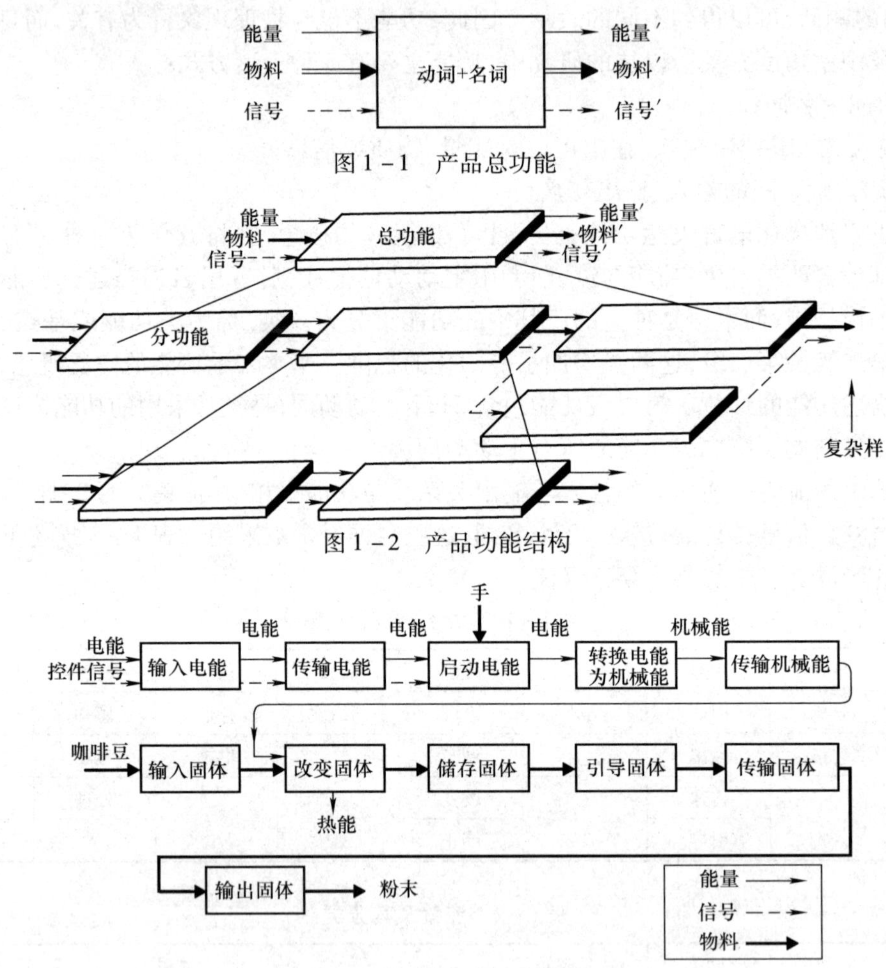

图 1 – 3　咖啡壶磨豆功能模型

1.1.3 功能分类

一个产品或系统可能要完成多种功能，在这些功能中只有一类是主功能（Primary Functions，PF）或称基本功能（Basic Functions，BF），即系统存在的目的。第二类是辅助功能（Auxiliary Functions，AF），该类功能是支持基本功能并使之实现的功能。辅助功能是特定设计的结果，如果改变设计，其中的一些可能要被改变或取消。

每个系统提供一个或多个有用功能(Useful Functions,UF),如主功能或辅助功能。然而,系统中还存在有害功能(Harmful Functions,HF),该类功能的存在是不希望的,如一辆汽车的主要功能是载人或物,但同时也产生了噪声、振动、污染,这些都是有害功能。有用功能实现的同时,常常伴随有害功能的出现。

1.2 理想解

把所研究的对象理想化是自然科学的基本方法之一。理想化是对客观世界中所存在物体的一种抽象,这种抽象客观世界既不存在,又不能通过实验验证。理想化的物体是真实物体存在的一种极限状态,对于某些研究起着重要作用,如物理学中的理想气体、理想液体,几何学中的点、线、面等。在 TRIZ 中,理想化是一种强有力的工具,在创新设计过程中起着重要作用。

1.2.1 理想化

在 TRIZ 中,理想化包含理想系统、理想过程、理想资源、理想方法、理想机器、理想物质等。理想化的描述如下。

理想系统:理想化的系统应该是没有物质,没有实体,也不消耗能源,但却能完成所需要功能的系统。

理想资源:理想化的资源是无穷无尽并且不需要付费的资源。

理想过程:只有过程的结果,而无过程本身,突然就获得了结果。

理想方法:不消耗能量及时间,但通过自身调节,能够获得所需的效应。

理想机器:没有质量,没有体积,但能完成所需的工作。

理想物质:没有物质,功能得以实现。

理想化分为局部理想化与全局理想化两类。局部理想化是指对于选定的原理,通过不同的实现方法使其理想化;全局理想化是指对同一功能,通过选择不同的原理使之理想化。

局部理想化的过程有如下 4 种模式。

(1)加强:通过参数优化、采用更高级的材料、引入附加调节装置等加强有用功能的作用。

(2)降低:通过对有害功能的补偿,减少或消除损失或浪费,如采用更便宜的材料、标准零部件等。

(3)通用化:采用多功能技术增加有用功能的个数。如现代化多媒体计算机具有电视机、电话、传真机、音响等功能。

(4)专用化:突出功能的主次。如早期的汽车厂要生产零部件,最后将它们组装成汽车;今天的汽车厂主要是组装汽车,而零部件由很多专业配套厂生产。

全局理想化有如下 3 种模式。

(1)功能禁止:在不影响主要功能的条件下,去掉中性及辅助的功能。如采用传统的方法为金属零件刷漆后,漆的溶剂会挥发,成为有害气体;采用静电场及粉末状漆技术静电粉末涂漆可很好地解决该问题。当静电场使漆粉均匀地覆盖到金属零件表面后,加热零件使漆粉熔化,涂漆工艺完成,其间并不产生溶剂挥发。

(2)系统禁止:如果采用某种可用资源后,可省掉辅助子系统,一般可降低系统的成本。如月球车上所用灯泡的玻璃罩是多余的,玻璃罩的作用是防止灯丝氧化,月球上无氧气不会氧化灯丝。

(3)原理改变:改变已有系统的工作原理,可简化系统或使过程更为方便。如采用电子邮件代替传统邮件,使信息交流更加方便快捷。

设计人员在设计过程开始时需要选择目标,即将问题局部理想化还是全局理想化。通常首先考虑局部理想化,所有的尝试都失败后才会考虑全局理想化。

1.2.2 理想化水平

技术系统是功能的实现,同一功能存在多种技术实现,任何系统在完成人们所需的功能时,都有负面作用。为了对正负两方面作用进行评价,采用如下公式:

$$Ideality = \frac{\sum UF}{\sum HF} \tag{1-1}$$

式中 $Ideality$——理想化水平;

$\sum UF$——有用功能之和;

$\sum HF$——有害功能之和。

式(1-1)的意义为:技术系统的理想化水平与有用功能之和成正比,与有害功能之和成反比。当改变系统时,如果式(1-1)中的分子增加,分母减小,系统的理想化水平提高,产品的竞争力增强。

提高理想化水平有如下4种方式:

(1)$\frac{d(\sum UF)}{dt} > \frac{d(\sum HF)}{dt}$,分子增加的速率高于分母增加速率;

(2)$\frac{d(\sum UF)}{dt} > 0, \frac{d(\sum HF)}{dt} < 0$,的分子增加,分母减少;

(3)$\frac{d(\sum UF)}{dt} = 0, \frac{d(\sum HF)}{dt} < 0$,的分子不变,分母减少,即有害功能减少;

(4)$\frac{d(\sum UF)}{dt} > 0, \frac{d(\sum HF)}{dt} = 0$,分母不变,分子增加,即有用功能增加,有害功能不变。

为使分析更加方便,将式(1-1)中的有害功能分解为代价与危害,将有用功能之和用效益之和来代替:

$$Ideality = \frac{\sum Benefits}{\sum Expenses + \sum Harms} \tag{1-2}$$

式中 $Ideality$——理想化水平;

$Benefits$——效益;

$Expenses$——代价;

$Harms$——副作用。

代价包括原料的成本、系统所占用的空间、所消耗的能量及所产生的噪声等。危害包括废弃物及污染等。

式(1-2)的意义为产品或系统的理想化水平与其效益之和成正比,与所有代价及所有危害之和成反比。不断地提高产品的理想化水平是产品创新的目标。

1.2.3 理想解与最终理想解

产品处于进化之中,进化的过程就是产品由低级向高级演化的过程,如数控机床是普通机床的高级阶段,加工中心又是数控机床的高级阶段,再如彩色电视机是黑白电视机的高级阶段,高清晰度彩电是一般彩电的高级阶段。在进化的某一阶段,不同产品的进化方向是不同的,如降低成本、提高可靠性、减少污染等都是产品可能的进化方向。如果将所有产品作为一个整体,低成本、高功能、高可靠性、无污染等是产品的理想状态(Ideal Final Result,IFR)。产品处于理想状态的解称为理想解。

产品的理想解的实现过程是其理想化水平的提高过程,使理想化水平达到无穷大状态的理想解称为最终理想解。TRIZ 中的理想物质、理想过程、理想方法、理想机器等均是某种形式的最终理想解。最终理想解很难或不可能实现,但产品进化的过程是推动理想解无限趋近最终理想解的过程。

产品进化的过程是产品由低级向高级进化的过程,进化的极限状态是最终理想解,而进化的中间状态是理想解。为了实现低成本、高功能、高可靠性、无副作用等理想状态,产品首先要实现多个理想解,通过这些理想解趋近最终理想解。

通过需求分析,可确定产品的理想解集合:

$$IFR = \{IFR_1, IFR_2, \cdots, IFR_k, \cdots, IFR_l\} \quad (k \leqslant l) \tag{1-3}$$

式中 l——理想解元素总数。

产品从目前状态或初始状态实现每一个理想解的过程需要一系列的目标实现,而每个目标的实现都存在障碍 C_{ki},该障碍也由一集合构成。

$$C_k = \{C_{k1}, C_{k2}, \cdots\} \tag{1-4}$$

最终理想解与各理想解之间形成如下关系:

$$Ideality\infty = [C]\{IFR\} \tag{1-5}$$

理想解可采用与技术及实现无关的语言对需要创新的原因进行描述。创新的重要进展往往是通过对问题深入的理解所取得。确认那些使系统不能处于理想化的元件是创新成功的关键。设计过程中,从一起点向理想解过渡的过程称为理想化过程。

理想解有如下 4 个特点:

(1)消除了原系统的不足;

(2)保持原系统的优点;

(3)没有使系统变得更复杂(采用无成本或可用资源);

(4)没有引入新的缺陷。

当确定了待设计产品或系统的理想解后,可用上述 4 个特点检查,也要用式(1-1)和式(1-2)检查理想解是否正确。

例 1-1 割草机作为工具,草坪上的草作为被割的目标。割草机在割草时发出噪声,消耗燃料,产生空气污染,甩出的草片有时会伤害推割草机的工人。假如设计者的任务是改进已有的割草机,设计者可能会很快想到要减少噪声,增加安全性,降低燃料消耗。但如果确定理想解,就会勾画出未来割草机及草坪维护工业更佳的蓝图。

用户需要的究竟是什么?是非常漂亮且不需要维护的草坪。割草机本身不是用户需要的部分。从割草机与草坪构成的系统看,其理想解为草坪上的草长到一定的高度就停止生长。国际上至少有两家制造割草机的公司正在实验这种理想草坪的草种,该草种被称为“漂亮草种(Smart crass seed)”。

假定设计者的任务不是从草坪维护工业的水平考虑问题,而是要减少割草机的噪声,其理想解为安静的割草机。噪声低与安静是不同的概念。为了达到低噪声的目的,设计人员要为系统增加阻尼器、减震器等,这不仅增加了系统的复杂性,同时也降低了系统的可靠性。为了使割草机安静,设计人员要寻找并消除噪声源,这不仅提高了割草机效率,也达到了最初降低噪声的目的。

1.2.4 理想解的确定及应用

由设计实例可以看出,理想解的正确描述会直接得出问题的解,其原因是与技术无关的理想解使设计者的思维跳出问题的传统解决方法。

确定理想解的步骤,现描述如下。

(1)设计的最终目的是什么?

(2)理想解是什么?

(3)达到理想解的障碍是什么?

(4)出现这种障碍的结果是什么?

(5)不出现这种障碍的条件是什么?

(6)创造这些条件存在的可用资源是什么?

例 1-2 农场养兔子需要新鲜草,农场主既不希望兔子走得太远而不易被发现,又不希望花很多时间把鲜草送到兔子旁边。应用上述步骤分析该问题并提出理想解。

(1)问题的最终目的是什么?兔子能够吃到新鲜的草。

(2)理想解是什么?兔子永远自己吃到青草。

(3)达到理想解的障碍是什么?放兔子的笼子不能移动。

(4)出现这种障碍的结果是什么?由于笼子不能移动,可被兔子吃的草地面积不变,短时间内青草就被吃光了。

(5)不出现这种障碍的条件是什么?当兔子基本吃光笼子内的鲜草时,笼子移动到另一块有草的地方。

(6)创造这些条件存在的可用资源是什么?笼子上有轮子,兔子自己可推动其运动到有草的地方,即兔子本身就是可用资源。

应用 IFR 的基本概念解决产品设计中存在的问题,第一步是 IFR 陈述:产品或系统自身具有所需要的功能,且没有有害作用及附加的复杂性。其中自身一词是确定方向及评价精度及质量的关键。第二步,设计人员要确定,如增加效益、降低成本及减少副作用。IFR 是设计过程的目标,明确的目标对设计工作及创新十分重要。IFR 可用于不同层面问题的解决,初级的 IFR 所采用的问题解决方案是应用外部资源解决,而无须更多的花费,环境、超系统、副产品等都可以是外部资源。高一级 IFR 不能引入新的物质,而必须通过系统内部的变化解决问题,即采用内部资源解决问题,包括实现功能、消除副作用或降低成本等,同时不使系统变得太复杂。更高一级的 IFR 是在一个特定的区域内解决问题,该区域存在问题,如一零件既要求刚度高又要求柔性好,这是一种相反的需求,产品进化的过程中该问题必须解决。

1.3 创新分级

TRIZ 的一个重要成果是认为创新有级别,产品创新由低级向高级的方向发展。由于这种发展,产品才一直占领老市场或又赢得新市场。Altshuller 通过研究表明,问题的解或概念分为5个级别。普通设计人员采用试验纠错法,通过从产生最初的工作原理,到最终选定工作原理过程中所产生工作原理的个数,即解的个数,决定解的级别。其级别与个数的关系见表1-3。

表1-3 解的级别与工作原理数的关系

级别	所产的生工作原理数
1	1~10
2	10~100
3	100~1 000
4	1 000~10 000
5	10 000~100 000(或更多)

产品从低级向高级进化过程中,高级别解的产生需要更多的知识。产品的级别还与问题的难易程度、知识来源等有密切的关系,描述如下。

1级(Level1):通常的设计问题,或对已有系统的简单改进。设计人员自身的经验即可解决,不需要创新。大约32%的解属于该级别。如用厚隔热层减少热量损失;用载重量更大的卡车改善运输的成本与效益比。

2级(Level2):通过解决一个技术冲突对已有系统进行少量的改进。采用行业中已有的方法即可完成。解决该类问题的传统方法是折中法。大约有45%的解属于该级别。如在焊接装置上增加灭火器。

3级(Level3):对已有系统有根本性的改进。要采用本行业以外已有的方法解决,设计过程中要解决冲突。大约有18%的解属于该级别。如计算机鼠标、山地自行车、圆珠笔。

4级(Level4):采用全新的原理完成已有系统基本功能的新解。解的发现主要是从科学的角度而不是从工程的角度。大约有4%的解属于该类。如内燃机、集成电路、个人计算机、充气轮胎、虚拟现实技术。

5级(Level5):罕见的科学原理导致一种新系统的发明。大约有1%属于该类。如飞机、计算机、形状记忆合金、蒸汽机。

从上述的描述可以看出,解的级别越高,获得该解时所需知识越多,这些知识所处的领域越宽,搜索有用知识的时间就越长,如图1-4所示。表1-4是解分级的一个总结。

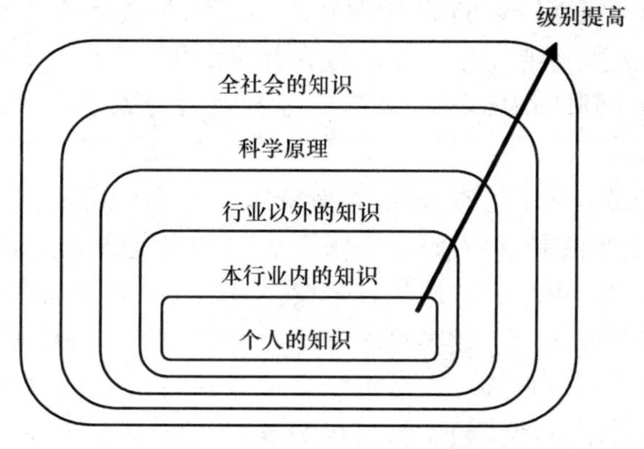

图1-4 知识圈

表1-4 解的等级

级别	创新的程度	占比	知识来源	参考解的数目
1	显然的解	32%	个人的知识	10
2	少量的改进	45%	行业内的知识	100
3	根本性的改进	18%	行业以外的知识	1 000
4	全新的概念	4%	科学原理	100 000
5	发现	1%	所有已知的知识	1 000 000

表1-4表明,产品设计中所遇到绝大多数问题或相似问题已被前人在其他地方或其他领域解决了。假如设计人员能按照正确路径,从低级开始,依据自身的知识与经验,向高级方向努力,可从本企业、本行业及其他行业已存在的知识与经验中获得大量的解,有意识地去发现这些解,将节省大量时间,降低产品开发成本。

例1-3 为压缩空气的储气罐设计新型防护罩。目前的防护罩是由金属制成的,成本高。新防护罩在满足安全性要求的前提下,要降低成本。

该问题一种可能的解是用工程塑料代替金属,新防护罩的形状可参照原设计,为保证刚度与强度,在其内壁适当增加加强筋就能满足要求。

该解的级别为1级。用塑料替代金属是一普遍接受的概念,设计很简单,个人即可完成。

例1-4 波音公司在改进737型飞机的设计时,需要将目前使用的发动机改为功率更大的发动机。发动机功率越大,工作时需要的空气就越多,因此发动机罩的直径需要增大。发动机罩增大,其离地面的距离减小,距离的减小是不允许的。现要求解决该问题。

该问题最后的解为,增加发动机罩的直径,以便增加空气的吸入量,但为了不减少与地面之间的距离,把发动机罩横截面的底部由曲线变为直线。

通过改变发动机罩底部的形状,解决了增加空气吸入量,又不减少发动机罩与地面的距离。该解属于2级。

1.4 可用资源

资源一词首先涉及自然资源:水、土地、木材、矿物等。在过去的多个世纪中,自然资源的丰富程度是影响一个国家或地区强弱的主要因素。后来,工业革命及资本主义的发展,产生了金融资源的概念。20世纪后半叶,由于管理的革命性变化,产生了人力资源的概念。正如自然资源在赢得战争中所起到的作用一样,金融资源及人力资源是在市场竞争中取得优势的重要因素。

各种社会学的研究都是基于自然资源、金融资源及人力资源的。人类的进化伴随着可用资源的消耗,很多资源逐渐枯竭,给人类带来了巨大的恐惧及灾难。同时,人们不断发现新的资源,如发明新的采矿方法,更好地应用各种金属、蒸汽及电,选择优良品种并采用化肥及杀虫剂增加农业产量等。很多方法用于改善自然资源的利用,如使用相同的矿石冶炼更多的金属,相同面积的土地生产更多的粮食等。在过去相当长的时间内,缺乏有效且可靠的方法利用自然资源。第一种以降低成本且提高效率为目标的资源分析方法是Lawrence Miles创造的价值工程分析(Value Engineering Analysis, VEA)。

1982年Vladimir Petrov首先提出了技术系统超额供给的概念,认为技术系统所具有的某些能力通常都大于需求，可以利用这些多余的能力，增加系统的理想化水平，这就是系统中可用资源的概念。1985 年 Altshuller 引入了物质－场的概念。资源有如下分类。

(1)基于可获得容易程度，资源可分为内部资源和外部资源。

内部资源：从系统主要零部件内部获得的资源。

外部资源：包括环境中的资源，及特别适合于本系统的资源。

超系统中的资源：由超系统得到的资源，或其他可得到的且廉价的资源(包括废料)。

(2)基于可否直接应用，资源可分为可直接应用资源和导出资源(可直接应用资源的变换)。

总结 TRIZ 领域的研究成果，Boris Zlotin 及 Alla Zusman 将资源总结为两类：发明资源(Inventive Resources)及进化资源(Evolutionary Resources)。发明资源涉及已存在的系统及其相应的环境。进化资源涉及给定系统或其他系统进化的设想、概念及技术的与非技术的可能性，该类资源是直接进化理论及应用的核心。

利用系统或其环境中的资源可以增加其理想化水平，如通过利用未采用的资源、内部资源、低成本或非常容易获取的资源，产生附加有用特征，减少成本。

1.4.1 发明资源

发明资源定义为系统或其环境中可利用的物质(包括废物)，或由这些物质所产生的新物质，如能量储备、自由时间、未占用的空间及未采用的信息等。履行附加功能或技术的能力，包括物质的性能，物理的、化学的、几何的效应等。

发明资源可分为内部与外部资源。内部资源是在冲突发生的时间、区域内存在的资源。外部资源是在冲突发生的时间、区域外部存在的资源。内部与外部资源又可分为直接应用、导出及差动资源 3 类。

1. 直接应用资源

直接应用资源是指在当前存在状态下可被应用的资源，如物质、场(能量)、空间、时间。这些都是可被多数系统直接应用的资源。

例 1－5 常见的直接应用资源如下。

物质资源：如木柴，可用作燃料。

能量资源：如汽车发动机，既驱动后轮或前轮，又驱动液压泵，使液压系统工作。

场资源：如地球上的重力场及电磁场。

信息资源：如汽车运行时所排废气中的油或其他颗粒的信息能反映发动机的性能。

空间资源：如仓库中多层货架中使用高层货架能有效利用仓库高度。

时间资源：如双面打印机。

功能资源：如人站在椅子上更换屋顶灯泡时，椅子的高度是一种辅助功能的利用。

2. 导出资源

通过某种变换，使不能利用的资源成为可利用的资源，这种可利用资源为导出资源。原材料、废弃物、空气、水等，经过处理或变换都可在设计的产品中利用，从而变成有用资源。在变成有用资源的过程中，必要的物理状态变化或化学反应也是需要的。

导出物质资源：由直接应用资源，如物质或原材料，变换或施加作用所得到的物质。例如毛坯是通过铸造得到的材料，相对于铸造的原材料已是导出资源。

导出能量资源:通过对直接应用能量资源的变换或改变其作用的强度、方向及其他特性所得到的能量资源。如变压器将高电压变为低电压,这种低电压的电能为导出能量资源。

导出场资源:通过对直接应用场资源的变换或改变其作用的强度、方向及其他特性所得到的场资源。

导出信息资源:通过变换与设计不相关的信息,使之与设计相的关地球表面电磁场的微小变化可用于发现矿藏。

导出空间资源:由几何形状或效应的变化所得到的额外空间。如双面磁盘比单面磁盘存储信息的容量更大。

导出时间资源:由加速、减速或中断所获得的时间间隔。如被压缩的数据在较短的时间内可传输完毕。

导出功能资源:经过合理变化后,系统完成辅助功能的能力。如对锻模进行适当的修改后,锻件本身可以带有企业商标。

3. 差动资源

通常物质与场的不同特性是一种可形成某种技术的资源,这种资源称为差动资源。差动资源分为差动物质资源及差动场资源两类。

(1)差动物质资源,如结构各向异性,就是一种差动物质资源。各向异性是指物质在不同的方向上物理性能不同。利用这种特性有时在设计中可实现某种功能。

例 1-6 常见的差动资源如下。

光学特性:如金刚石只有沿对称面做出的小平面才能显示出其亮光泽。

电特性:如石英板只有沿其晶体某一方向被切断时才具有电至伸缩的性能。

声学特性:如一个零件内部由于其某处结构有所不同,表现出不同的声学性能,使超声探伤成为可能。

机械特性:如劈木柴时一般是沿最省力的方向劈。

化学性能:晶体的腐蚀往往在有缺陷的点首先发生。

几何性能:如只有球形表面符合要求的药丸才能通过药机的分拣装置。

不同的材料特性可在设计中用于实现某种有用的功能。

例 1-7 合金碎片的混合物可通过逐步加热到不同金属的居里点并用磁性分拣的方法将不同的成分分开。

(2)差动场资源:利用场在系统中的不均匀可以在设计中实现某些新的功能。如场梯度的利用:在烟囱的帮助下,地球表面与 3 200 m 高空中的压力差,使炉子中的空气流动。空间不均匀场的利用:为了改善工作条件,工作地点应处于声场强度低的位置。场的值与标准值的偏差的利用:患者的脉搏与正常人不同,医生通过对这种不同进行分析为病人看病。

例 1-8 人们通常认为在带电铜导线中包含的资源有电线、空气、电压和电流,如图1-5所示。

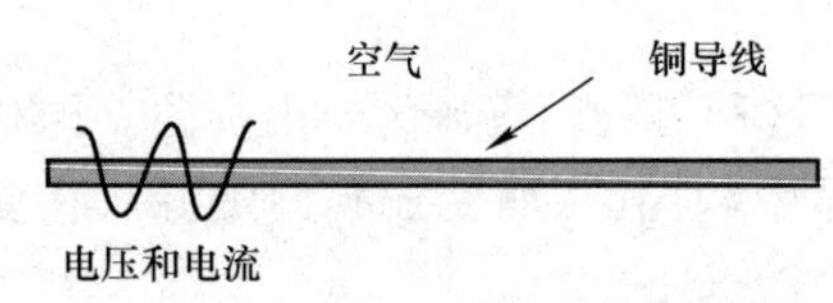

图 1-5 带电铜导线

进行全面的思考后,带电铜导线的资源可由图 1-6 所示。

图 1-7 列出了该系统的直接应用资源,通过直接应用资源的变换可以得到更多的资源。

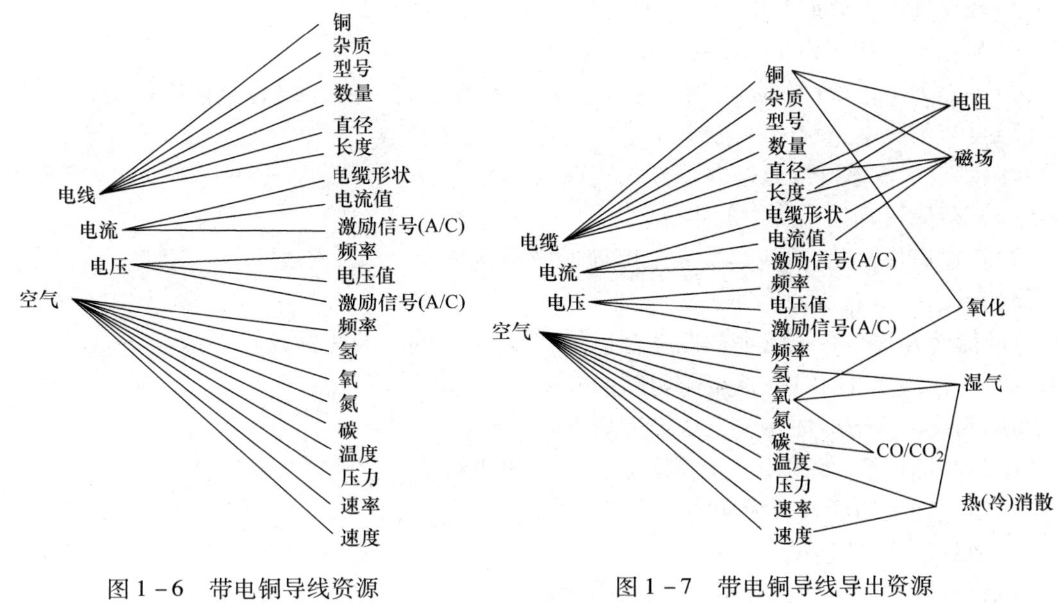

图1－6 带电铜导线资源

图1－7 带电铜导线导出资源

1.4.2 进化资源

进化资源由知识(包括理论、事实、设想、概念、设计、过程等)、能力、技巧等构成,这些知识、能力或技巧是进化的结果,而且能够使进化向前发展一步。按进化的观点,这些资源中最重要的组成是通用进化知识、创造力及保障进化过程的技术,进化的目标是增加已存在系统的理想化水平及发明新系统。事实上,发明资源帮助将无用的甚至是有害的元素转变为有用资源。进化资源分为如下4类。

(1)未被采用的本领域资源:系统自诞生之日起,在系统所在领域开发过程中未被采用的资源。

(2)其他领域中的技术资源:能用于本系统的其他领域技术资源,包括使能技术。

(3)社会、市场及心理学资源。

(4)关于进化的知识。

1. 未被采用的本领域资源

设计者通常会忽略掉从前抛弃的设想,虽然这些设想是有理由的,但在当时的条件下可能是不实际的,或不可能实现的。现在条件发生了变化,技术发展了,原来不能实现的好设想今天可能实现了。其他的重要的进化资源还包括:

(1)新的还未被使用的知识;

(2)替代或竞争系统的知识。

2. 其他领域中的技术资源

到目前为止,还未在本领域应用的其他领域所开发的技术,可以作为本系统进化的有价值的资源。但存在"不是在针对这里发明的"原因,将该资源传递到本系统通常是困难的。可以采用如下方法识别所需要的知识:

(1)与本系统功能相似系统中的知识;

(2)能替代本系统或其中子系统功能的系统中的知识;

(3)与本系统功能相反的系统中的知识;

(4)可能为本系统产生新附加功能或增加新特征的设想或技术(包括使能技术);

(5)可能消除本系统中缺陷或不理想效应的设想或概念。

知识或技术传递可以通过以下方式实现:

(1)直接应用其他系统中的零件;

(2)传递有用设想,并使其最大限度地适应本系统;

(3)杂交。

直接传递方式在系统诞生初期是合适的,但随系统的不断改进以及变得更复杂,直接传递是困难的,需要适应性传递,甚至需要新的发明。

知识或技术的适应性传递方法描述如下:

(1)最小适应性,如采用其他系统中已存在的功能模块;

(2)适应辅助功能或次级功能的需求,保证主功能不变;

(3)通过传递,使辅助功能转变为主功能;

(4)将有害功能转变为有用功能,甚至主功能;

下面介绍知识或技术传递的杂交方法。

与生物学系统相似,杂交是指用最有效的方法将选定系统中的一些特征集成。到目前为止,已经揭示了一些有效的集成方法。从进化的观点看,杂交通常有如下几种。

(1)近亲杂交(Close Hybridization):通过将本家族的设计、功能、用途或特征等集成,形成系统。

(2)远亲杂交(Remote Hybridization or Cross-breading):不同领域中的系统集成。

(3)互补杂交(Complementary Hybridization):通过互补特征的系统集成。

(4)牵引杂交(Towing Hybridization):将该系统的多代(不同代) 设计集成。

(5)竞争系统杂交(Hybridization of Competing Systems):将同一市场上已成熟的系统集成。

(6)选择性杂交(Alternative Hybridization):将具有相反功能的系统集成。

(7)分支杂交(Hybridization of Branches):将由相同基系统专门化得到的系统集成。

知识或技术的传递及适用性是一个渐进的变化过程,同时也刺激了系统的发展及创新。

3. 关于进化的知识

除其他因素外,技术系统进化是知识积累及不断有效利用内部与外部资源的结果。系统进化的一步可能是:利用特殊资源;耗尽某些资源,或增加获得这些资源的成本;创造新资源;现在或将来创造有害资源。

资源利用的进化方向是包含多种极复杂资源。如从基本资源(土地矿产、化石燃料、人及动物的物理能量等)向高级、人造资源(创意、知识、技能等)进化;从直接可用资源到通过技术变换得到的资源;从普通资源到靠人工智能及创造性产生的精制资源("Smart" Resources);从应用选定资源到资源的系统集成。系统进化过程可以减慢或停滞(达到 S - 曲线所示的成熟期,详见本书第 2 章),其原因是耗尽了可用资源及来支持系统概念的原始资源。

资源进化的过程应满足如下模式:向包含不同资源的方向进化(Pattern:Evolution Toward the Increased Involvement of Resources)。与进化模式相差的进化路线分为如下几类:进化资源、资源的多样性、资源利用的强度、效应作为资源的利用。

1)进化资源

进化资源包括4条进化路线:面向机会的进化(Opportunities for Evolution)、知识收集与利用(Collection and Utilization of Knowledge)、技术传递(Technology Transfer)、技术适应性(Technology Adaptation)。

进化路线1:面向机会的进化。

(1)新知识及技能的发展。

(2)已有知识及技能在新领域的应用。

(3)各种资源的积累,特别是有效的工具、所需要的材料等。

(4)受到良好教育及充满激情的人才出现。

(5)积累资金投入系统进化,建立生产环境,产生输出。

(6)提升进化的极限,包括技术、社会、生物极限等。

进化路线2:知识收集与利用。

(1)给定领域的知识开发,包括:

① 随系统突显所产生的知识;

② 还没有开发到成熟阶段的设想;

③ 被否定的或没有被认真考虑的设想。

(2)其他领域中的知识、发明或设想,包括:

① 与给定系统功能相似的系统;

② 能替代给定系统或其中子系统功能的系统;

③ 与给定系统功能相反的系统;

④ 新设想或技术(如使能技术),它们能帮助给定系统实现辅助功能或附加新的特征;

⑤ 新设想或概念,消除或预防给定系统中的缺点或不理想的效应。

(3)关于文化、市场、心理学、社会学等知识,它们可以协助发现新市场应用。

(4)关于进化的知识,包括:

① 进化趋势、模式及路线;

② 进化效应。

进化略线3:技术传递。

(1)直接利用其他系统中的零部件。

(2)传递经过适当修改后的有用设想。

(3)杂交与融合。

进化路线4:知识传递过程中的技术适应性。

(1)最小适应性,如应用其他系统中的直接可用模块。

(2)主功能不变,辅助功能的适应性。

(3)传递过程中随着改变,辅助功能变为主功能。

(4)将有害功能转变为有用特征或有用功能。

2)资源多样性

应用资源及试验究错法解决产品研发问题的方法如下:采用容易发现的资源,如果可见到的资源很有效,该方法通常是可以令人满意的。然而,任何具有中等复杂程度的系统均具有很多资源,系统越复杂,所具有的资源越多。事实上,复杂系统中的资源具有多样性的特点,可以通过变换形成附加资源。如下的进化路线将帮助设计者探索应用复杂系统中资源的有效性：资源的基本包含(Basic Involvement of Resources)、资源多样性(Resource Diversity)、资源消耗(Resource Consumption)、扩展资源(Expanding the Source of Resources)、资源互换性(Interchangeability of Resources)、环境中的资源(Resources from the Environment)。

进化路线5:资源的基本包含。

(1)增加直接可用资源的应用。

(2)减少资源应用的成本,包括寻找廉价资源及技术。

(3)增加资源的利用效率,引入资源节约型技术,包括循环利用。

(4)应用导出资源。(准备好的、积累的、物理或化学处理得到的)。

(5)从简单到精准资源,包括各种效应的应用。

进化路线6:资源多样性。

(1)物质资源:任何在系统中或环境中存在的物质材料、成品或半成品、废料等。

(2)场资源:系统或环境中的可用能量,如机械、热、化学、电、磁、电磁等。

(3)空间资源:系统或环境中未占用的空间。利用空间资源最有效的方法是利用空闲的空间以取代物质。

(4)时间资源:技术过程循环之前、之后及中间的时间,空闲时间,暂停的利用。

(5)功能资源:系统或环境中完成附加功能的潜力,如标准元件的多用途。

(6)信息资源:系统及环境中的任何信息。从物质或场中获得,包括耗散的场。

(7)系统资源:通过系统或部件的集成、新的连接或关系所产生的新的有用特性。

(8)特殊资源:系统内在的、未采用的特性(物理的、化学的、几何的等),如共振频率、磁力、辐射等。

(9)结构资源:存在但未被采用的结构,或系统中容易创造的资源。

(10)差动资源:具有潜在应用价值的参数差异,如温度梯度、压力梯度、电压、速度差、不均等流动,海拔高度差等。

(11)变化资源:由于系统或零部件变化所出现的意想不到的新特征。

(12)进化资源:使系统进化的知识、理论、经验、诀窍等。

(13)市场资源:对产品或服务的潜在需求、目标客户或商标等。

(14)“价值一分钱”的资源:系统中多余的资源或系统外部廉价的资源,如水、风、太阳能所产生的能量,光、沙、废物、耗散的能量等。

(15)有害资源:废物、有害物质或能量。应用过程使其不再有害。

进化路线7:资源消耗。

(1)利用过程中所消耗受限制的有用资源。

(2)利用过程中所消耗的不受限制的有用资源(如空气、海水等)。

(3)利用不被消耗的资源(如催化剂、作为压舱物的水等)。

(4)利用被消耗或变换的有害资源。

进化路线8:扩展资源。

一般情况下,资源越接近,资源的使用就更加方便。找到资源的典型位置包括:

(1)系统本身;

(2)子系统或系统部件;

(3)系统的一个或几个超系统;

(4)系统的环境;

(5)从其他系统中容易得到的或廉价的资源。

进化路线9:资源可交换性。

(1)将一种资源替换成相同类型的另一种资源。

(2)将一种资源替换成不同类型的另一种资源。

(3)将一种资源替换成为不同资源的组合。

进化路线10:环境中的资源。

(1)来自环境中的保护。

(2)环境的被动利用(如掩蔽处的基础、填土等)。

(3)环境的主动利用,包括:

① 利用环境中的元素(沙袋中的沙子、结构中充满的气体等);

② 利用修改元件(利用氧气实现更好的燃烧,利用冷水冷却)。

3)资源利用强化

系统处于进化状态,发现利用资源的有效方法是重要的。该组包括如下几条路线:资源及功能、增加资源利用的有效性、资源整合、资源处理及转化。

进化路线11:资源及功能。

(1)利用资源增加主功能的有效性。

(2)利用资源增加辅助功能的有效性。

(3)利用资源降低系统机能成本。

(4)利用资源防止或消除有害功能。

进化路线12:增加资源利用的有效性。

(1)工作及专门化的区分。

(2)减少资源消耗的技术开发。

(3)消除不经济的活动及浪费资源。

(4)按照用户需求对资源的生产与消耗进行动态计划。

(5)资源的有效配置。

(6)资源重用。

进化路线13:资源整合。

(1)利用一类资源。

(2)具有相同自然属性的两种资源的整合。

(3)具有不同自然属性的两种资源的整合(如物质与场)。

(4)将一种资源转换成另一种资源(如将场资源转变成物质资源)。

进化路线14:资源处理及转换。

(1)积聚。

(2)输送资源到不同的位置(按空间配置)。

(3)按时间顺序配送资源(按时间配置)。

(4)资源的集合与分离。

(5)小变化,如材料的分离、净化、浓缩、不改变其能量类型的能量变换。

(6)物理或化学变化,如相变、化学反应(氧化、分解、合成、聚合)、改变能量类型的能量变换。

4)效应资源的利用

进化路线 15:效应基本组。

(1)物理效应:如杠杆传递力,温度变化改变物体的体积。

(2)化学效应:物质的分解与合成、氧化、聚合。

(3)几何效应:莫比乌斯带、抛物线形等。

(4)技术效应:简单的机械零件,如齿轮、离合器等。

(5)生物效应:植物与动物的自然与人工进化、疫苗等。

(6)社会效应:需求供应模型、帕累托定律等。

(7)心理效应:微笑效应、负面情感排除、弗洛伊德的超越自我等。

(8)进化效应:自组织、不规则边界的形成、反馈等。

(9)地球效应:与地球旋转相关的科里奥利力、气候变化、飓风形成等。

1.4.3 资源利用

设计过程中所用到的资源不一定明显,需要认真挖掘才能成为有用资源。下面是一些通用的建议:

(1)将所有的资源首先集中于最重要的动作或子系统;

(2)合理地、有效地利用资源,避免资源损失、浪费等;

(3)将资源集中到特定的空间与时间;

(4)利用其他过程中损失的或浪费的资源;

(5)与其他子系统分享有用资源,动态地调节这些子系统;

(6)根据子系统隐含的功能,利用其他资源;

(7)对其他资源进行变换,使其成为有用资源。

了解不同类型资源的特殊性能帮助设计者克服资源的限制。

1)空间

(1)选择最重要的子系统,将其他系统放在空间不十分重要的位置上。

(2)最大限度地利用闲置空间。

(3)利用相邻子系统的某些表面,或一表面的反面。

(4)利用空间中的某些点、线、面或体积。

(5)利用紧凑的几何形状,如螺旋线等。

(6)利用暂时闲置的空间。

2)时间

(1)在最有价值的工作阶段,最大限度地利用时间。

(2)使过程连续,消除停顿、空行程。

(3)变顺序动作为并行动作,以节省时间。

3)材料

(1)利用薄膜、粉末、蒸汽,将少量物质扩大到一个较大的空间。

(2)利用与子系统混合的环境中的材料。

(3)将环境中的材料,如水、空气等,转变成有用的材料。

4)能量

(1)尽可能提高核心部件的能量利用率。

(2)限制利用成本高的能量,尽可能采用低廉的能量。

(3)利用最近的能量。

(4)利用附近系统浪费的能量。

(5)利用环境提供的能量。

在设计中认真考虑各种资源有助于开阔设计者的眼界,使其能跳出问题本身,这对将全部精力都集中于特定的子系统、工作区间、空间与时间的设计者解决问题特别重要。

1.5 物质-场模型

将复杂系统分解为简单系统是常用的分析方法。在TRIZ中,物质-场模型是帮助设计者进行这种分解的图形工具。一个能够工作的最小系统可以用物质-场模型表示。物质-场模型及分析提供了确定系统中核心问题的方法。

1.5.1 物质、场的概念与符号

物质是最基本的概念。物质是具有任意复杂程度的实体,可以是简单的零部件,如螺栓、螺母、杯子、笔帽等,又可是复杂的系统,如直升机、宇宙飞船、港口、城市交通系统等。物质的状态不仅是通常的物理状态,如真空、等离子体、气体、液体、固体等,也可是复合状态,如悬浮物、泡沫、粉末、凝胶体、多孔物等。物质还可以具有特殊的性质,如热、电、磁、光等。物质本身还可以被分解,如机床由床身、刀架、工作台、控制台等子系统组成,每个子系统又可以分解为很多零件,这些都是物质。

为了使用方便,将物质的层次结构进行如下的分解:直接可用物质,如衬衫;最小处理后的物质,如组成衬衫的纤维;大分子,如晶体、聚合物、复杂分子;分子;部分分子、原子团;原子;原子的一部分;基本粒子;微细粒子。

场是另一个基本概念,包括物理场、化学场等。场产生能量流、信息流、力流、相互作用、反作用等。场的出现通常伴随着物质的出现,作为物质的能源,表1-5给出场的名称和符号。

表1-5 各种场

符号	名称	实例
G	重力场	重力
ME	机械场	压力、惯性力、离心力
P	流体场	流体静力、流体动力
A	声场	声、超声
T	热场	热储存、热传导、热膨胀、双金属效应
C	化学	燃烧、氧化、腐蚀
E	电场	静电、电感应、电容
M	磁场	静磁、铁磁
O	光场	光、反射、折射
R	辐射	X射线、不可见电磁波
B	生物场	发酵、腐烂
N	核能场	α、β、γ射线束,中子,电子

最小技术系统由两种物质及一种场组成。两种物质分别为 S_1 与 S_2，S_1 为物质或原料，S_2 为工具，即在场(F)的作用下操作物质，使其达到预期的结果。对于工艺过程，通常一种场(F_1)作用于一种物质，该物质产生另一种场(F_2)。因此，两个基本的物质－场模型如图 1－8 和图 1－9 所示。表 1－6 是常用的作用形式。

表 1－6　物质－场模型中的各种作用关系

作用形式	符号	作用形式	符号
连接	————	有害作用	～～～→
有指向的作用	————→	断开连接	——✕——→
无作用	- - - - - - - - -	变换	⇒
不足作用	- - - - - - - -→	相互作用	←————→

不完善的物质－场模型如图 1－9 所示。

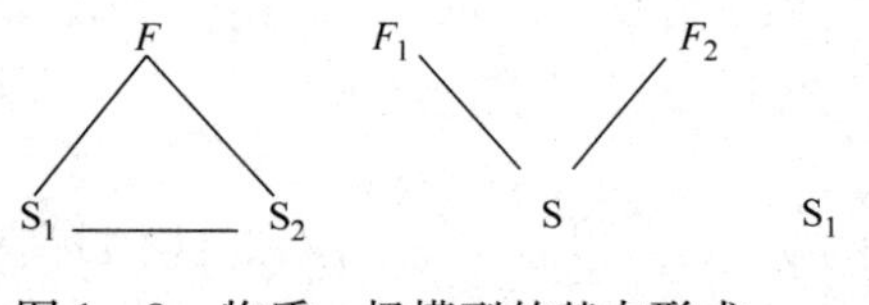

图 1－8　物质－场模型的基本形式

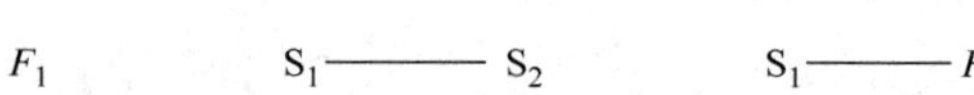

图 1－9　不完善的物质－场模型

1.5.2　物质－场的特性

物质－场是系统中的一部分，通常是设计者关注的重要部分。最重要的 5 个物质－场特性如下。

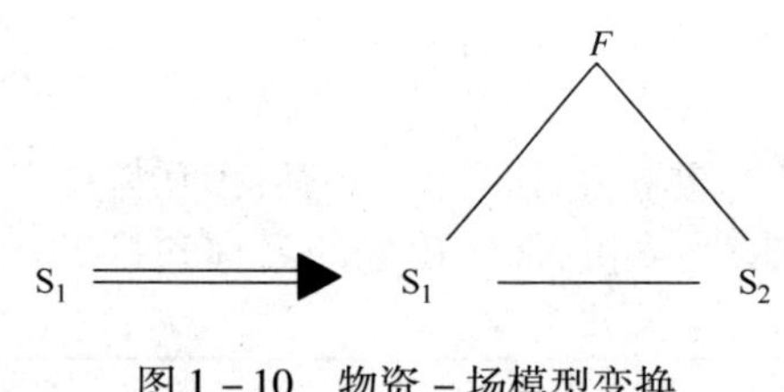

图 1－10　物资－场模型变换

(1)假如所研究的子系统或部分是不完整的物质－场，可以将其变为完整的物质－场。如图 1－10 所示，当研究的部分仅有 S_1 时，将其变化成完整的物质－场。

(2)对物质－场元件的不同作用，导致对相关元件作用的变化。因此，可以对物质－场中的某个元件施加控制，以获得所希望的变化。

(3)假如一个物质－场元件具有特定的空间－时间结构，另一个物质－场元件也具有这样的相似结构。

(4)作用于物质元件之间的场的数量没有限制，这种数量由相互作用的物理性质等确定。

(5)一个物质－场中的元件可以同时是另一个物质－场中的元件，如图 1－11 所示。

物质－场模型可以在宏观或微观层面上变化，以帮助设计者解决问题。变化的规则有如下 3 条。

(1)在解决问题的过程中，如果物质－场不完整，要将其变换成完整的物质－场模型，如图 1－12 所示。

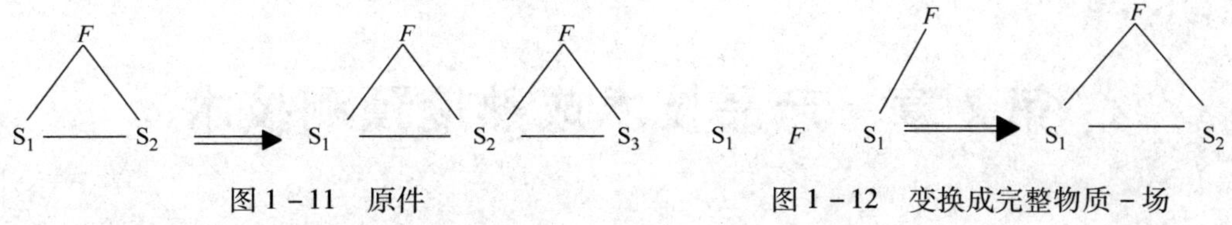

图1－11 原件　　　图1－12 变换成完整物质－场

(2)为了增加物质－场的有效性,可以将其中的工具扩展为另一个物质－场。如图1－13所示。如果有必要,S_3 可以继续扩展。

(3)在一些检测与测量问题中,有时需要按图1－14所示扩展物质－场模型。

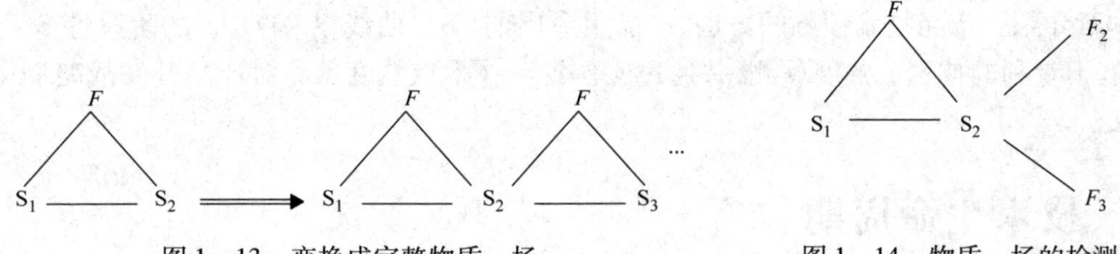

图1－13 变换成完整物质－场　　　图1－14 物质－场的检测

例1－9 用榔头在木板上钉钉子。在人手产生力的条件下,力作用于榔头,榔头头作用于钉子,钉子进入木板。图1－15是该过程的物质－场模型。

例1－10 热作用于固体,固体将产生力及变形。其物质－场模型如图1－16所示。

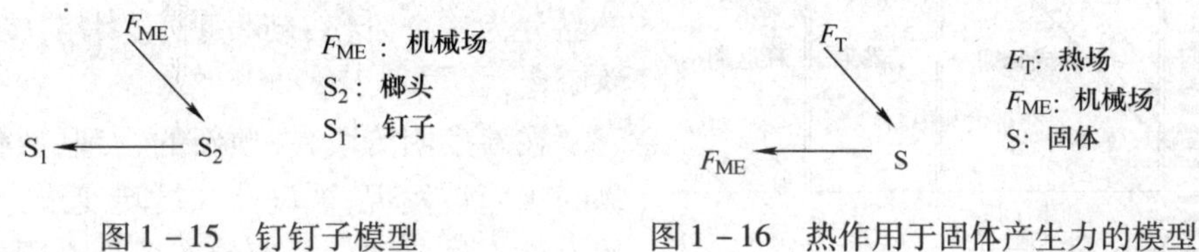

图1－15 钉钉子模型　　　图1－16 热作用于固体产生力的模型

第2章　产品技术成熟度预测技术

大量的研究表明，任何领域的产品改进、技术变革创新和生物系统一样，都存在产生、生长、成熟、衰老、灭亡的过程，是有规律可循的，是可预测的。产品是不断发展的，每个产品都有核心技术，其技术的发展存在一个生命周期，在进行产品开发时对产品的技术生命周期进行预测，可以帮助设计者进行正确的决策。

本章介绍了产品技术预测的方法、产品生命周期、S－曲线以及TRIZ的阶段性S－曲线、TRIZ基于专利的技术成熟度预测，并通过实例说明技术成熟度预测对产品开发战略制定的指导意义。

2.1　技术生命周期

技术发展是从一项新发明开始的，其后的发展轨迹称为技术生命周期，如图2－1所示。图中横坐标为时间，即依据一项核心技术所推出的一系列产品的时间；纵坐标为技术的性能参数值，该参数值不能超过自然限制。从横坐标上将产品分为三个阶段：新发明、技术发展及技术成熟阶段。

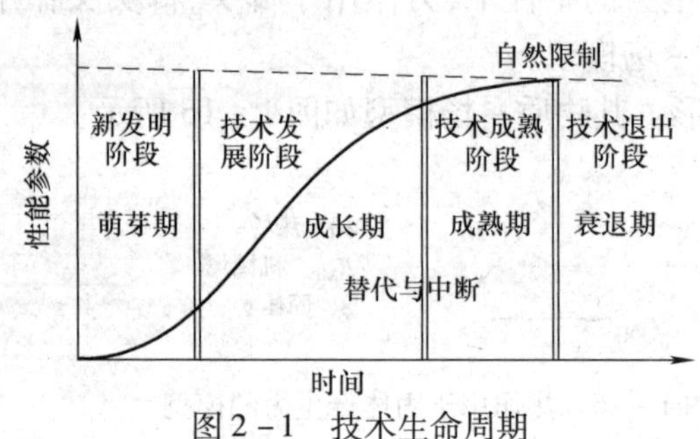

图2－1　技术生命周期

在新发明阶段，一项新的物理的、化学的、生物的规律被发现，被设计人员转变成产品。不同的设计人员对同一原理的实现是不同的，已设计出的产品还要不断改善。因此，随时间的推移，产品的性能指标不断提高。

在新发明阶段结束时，很多企业已认识到，基于该发现的产品有很好的市场潜力，应大力开发。因此，将投入很多的人力、物力与财力用于新产品开发，新产品的性能参数快速增长。这就是技术发展阶段。

随着产品进入技术成熟阶段，所推出的新产品的性能参数只有少量增长。继续投入进一步完善已有技术的效益减少，企业应研究新的核心技术以在适当的时间替代已有产品的核心技术。

最后一个阶段是技术退出阶段。此阶段，新的替代技术已出现，已有技术发展将中断，退出市场。

2.2　技术与产品生命周期

一个新产品是由不同的技术组成，除一部分新技术外，还应该包含大量原有技术，业界通常要求一个产品的开发最多包含30%的创新，而剩下的70%都应该有现成的技术模块可借鉴。核心技术是企业的其他具体产品的技术平台,是公司产品平台的基础。产品平台往往是众多核心技术的集合体,通过产品平台可实现核心技术的最终价值,有效实现产品间的共享,同时还可有效实现技术的保密。产品平台是终端产品快速、低成本、低风险地推向市场的基础,通过产品平台可以有效降低产品开发成本,缩短产品开发周期,提升产品质量。核心技术是在理论基础上,在确定技术路线情况下支撑产品实现的技术选择中的关键部分。

核心技术诞生后往往带来后续的一系列新产品。技术先于产品产生,两者的生命周期具有相似性,但产品的生命周期滞后于技术的生命周期,如图 2 – 2 所示。

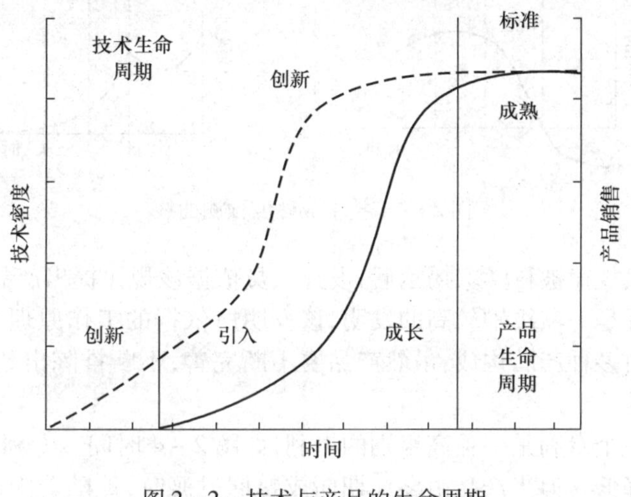

图 2 – 2　技术与产品的生命周期

2.3　TRIZ 中的 S – 曲线及技术成熟度预测

2.3.1　分段 S – 曲线

通过对大量专利的分析,Altshuller 发现产品的进化规律满足 S – 曲线。但进化过程是靠设计者推动的,当前的产品如没有设计者引入新的技术,它将停留在当前的水平上,新技术的引入使其不断沿某些方向进化。Altshuller 用如图 2 – 3 所示分段线性 S – 曲线表示性能随时间的变化规律,从而更加明确地把产品进化分为了婴儿期、成长期、成熟期和退出期 4 个阶段。

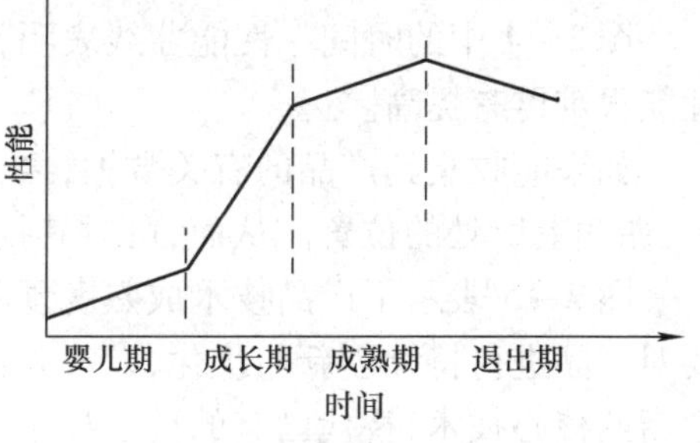

图 2 – 3　分段线性 S – 曲线

2.3.2　技术成熟度预测

确定组成产品的技术在 S – 曲线上的位置是产品进化理论的重要研究内容,被称为技术成熟度预测。

Altshuller 分析了专利数量、专利等级和产品的获利能力、性能 4 个指标随着产品进化而变化的规律,与 S – 曲线一起组成产品技术成熟度预测算子,用于产品技术成熟度预测。4 个指标随技术进化而变化的曲线的形状如图 2－4 所示。收集当前产品的 4 个方面数据并建立曲线,与图 2－4 中 4 条曲线的形状比较,即可确定当前产品的技术成熟度。

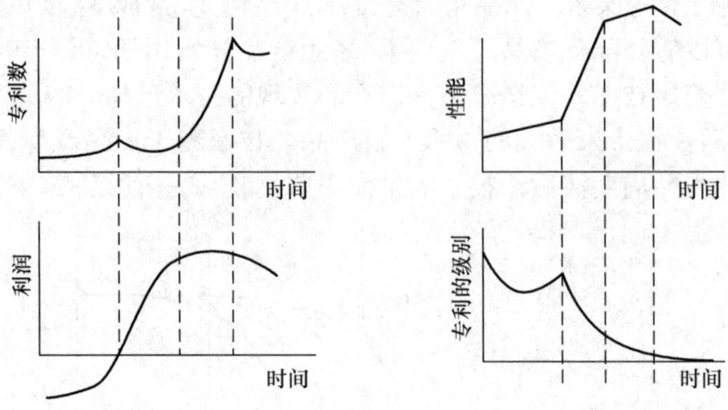

图 2－4　技术成熟度预测曲线

当一条新的自然规律被科学家揭示后,设计人员依据该规律提出产品实现的工作原理,并使之实现。这种实现是一项级别较高的发明,该发明所依据的工作原理是这一代产品的核心技术。一代产品可由多种产品构成,虽然产品要不断完善,不断推陈出新,但作为同一代产品其核心技术是不变的。

一代产品的第一个专利是一项高级别的专利,如图 2－4 时间－专利的级别曲线所示。后续的专利级别逐步降低。但当产品由婴儿期向成熟期过渡时,伴随着限制产品性能的关键问题的解决,会出现一些高级别的专利,正是这些专利的出现,推动产品从婴儿期过渡到成长期。

图 2－4 中的时间－专利数曲线表示专利数随时间的变化。在婴儿期和成长期前期,由于参与开发的企业和人员较少,因此专利数较少,在成熟期由于激烈的竞争,企业新专利不断涌现,专利数最多。之后产品到了退出期, 企业进一步增加投入已没有什么回报,因此专利数降低。

图 2－4 中的时间－利润曲线表明,开始阶段,企业仅仅是投入并没有赢利。到成长期,产品虽然还有待于进一步完善,但产品已带来利润。之后,利润逐年增加,到成熟期的某一时间达到最大,之后开始降低。

图 2－4 中的时间－性能曲线表明,随时间的延续,产品性能不断增加, 但到了退出期,其性能很难再有提高。

如果能收集到产品的有关数据,绘出上述 4 条曲线,通过曲线的形状,可以判断出产品在 S－曲线上所处的位置。从而,可对其技术成熟度进行预测。

图 2－5 表示了产品技术成熟度预测后的两种结果。如果产品处于婴儿期或成长期,则需要对产品进行持续创新与优化,以改善已有的 S－曲线; 反之,则需要产品的突破性创新以产生新的核心技术,替代已有的核心技术,即使产品移入新的 S－曲线。

为了改善 S－曲线,需对产品进行优化设计。已有产品的优化是指产品的核心技术即工作原理不变,而对其实现技术进行优化,包括材料选择,结构加工工艺,结构的装拆、性能、造型等的优化。

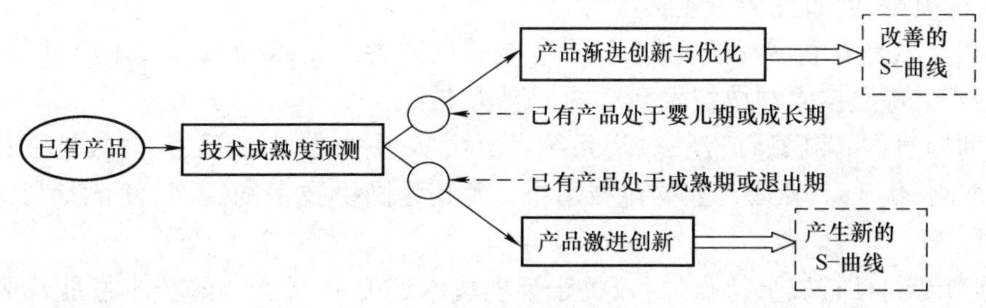

图 2－5　产品技术成熟度预测及决策

2.3.3　基于专利分析的技术成熟度预测

专利制度是在人类社会向商品经济和工业化发展的过程中产生和发展起来的，目前世界上绝大多数国家都实行了专利制度以保护发明人或设计人的合法权益，目的是鼓励发明创造，促进工业发展和推动科学技术进步。

世界知识产权组织的统计表明，全世界每年发明成果的 90% ~95% 首先是在专利文献上发表的，而在其他科技文献中只反映出 5% ~10%，目前全世界专利文献已超过 4 000 万件，并且每年以 100 万件的速度递增，占全世界各种图书、期刊每年总出版量的 1/4。这些专利文献凝聚了全世界科技创新的精华，形成了庞大的科技信息宝库，是非常重要的科技信息源。

专利保护的发明创造是人类脑力劳动的成果。人类的大脑可以创造出多种方法和各种装置以利用周围的自然，使发明创造层出不穷。现在用于制造产品的工业设备和方法是几千年来发展的结果，是在原有的发明创造基础上不断出现新的发明创造的结果。有些发明现在看来很普通，以至于我们可能意识不到在当时其的确是一项新颖的发明。

可授予专利权的发明创造必须是工业领域的新产品、新方法和新应用。这里指的工业是广义的，包括农业、畜牧业等。不能导致工业技术变化的发明创造一般不能得到专利权。

一项发明是基于通过采用某些措施而得到某种特定的效果。发明人没有必要对此作出科学解释，只要确保所采取的这些措施能够产生所述的特定效果就够了。一般说来，一项发明创造可以看作是一个解决技术问题的实施方案。在寻找一种途径或方法以解决某一现存问题而且最终找到了解决方案的情形下，这一点就更为明显。有些发明创造是针对早已存在的、但却不为人知的问题的解决方案。也就是说，所解决的问题是在发明出现之后才被认识的。

专利权只授予新的发明创造，这在世界范围内是一致的。《中华人民共和国专利法》第 22 条规定：授予专利权的发明和实用新型，应当具备新颖性、创造性和实用性。

（1）新颖性是指在申请日以前没有同样的发明或者实用新型在国内外出版物上公开发表过、在国内公开使用过或者以其他方式为公众所知，也没有同样的发明或者实用新型由他人向专利局提出过申请，并且记载在申请日以后公布的专利申请文件中。

（2）创造性是指同申请日以前已有的技术相比，该发明或实用新型具有突出的实质性特点和显著的进步。

（3）实用性是指该发明或者实用新型能够制造或者使用，并且能够产生积极的效果。

专利之所以能够作为研究对象来预测技术的成熟度，是因为专利具有以下特点。

（1）专利申请活动是反映新技术、新产品开发活动的一个极为重要的方面，任何一件专利都必须具备新颖性、创造性和工业实用性。

(2)专利文献是专利活动的完整记录,它能够反映各个技术领域中技术活动的现状,又能够用来研究某个特定技术领域技术活动的发展历史。

(3)专利信息内容新颖、广泛;分类系统、详尽,实用性强,出版迅速,时效性强;格式统一、规范,便于查阅,优于一般意义上的科技情报,尤其是网络技术的发展,使得专利信息查询更加快捷便利。

正是因为专利具有以上特点,所以关于某项技术的专利所支持的技术性能代表了该技术的发展过程。研究关于某项技术或某个技术参数的专利所支持的技术性能,其增长都应该符合 S-曲线的规律。正是通过研究专利, Altshuller 发现了技术进化规律,创立了发明问题解决理论(TRIZ)。很多技术预测的专家也都把目光投向了专利分析统计,得出了很多有实践意义的成果。专利的特点和前人的实践都说明专利比较适合作为产品技术成熟度预测的研究对象。

2.3.4 TMMS 的预测模型

产品技术成熟度预测系统(Technology Maturity Mapping System,TMMS)是基于专利分析的产品成熟度预测软件。以往的技术成熟度预测方法都存在一些问题:应用 Altshuller 专利考察模式进行技术成熟度预测时,由于某些技术的性能指标和获利能力指标难以精确表示,数据获取相对较难,难以实施;应用 Darrell Mann 专利考察模式进行技术成熟度预测时,只能预测技术是否已经过了成熟期;而国内专利文件的形式限制了依赖于专利引用次数的 Aurigin 专利考察模式的应用;基于性能模型的预测一方面性能指标不易正确确定,另一方面现有的数学模型对预测技术成熟度都有一定缺陷。另外根据曲线形状来判断技术成熟度的方法,需要得出所研究技术系统的所有历史数据,一方面进行历史数据分析所耗用的时间较长,另一方面对于国内专利数据不完全的现状不适用。为了使技术成熟度预测方法具有一定的普适性,TMMS 应用了一种新的基于专利分析的技术成熟度预测模型。

1. 基于专利分析的技术成熟度预测的模型指标

Darrell Mann 的研究成果是为了加速预测过程而得出的,因此可以在应用 Altshuller 研究结果时,抛开较难获得的性能指标和获利能力指标,而引入弥补缺陷的专利(Symptom Curing Patents,SCP)数量这一指标。因为在研究专利过程中,相对于专利分级来说,专利是否按照弥补缺陷进行分类是一个很简单的过程,仅仅根据专利摘要就能确定,不会增加太多工作量,因此 TMMS 通过专利数量、专利等级和弥补缺陷的专利数量 3 项指标进行技术成熟度预测,其指标模型分别来自 Altshuller 的专利考察成果和 Darrell Mann 的专利考察成果(图 2-6)。专利数量反映技术研究活跃程度;专利等级反映研究成果的水平,Altshuller 在研究发明过程中根据获得发明所需要反复尝试的次数把发明分为 5 个等级,其分级原则用于分析专利,就是专利等级;弥补缺陷是指通过引入补充技术、结构或方法来弥补专利所指向的技术中存在的缺陷,以在不致对技术系统作出太多改变的前提下提高技术性能,其专利数量反映研究重点的转移。由于 3 项指标的曲线表现的都是关于某技术的专利指标的特点,在 TMMS 中称为技术的专利特性曲线。

不难发现,所采用的 3 项指标来自一个数据源,实质上是考察一个问题的多个方面,因此可比性更强。为了提高预测的精度,可以选择某一性能指标和获利能力指标进行对照,根据预

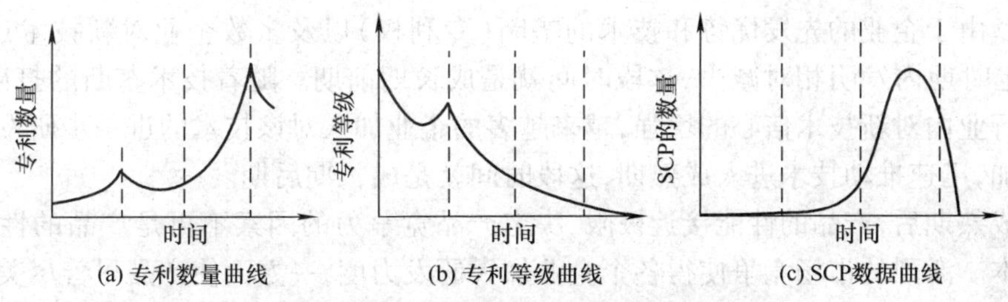

(a) 专利数量曲线　(b) 专利等级曲线　(c) SCP数据曲线

图 2-6　基于专利分析的技术成熟度预测模型指标

测结果对照出现的偏差,并分析出现偏差的原因。

2. 技术成熟度预测的算法分析

如图 2-7 所示,图中箭头所指的是各条曲线上的转折点(极值点)。从图(a)可以发现:在发明数量的婴儿期结束到成长期开始有一个转折点(极大值);在成长期的前期和中期有一个转折点(极小值),在成熟期结束到退出期开始有一个转折点(极大值)。如果按照图(a)中的转折点可以把曲线划分为:婴儿期、成长期前期、成长期后期 + 成熟期、退出期。从图(b)可以发现:在技术的婴儿期中期有一个转折点(极小值),在婴儿期结束到成长期开始有一个转折点(极大值)。因此根据图(b)可以把曲线划分为:婴儿期前期、婴儿期后期、成长期 + 成熟期 + 退出期。从图(c)可以发现:曲线只有一个转折点,该转折点将成熟期分为两部分——成熟期前期和成熟期后期。因此,综合各曲线上转折点对曲线的划分及 Altshller 对技术生命周期的划分,可以把技术生命周期分为:婴儿期前期、婴儿期后期、成长期前期、成长期后期、成熟期前期、成熟期后期和退出期 7 个部分(图 2-8)。

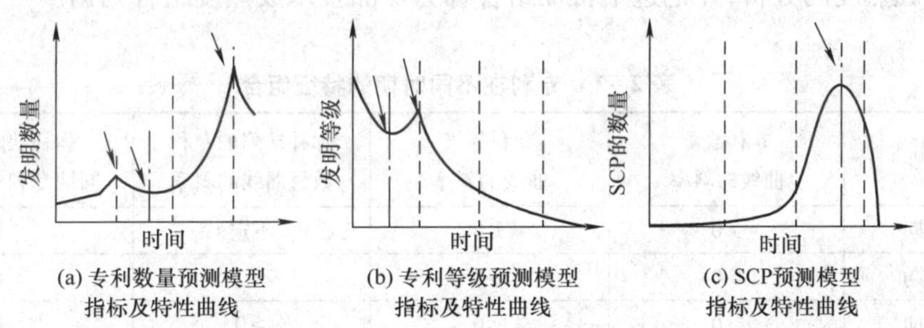

(a) 专利数量预测模型指标及特性曲线　(b) 专利等级预测模型指标及特性曲线　(c) SCP预测模型指标及特性曲线

图 2-7　各曲线上的极值点和基于极值点的技术生命周期的重新划分

任何一项技术都是源自某个重要发现或某个等级很高的发明(想法),然后围绕这项发现或发明开展一系列应用探索,产生一系列低等级的发明,这就是婴儿期前期。随着经验的积累和限制技术应用的一系列主要问题的解决,产生一系列较高等级的发明,这就是技术的婴儿期后期。随着原有技术退出市场,新技术就进入成长期。成长期又分为成长期前期和成长期后期。制约新技术应用的关键技术问题的解决,推动技术进入成长期前期。但是技术真正进入成长期前期是由于拥有关键技术的公司放弃原有技术,而转向新技

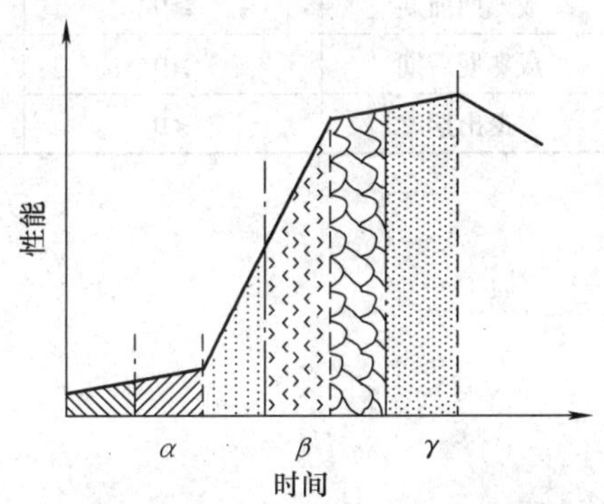

图 2-8　技术生命周期的重新划分

术的开发。由于企业的先发优势和技术的垄断(专利权)以及多数企业对新技术还持怀疑的态度,一定时期内发明相对减少,这段时间就是成长期前期。随着技术垄断的打破和技术的扩散以及行业内对新技术信心的增强,越来越多的企业加入对该技术的进一步研发中,专利数量迅速增加,迅速推动技术进入成熟期,这段时间就是成长期后期。

进入成熟期后,产品的性能接近极限,决定产品竞争力的因素不再是产品的性能,而变成产品的成本。激烈的市场竞争使得各个企业加大研发力度,一方面使产品尽善尽美,另一方面降低产品成本,在所申请的专利中,Darrell Mann 所论及的两种专利(降低成本的专利和弥补缺陷的专利)占了绝大多数。

在成熟期后期。产品的成本和性能接近极限,虽然专利申请依然很积极,但是对于降低成本的专利和弥补缺陷的专利,因为专利空间越来越小,这两种专利的申请数量下降,但专利总数还会上升。

在退出期,技术的性能已经达到极限,成本也达到极限值,这时决定产品竞争力的是各种销售手段、良好的售后服务及企业的信誉。

根据专利特性曲线上的极值点把技术分为上述的 7 个阶段,每个阶段的专利特性都有自己的基本特征。最基本的特征是特性曲线的升降趋势,即各阶段上特性曲线的斜率。另外,通过比较图 2-7 (a)与(c),可以大致观察同期专利中弥补缺陷的专利在同期专利中的比例变化。从图 2-7 得出的特性曲线斜率和弥补表面缺陷的专利在同期专利中的大致比例,见表 2-1。

如果把专利特性曲线中各曲线的斜率特征与弥补缺陷的专利在同期专利中的大致比例的特征组合起来,可以看出不同技术成熟度对应的特征组合是不同的,因此可以利用这个特征组合进行技术成熟度的分析,并把这个特征组合称为产品技术成熟度组合判据。

表 2-1　专利在不同时期的特征组合

技术成熟度	专利数量曲线的斜率	专利等级曲线的斜率	弥补缺陷的专利数量曲线的斜率	弥补缺陷的专利在同期专利中的大致比例
婴儿期前期	≥0	≤0	不定	极少
婴儿期后期	≥0	>0	不定	极少
成长期前期	<0	≤0	≥0	极少
成长期后期	≥0	≤0	≥0	部分
成熟期前期	≥0	≤0	≥0	大部分
成熟期后期	≥0	≤0	<0	大部分
退出期	<0	≤0	<0	部分

第 3 章　技术进化定律

产品的发展过程是性能由低到高逐渐提高的过程。产品的发展过程具有一定的规律，这个规律就是技术进化定律。每个产品的发展都符合一条或更多的技术进化定律，在每个技术定律下包含若干条进化路线，进化路线描述了具体产品的技术发展所经历的各个阶段。

本章介绍产品进化的基本概念、进化模式和路线及其应用与实现方法，用实例说明进化理论的应用。企业的决策层如能掌握这些理论，将使企业的研发决策更加科学合理，同时增加企业的创新能力及市场竞争力。

3.1　技术进化阶段

3.1.1　技术系统的诞生及进化

技术系统是人造物，如投影仪、激光笔、手机、桌椅等，设计及制造这些人造物均能满足特定的功能。技术系统按功能或结构均可以划分为层次结构，如图 3－1 所示。

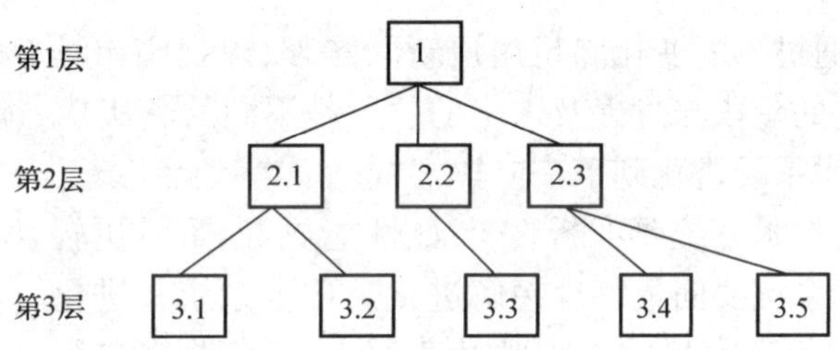

图 3－1　典型的层次结构

如果图 3－1 是某个待设计系统的功能树，则第三层为系统的功能元。将功能元用能量流、物料流及信息流连接起来，就形成功能结构。由每个功能元确定其实现的过程首先在工业界已开发的技术中选择。如果某些零部件或系统能用，则直接选用；如果找不到能用的已有技术，则需要创新。

3.1.2　产品进化的 4 个阶段

从历史的观点看，产品进化分为如下四个阶段：

(1)为系统选择零部件；

(2)改善零部件；

(3)系统动态化；

(4)系统的自控制。

飞机的发明是从 100 多年前开始的。当时的发明人所考虑的问题是：飞行的部件是什么？

发动机是否在机翼内？机翼是固定的还是活动的？如果是活动的，是否与鸟的翅膀相同？发动机的类型是什么？蒸汽发动机还是电动发动机？经过多次实验，选用了固定式机翼及内燃机。

改善零部件是指发明人改进组成技术系统的零部件，如对其形状、各种关系进行优化，采用更合适的材料、尺寸等。对于飞机的改进，该阶段的问题是：一架飞机采用几个机翼，一个、两个还是三个？控制系统放在什么位置，前部还是后部？发动机的具体位置是什么？螺旋桨应如何设计，是推动型还是拉动型？一架飞机应采用多少个齿轮？等等。经过该阶段的进化，所设计的飞机与今天的飞机已很相似了。

在系统动态化阶段，很多采用刚性连接的零部件被改为柔性连接，如发明了飞机的可伸缩起落架，能改变形状的机翼，机身的前部可上下移动，发明了使飞机垂直升降的发动机等。由于系统动态化进化，系统性能空前提高。

系统的自控制这一进化步骤还没有广泛实现，但可从火箭、航天器的设计中看出该进化步骤已初露端倪，如运行中的航天器可对其自身的某些行为进行自组织。这只是该进化步骤的开始，未来的系统能自动地适应环境。

3.2 技术进化系统

3.2.1 技术进化系统的组成

技术及其产品要通过不断变化满足用户新的需求，以提高市场竞争力。技术系统的进化分为不同的阶段，目前的阶段与过去及未来的阶段是不同的。从某一阶段开始，经过大量的研发与知识积累之后技术系统进化到下一阶段。

由于市场的压力，技术系统要不断改变，如性能更好、重量更轻、所需的制造资源更少、完成的功能更多，即技术系统要向最终理想解进化。技术系统每进化一步都是发明人努力的结果。成千上万的人，包括有资格的工程师及普通人，每年都在进行高级别与低级别的创新活动，仅有少量的创新结果被实施，对技术系统的进化作出贡献。发明人作为一个整体是不可控的，他们的工作受市场及兴趣的驱动，通常也不知道其他人正在从事同样的发明创造。这些人的工作似乎处于一种随机状态。但从历史的观点研究，一项发明最终被接受的原因是遵循了技术进化的逻辑。

TRIZ 创始人 G. S. Altshuller 及研究人员经过分析大量专利，发现不同领域中技术进化过程的规律是相同的。如果掌握了这些规律，就能主动预测未来技术的发展趋势，今天设计明天的产品。TRIZ 中的技术进化定律及技术进化路线正是这些客观规律的一种概括。其基本原理如下。

（1）技术进化定律及路线应是技术进化的真实描述，能被不同历史时期的大量专利及技术所证实。

（2）技术进化定律及路线应能协助研发人员预测技术未来的发展。

（3）技术进化定律及路线应是开放系统，随技术发展所产生的新模式及路线应能加入已有的系统中。

基于 TRIZ 的技术进化系统组成如图 3－2 所示。技术进化模式之下是技术进化路线，每条路线由不同的状态组成，并由工程实例库支持。其中的实例库来自对大量专利分析的结果。图中的产品或某项技术是技术进化系统的输入，首先选择可能应用的技术进化定律，之后在其下选择技术进化路线及与这些路线对应的工程实例，类比产生新技术概念。

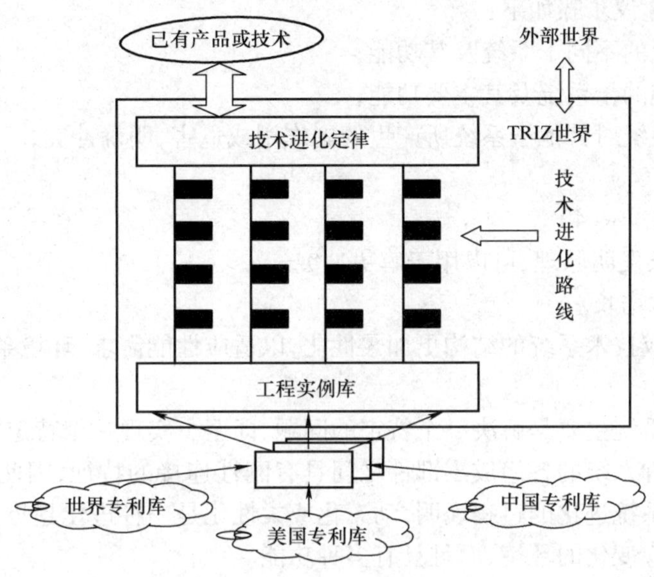

图 3－2　技术进化系统的组成

3.2.2　技术进化定律与进化路线定律

技术进化定律归纳为 9 条。

定律 1　提高理想化水平。

该定律是指技术系统向提高理想化水平的方向进化。按式(3－1)，增加技术系统的效益，如实现更多的功能、更好地实现功能、减少成本或副作用，均可增加技术系统的理想化水平。该定律是技术进化的根本性定律，描述了技术系统进化的总方向，也是判断一个技术创新是否有效的重要判据。

$$\text{理想化水平} = \frac{\text{收益}}{\text{成本} + \text{副作用}} \tag{3-1}$$

路线 3－1　空洞程度增加。

图 3－3 是该路线所包含的几个状态。为了增加理想化水平，最初在实体系统基础上增加一个空洞及几个空洞，之后采用毛细孔实体及多孔实体，最后采用多微空洞实体。空心砖、空心楼板、保温杯等均是按该路线进化的实例。

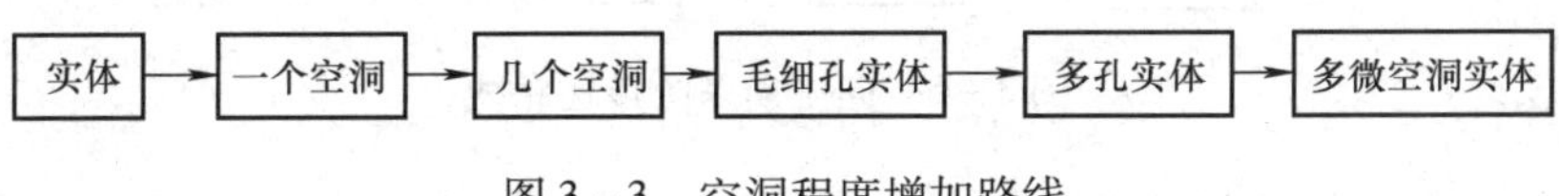

图 3－3　空洞程度增加路线

定律 2　子系统的非均衡发展。

组成系统的子系统发展非均衡，系统越复杂非均衡的程度越高。非均衡的出现是由于系统中的某些子系统满足了新的需求,从而其发展快于其他子系统。非均衡将导致系统内部子系统间或子系统与系统间出现冲突,应不断消除该类冲突使系统得到进化。消除冲突的手段是应用新发明。

应用该定律的建议步骤如下:

(1)确定系统中的不同子系统及其功能;

(2)选择感兴趣的子系统及其主要功能;

(3)确定该子系统对其他子系统所产生的副作用或危害,明确冲突;

(4)解决冲突;

(5)重复步骤(1)~(4)。

TRIZ 中有 40 条发明原理,可以用于解决冲突。

定律 3 动态化增长。

该定律是指组成技术系统的结构更加柔性化,以适应性能需求、环境条件的变化及功能的多样性需求。

研发新的技术系统主要是解决一个特定的问题,即至少实现一个特定的功能,并在一特定的环境下运行。这种系统的各组成零部件之间具有刚性连接的特征,因此不能很好地适应环境变化。很多该类系统进化的过程表明,动态化或柔性化是一种进化趋势。在进化的过程中,系统的结构逐步适应变化的环境,而且具有多种功能。

路线 3-2 向连续状态变化系统的进化(图 3-4)。

图 3-4 向连续状态变化系统的进化路线

路线 3-3:向自适应系统的进化(图 3-5)。

图 3-5 表明,系统进化有 3 种状态:被动适应、人工控制(人工适应)及主动适应。被动适应系统是在没有设置动力驱动或伺服控制机构的条件下,系统能够适应环境的变化。分级控制系统是指操作人员或通过传感器感知的信号下达指令改变系统的构型,从而改变系统的运行状态,但这种系统改变是分级的,而不是连续的。主动适应系统中,传感器自动检测环境的变化,并将这种变化传递给控制机构,从而实施控制,改变系统的运行状态。

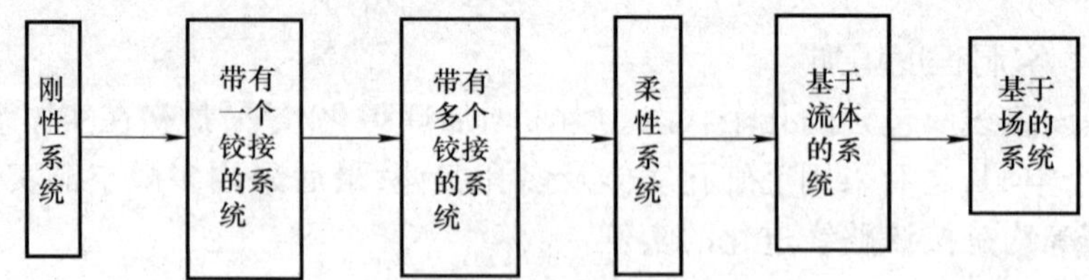

图 3-5 向主动系统传递路线

路线 3-4 向流体或场进化。

增加柔性化的过程通常包含固定或刚性部件被活动或柔性部件代替的过程。因此,存在向流体或场的进化路线,如图 3-6 所示。

定律 4 向超系统进化。

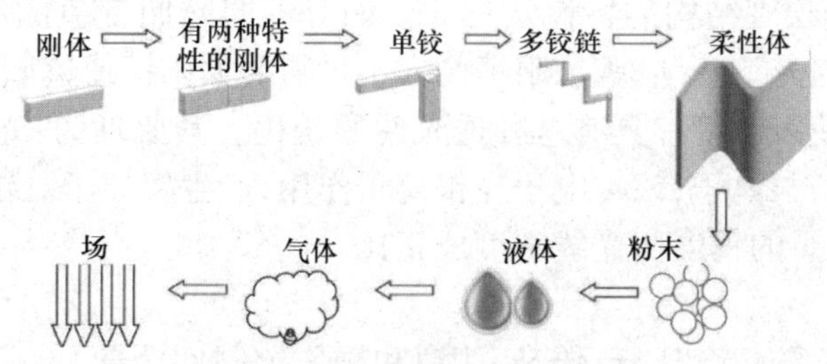

图 3－6　向流体或场的进化路线

技术系统由单系统向双系统及多系统进化。单系统具有一个功能，双系统含有两个单系统，这两个单系统可以相同，也可以不同。多系统含有三个或多个相同或不同的单系统。将单系统集成为双系统或多系统是系统升级的一种形式。形成复杂系统的方法是将已有的两个或多个相互独立的单系统集成。集成后的系统实现性能提高，新的有用功能显现。因此，由单系统向双系统及多系统进化是一种技术系统进化的趋势，如图 3－7 和图 3－8 所示。

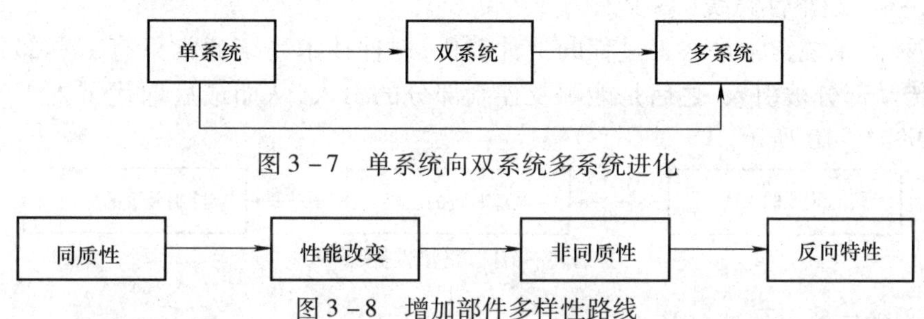

图 3－7　单系统向双系统多系统进化

图 3－8　增加部件多样性路线

双系统及多系统的组成部件多样性会产生新的效果。如双金属片由热膨胀系数不同的两金属条组成，对于少量的温度变化，它将产生较大的变形。任何单金属片没有这种效果。在同质双系统或多系统的基础上，使其组成部件的性能变化，可以得到少量变化的多样性，如近视镜的镜片往往具有不同的度数，以适应不同近视程度眼睛的需求。

定律 5　向微观系统进化。

技术系统是由物质组成的，物质有不同层次的微观物理结构，常见的结构为：晶体、分子团、分子、原子、离子、基本粒子。宏观的物质结构是由微观的物质结构所组成。技术系统由宏观向微观系统传递是一种进化趋势。即由宏观的物质所完成的功能，如轴、杠杆、齿轮等的功能，由微观系统完成。由宏观系统向微观系统进化的过程可以解决宏观系统中出现的冲突。

路线 3－5　向微观系统进化。

如图 3－9 所示，系统由晶体或分子团状态向分子态、原子与离子态、基本粒子态进化。

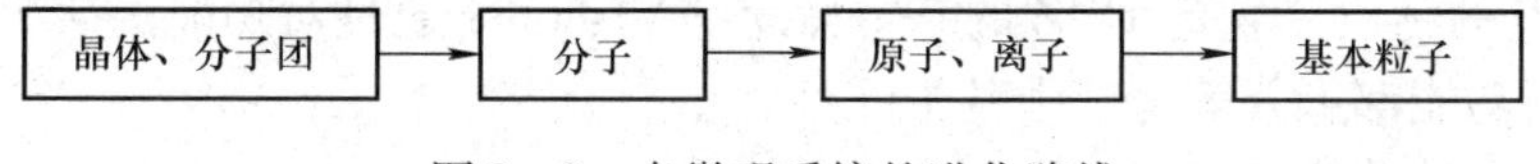

图 3－9　向微观系统的进化路线

该定律的应用遵循如下规则。

（1）微观系统或结构的采用应实现宏观系统或结构所完成的功能，如电化学加工是采用分子之间的相互作用完成加工，即用分子加工代替在力的作用下传统刀具直接加工工件。

(2)微观结构控制宏观结构的特性及行为。如对不同光照变色的眼镜采用了该规则,由于这种眼镜的镜片在强光下变黑,戴该眼镜的人不再需要太阳镜或遮阳罩。制造过程中,在镜片中添加银氯化物可使眼镜镜片具有这种透光性的变化。其原理为:光线与氯化物的离子相互作用产生氯化物分子与电子,该类电子与银离子作用,产生银原子。银原子积聚阻碍光的穿透,使镜片变黑。其变黑的程度与光线密度成正比。

定律 6 完整性。

该定律是指自治系统包含执行、传动、能源和操作控制四个部分。其中,执行部分是直接完成系统主要功能的部分,传动部分将能源以要求的形式传递到执行部分,能源部分产生系统运行所需要的能量,控制部分使各部分的参数与行为按需要改变。

例 3-1 液压传动系统的组成。

液压泵是系统的能源装置,它将电能转变为液压能。液压油起传动的作用,将能量传递到所需要的位置。液压缸是执行部分,它将液压能转变为机械能,并作为系统的输出,完成所规定的操作。各种控制阀,如压力控制阀、方向控制阀、流量控制阀等控制系统协调有序的工作。

路线 3-6 完整性路线(减少人的介入路线)。

最初的技术系统常常是人工过程的一种替代,这种技术系统通常只有工具部分。随着技术的进化,传动部分被引入,之后是能源及控制部分的引入,从而最后取代了人工的参与。完整性路线如图 3-10 所示。

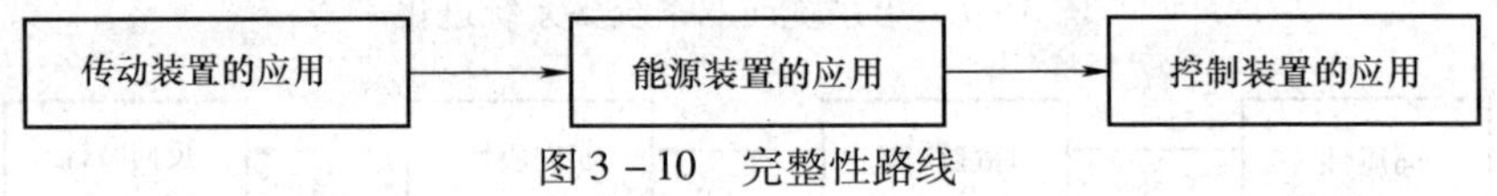

图 3-10 完整性路线

定律 7 缩短能量流路径长度。

技术系统向着缩短能量流经系统路径长度的方向发展。技术系统运行的基本条件是能量能够从能源装置传递到执行装置,该路径的长度向缩短的方向进化。该定律含有两种技术进化趋势。

(1)减少能量传递的级数:①减少能量形式的转换次数,如能量的路径是由电能转换为机械能,再由机械能转换为热能,试将中间环节机械能去掉;②减少参数的转换次数,如电动机输出的转速经过 3 级减速传递给丝杠,丝杠驱动执行机构,试将 3 级减速减为 2 级减速。

(2)增加能量的可控性。即将可控性较差的能量形式变为可控性较好的形式。能量控制的难易顺序为:万有引力形成的势能、机械能、热能、电磁能。因此,将势能转变为机械能,将机械能转变为热能,将热能转变为电磁能是技术进化的趋势。

定律 8 增加可控性。

进一步增强物质-场之间的相互作用,可以增加系统的可控性。

该定律涉及的物质-场是 TRIZ 的基本概念。Altshuller 通过对功能的研究发现:

(1)所有的功能都可分解为三个基本元件;

(2)一个存在的功能必定由三个基本元件构成;

(3)相互作用的三个基本元件有机组合将产生一个功能。

组成功能的三个基本元件分别为两种物质和一种场。物质可以是任何东西,如太阳、地球、轮船、飞机、计算机、水、X 射线、齿轮、分子等。场是能量的总称,可以是核能、电能、磁能、机械能、热能等。

在TRIZ中,功能的基本描述如图3－11所示。图中F为场,S_1及S_2分别为物质。其意义为:S_1与S_2之间通过场F的相互作用,改变S_1。

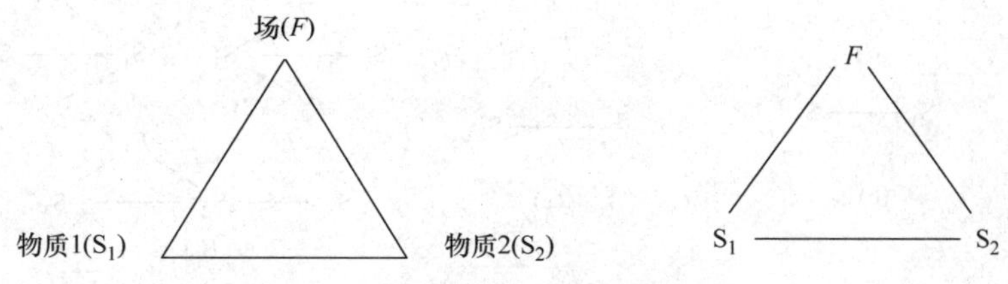

图3－11　简化的物质－场符号

组成功能的每个元件都有其特殊的角色。S_1为被动元件,是被作用、被操作、被改变的角色。S_2为主动元件,起工具的作用。它操作、改变或作用于被动元件S_1,S_2又常被称为工具。F为使能元件,它使S_1与S_2相互作用。

物质－场中的物质通过场相互作用,如图3－12所示。图中(a)表示物质产生场,(b)表示场作用于物质,(c)表示物质S将场F_1转变为F_2,F_1与F_2可以是相同或不同的场。

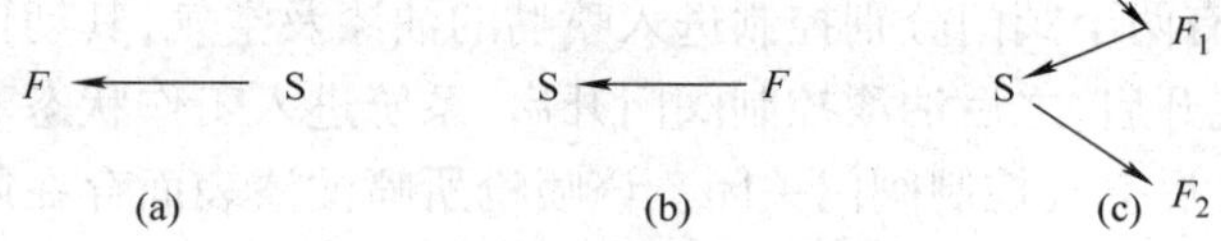

图3－12　物质与场间可能的相互作用

(a)物质产生场　(b)场作用于物质　(c)物质－场转变

图3－13为物质－场表示的功能。可解释为:人手产生的机械能(F)驱动牙刷(S_2)刷牙(S_1);电能(F)驱动车床(S_2)车削工件(S_1);机械能(F)驱动主轴(S_2)带动三爪卡盘上的工件(S_1)旋转。

路线3－7　增加物质－场的复杂性。

图3－14中(a)为该路线。初始系统具有不完整的物质－场结构,如图3－14(b)所示,其中缺少场。首先将其进化为完整的物质－场,如图3－14(c)所示。之后是将其进化为复杂的物质－场,如图3－14(d)至图3－14(f)所示。图3－14(d)、3－14(e)中增加了场F_2,经常起控制作用,使不可控的物质－场变得可控。图3－14(f)表示物质－场的串联。

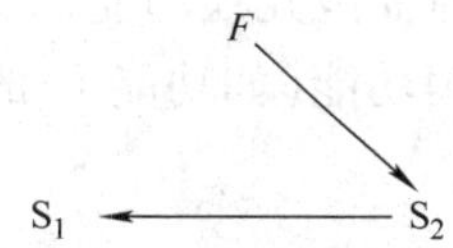

图3－13　物质－场表示的功能

定律9　增加和谐性。

该定律指交变作用本身与完成这些作用的零部件之间要和谐,且不断增加其和谐性。实际运行的系统的主要部件或子系统都要互相配合,和谐工作,这是系统产生规定运动或动作的基本保证。如果组成系统的主要部件或子系统不和谐,将出现部件或子系统间的干涉,系统的性能将会受到影响,甚至不能正常工作。

该条定律的应用可以有多种方法:

(1)保持子系统、部件或零件间交变运动或参数的和谐性;

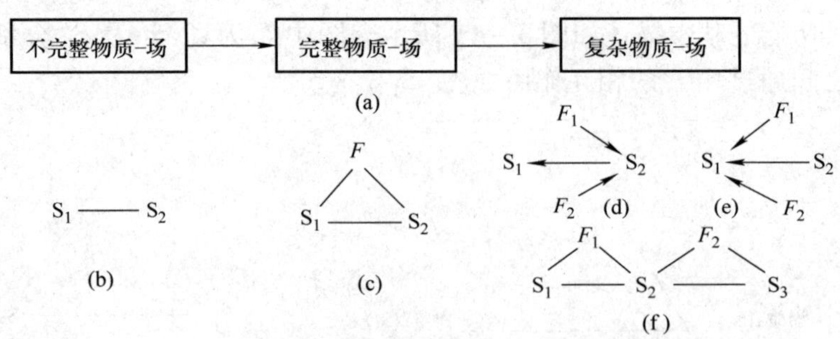

图 3－14 增加物质－场的复杂性路线

(a)路线图 (b)物质－场结构 (c)进化物质－场 (d)转变 (e)转变 (f)物质－场串联

(2)应用谐振;

(3)避免采用不必要的交变运动。

部件或子系统间的和谐性有时与自然频率或动态特性无关,而与各部件或子系统间的运动或动作顺序有很大的关系。合理地安排该类顺序,系统的和谐性将得到改善。

例 3－2 油漆喷枪的改进。

传统的油漆喷枪有两个阀门分别控制进入喷嘴的油漆及空气,其动作顺序为:喷枪被激发后,空气控制阀门首先开启,之后油漆控制阀门开启,系统进入工作状态。为了停止工作,油漆控制阀门首先关闭,之后空气控制阀门关闭。该喷枪所喷油漆表面存在质量问题,即当喷枪开始工作及停止后,均有油漆液滴从喷口流到被喷漆表面。

改变交变运动的和谐性可以解决该问题。美国专利 No. 4759502 提出的解决方案为:油漆控制阀门首先开启与关闭,在很短的时间差内空气阀门要开启或关闭,两者的时间差要能够调节。该解决方案改善了被喷油漆表面的质量。

路线 3－8 功能－时间动力学。

该路线如图 3－15 所示。完成每项功能都需要时间,如图 3－15 中的功能 1、2、3 所示。可以同时完成几项功能,如路径(a)同时完成功能 1 及 2,节省了总的时间;路径(b)表明减少完成某项功能(如功能 1)的时间;路径(c)表明要按顺序完成多项功能,但每一项功能都要节省时间。

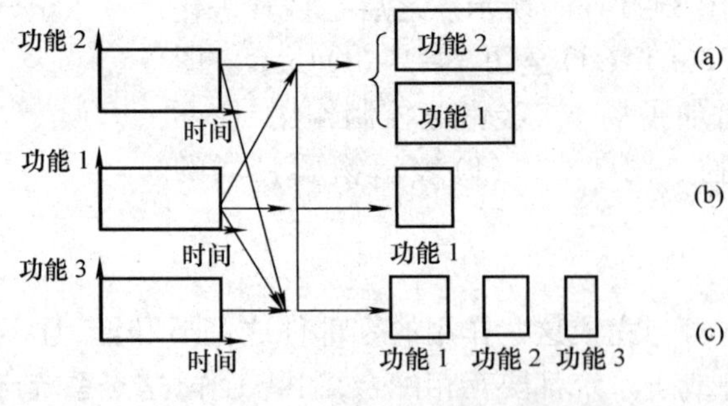

图 3－15 功能－时间动力学路线

(a)路径① (b)路径② (c)路径③

3.3　技术进化潜力

进化定律定义了技术进化的方向，进化路线定性地指出了技术系统沿每一进化方向的具体进化阶段，从结构进化的特点描述产品技术所处的状态序列。其实质是产品如何从一种核心技术移动到另一新的核心技术，可以根据进化路线确定新一代产品的创新设想。因此，技术进化模式与进化路线具有技术预测能力。

图3－16所示为某进化定律下的一条进化路线。该路线图所示的进化路线的开始状态是状态1，最后状态是状态5。按照该进化路线分析产品的技术进化水平，如果技术水平处于进化状态3，则此进化状态称为当前进化状态。进化状态4及5还没有达到，也就是说产品的当前技术水平还没有达到的进化状态。这两个进化状态称为具有潜力的进化状态。技术进化潜力就是存在于当前进化状态和最高进化状态之间的状态总称。

每一个潜力状态都暗含着具有战略决策的潜在技术，对其进行分析，就可产生关于新一代产品的创新设想，从而制定产品发展战略。因为进化路线是从其他成功产品总结归纳出来的技术规律，所以分析进化潜力所产生的新技术战略的创新性、可靠性高，能够成功引导待研究技术系统的发展方向。

为了产生多个创新设想，一般可以选择多条技术进化路线，如图3－17所示。每条路线都存在一个或多个潜力状态，通过每个状态都可能产生一个设想，从而形成多个设想。

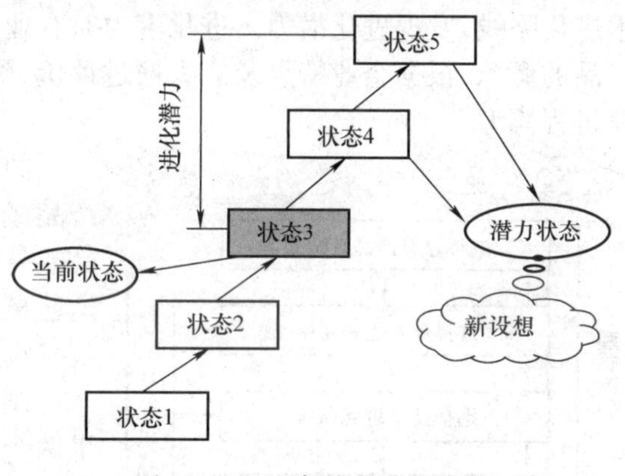

图3－16　一条技术进化路线

图3－18给出了搜索多条进化路线的方法。首先，选择一个相关的进化定律，在该进化定律下的相关进化路线也被选择；然后确定产品沿被选择的进化路线进化的当前进化状态。则当前进化状态与最高进化状态之间就存在进化潜力，具有进化潜力的状态应该有一个或多个，即从比当前进化状态高一级的进化状态到最高进化状态都是具有进化潜力的状态。该搜索过程既可手工实现，也可通过软件实现，如计算机辅助创新软件系统Invention Tool 3.0。

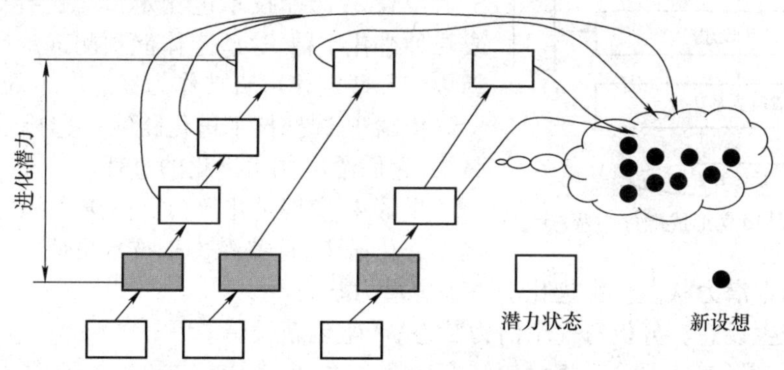

图3－17　由多个潜力状态所产生的创新设想

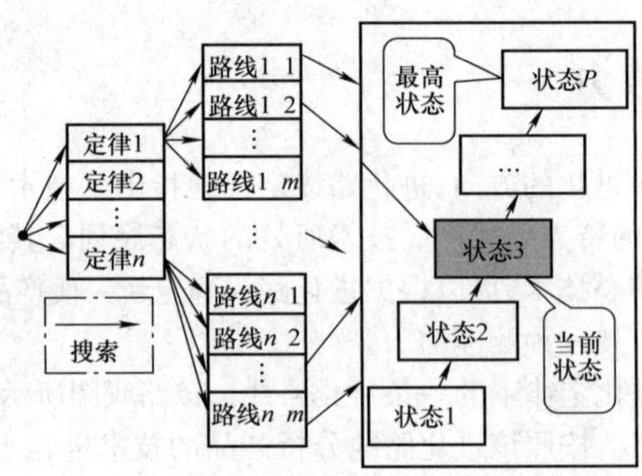

图 3－18　搜索具有进化潜力的进化路线

3.4　产品概念形成顺序过程模型

进化设计的基础是已有产品,为了满足新的需求或提高产品竞争力,需改进已有设计,推出新产品。选择本企业或外企业的产品作为参考,研究已有技术特点,选择技术进化定律及技术进化路线,发现进化潜力。进化潜力对企业是一种技术机遇,在分析该机遇的基础上形成新产品的概念,根据企业特点及能力通过评价,确定可以开发的产品。从而形成新产品开发的顺序过程模型。

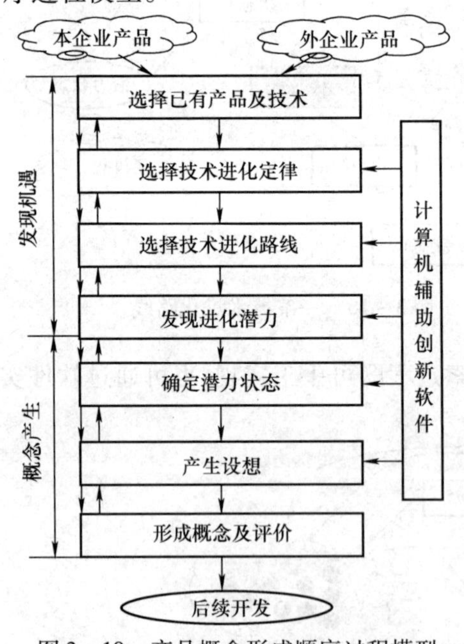

图 3－19　产品概念形成顺序过程模型

图 3－19 是技术进化定律与技术进化路线驱动的产品概念形成顺序过程模型。模型的输入是本企业产品或外企业产品,输出是通过评价得到的新产品概念。这些概念作为后续概念设计(进一步完善上述概念)、技术设计及详细设计的输入。

图 3－19 所示的模型分为发现技术机遇及概念产生两个阶段,具体有如下七个步骤。

步骤 1:选择已有产品及技术。选择本企业或外企业已有的一件或几件产品作为新设计的起点,分析后选出产品、部件及零件,抽象出系统的功能、原理或特征。

步骤 2:选择技术进化定律。选择 TRIZ 中的一种或几种进化定律,这些定律能预测选定产品的未来进化趋势。一些定律可直接作为概念产生的依据。

步骤 3:选择技术进化路线。选择若干条技术进化路线,它们给出技术进化的过程。

步骤 4:发现进化潜力。由选定的定律与路线确定技术进化潜力,这些潜力是技术机遇。

步骤 5:确定潜力状态。由进化潜力确定潜力状态。

步骤 6:产生设想。分析每一个潜力状态,产生创新设想。

步骤 7:概念形成及评价。将设想转变成概念,根据市场需求及本企业能力对所形成的概念进行评价,在若干个概念中选出最具有市场潜力的概念,作为后续设计的输入。

第 4 章　产品设计中的冲突

产品设计具有相同的规律，即产品处于进化之中并受客观定律支配。最普遍的支配定律是对立统一、从量变到质变、否定之否定三大定律，这构成了发明问题解决理论（TRIZ）的内容基础。TRIZ 认为产品创新的核心是解决设计中的冲突或矛盾，如能发现需求与已有产品或产品内部的冲突，开发新产品或改进已有的产品，解决这些已发现的冲突，不仅能满足社会日益增长的需求，而且能为新产品生产企业带来效益。

在 TRIZ 意义下，解决发明问题的核心是克服冲突，未克服冲突的设计不是创新设计。产品进化过程就是不断解决产品所存在冲突的过程。一个冲突解决后，产品进化过程处于停顿状态，之后解决另一个冲突，使产品移到一个新的状态。设计人员在设计过程中不断地发现并解决冲突，是推动其向理想化方向进化的动力。

产品是功能的实现。任何产品都包含一个或多个功能，为了实现这些功能，产品要由具有相互关系的多个零部件组成。为了提高产品的市场竞争力，需要不断对产品进行改进设计。当改变某个零件、部件的设计，即提高产品某些方面的性能时，可能会影响到与这些被改进设计零部件相关联的零部件，结果可能使产品或系统另一些方面的性能受到影响。如果这些影响是负面影响，则设计出现了冲突。TRIZ 所强调的冲突是针对功能与预期目标之间存在的差距，通过对产品的功能分析去发现并解决冲突。

本章介绍了冲突及其类型以及技术冲突、物理冲突的基本概念，标准工程参数，还介绍了发现冲突的基本方法。

4.1　冲突

无论是新设计还是已有产品的改进设计，设计人员在设计过程中首先要保证或提高产品的某些内部性能，但这种提高往往导致产品其他内部性能的降低。即设计中往往存在冲突，冲突普遍存在于各种产品的设计之中。产品设计中的冲突是设计出现问题的根本原因，因此在产品设计和改进的过程中，必须发现并解决冲突，而不是采用折中的方法来平衡问题的双方，这是 TRIZ 理论之所以能从根本上解决问题的关键。

G. S. Altshuller 将冲突分为三类，即管理冲突（Administrative Contradictions）、物理冲突（Physical Contradictions）、技术冲突（Technical Contradictions）。

管理冲突是指为了避免某些现象或希望取得某些结果，需要做一些事情，但不知如何去做。如希望提高产品质量，降低原材料的成本，但不知方法。管理冲突本身具有暂时性，而无启发价值。因此，不能表现出问题的解的可能方向，不属于传统 TRIZ 的研究内容。

物理冲突是指为了实现某种功能，一个子系统或元件应具有一种特性，但同时出现了与此特性相反的特性。物理冲突出现的几种情况如下：

（1）一个子系统中有用功能加强的同时导致该子系统中有害功能的加强；

（2）一个子系统中有害功能降低的同时导致该子系统中有用功能的降低。

技术冲突是指一个作用同时导致有用及有害两种结果,也可指有用作用的引入或有害效应的消除导致一个或几个子系统或系统变坏。技术冲突常表现为一个系统中两个子系统之间的冲突。技术冲突出现的几种情况如下:

(1)在一个子系统中引入一种有用功能,导致另一个子系统产生一种有害功能,或加强了已存在的一种有害功能。

(2)消除一种有害功能导致另一个子系统有用功能变坏。

(3)有用功能的加强或有害功能的减少使另一个子系统或系统变得太复杂。

4.2 技术冲突的通用化

产品设计中的冲突是普遍存在的,应该有一种通用化、标准化的方法描述设计冲突,设计人员使用这些标准化的方法共同研究与交流将促进产品创新。

通过对250万件专利的详细研究,TRIZ 理论提出用39个通用过程参数描述冲突。在实际应用中,首先要把一组或多组冲突均用该39个工程参数来表示。利用该方法把实际工程设计中的冲突转化为一般的或标准的技术冲突。

39个工程参数中常用到运动物体(Moving Objects)与静止物体(Stationary Objects)两个术语。运动物体是指自身或借助于外力可在一定的空间内运动的物体。静止物体是指自身或借助于外力都不能使其在空间内运动的物体。

表4-1 39个通用工程参数名称的汇总

序号	名称	序号	名称
No. 1	运动物体的质量	No. 21	功率
No. 2	静止物体的质量	No. 22	能量损失
No. 3	运动物体的长度	No. 23	物质损失
No. 4	静止物体的长度	No. 24	信息损失
No. 5	运动物体的面积	No. 25	时间损失
No. 6	静止物体的面积	No. 26	物质或事物的数量
No. 7	运动物体的体积	No. 27	可靠性
No. 8	静止物体的体积	No. 28	测试精度
No. 9	速度	No. 29	制造精度
No. 10	力	No. 30	物体外部有害因素作用的敏感性
No. 11	应力或压力	No. 31	物体产生的有害因素
No. 12	形状	No. 32	可制造性
No. 13	结构的稳定性	No. 33	可操作性
No. 14	强度	No. 34	可维修性
No. 15	运动物体作用时间	No. 35	适应性及多用性
No. 16	静止物体作用时间	No. 36	装置的复杂性
No. 17	温度	No. 37	监控与测试的困难程度
No. 18	光照强度	No. 38	自动化程度
No. 19	运动物体的能量	No. 39	生产率
No. 20	静止物体的能量		

下面给出39个工程参数的名称及意义。

No. 1 运动物体的质量:在重力场中运动物体的质量。如物体作用于其支撑或悬挂装置上的力。

No. 2 静止物体的质量:在重力场中静止物体的质量。如物体作用于其支撑或悬挂装置上的力。

No. 3 运动物体的长度:运动物体的任意线性尺寸,不一定是最长的,都认为是其长度。

No. 4 静止物体的长度:静止物体的任意线性尺寸,不一定是最长的,都认为是其长度。

No. 5 运动物体的面积:运动物体内部或外部所具有的表面或部分表面的面积。

No. 6 静止物体的面积:静止物体内部或外部所具有的表面或部分表面的面积。

No. 7 运动物体的体积:运动物体所占有的空间体积。

No. 8 静止物体的体积:静止物体所占有的空间体积。

No. 9 速度:指物体的运动速度,是过程或活动与时间之比。

No. 10 力:是两个系统之间的相互作用。对于牛顿力学,力等于质量与加速度之积,在 TRIZ 中力是试图改变物体状态的任何作用。

No. 11 应力或压力:单位面积上的力。

No. 12 形状:物体外部轮廓,或系统的外貌。

No. 13 结构的稳定性:系统的完整性,系统组成部分之间的关系。磨损、化学分解、拆卸都会降低稳定性。

No. 14 强度:是指物体抵抗外力作用使之变化的能力。

No. 15 运动物体作用时间:运动物体完成规定动作的时间、服务期。两次误动作之间的时间也是作用时间的一种度量。

No. 16 静止物体作用时间:静止物体完成规定动作的时间、服务期。两次误动作之间的时间也是作用时间的一种度量。

No. 17 温度:物体或系统所处的热状态,包括其他热参数,如影响改变温度变化速度的热容量。

No. 18 光照强度:单位面积上的光通量,系统的光照特性,如亮度、光线质量。

No. 19 运动物体的能量:能量是物体做功的一种度量。在经典力学中,能量等于力与距离的乘积。能量也包括电能、热能、核能等。

No. 20 静止物体的能量:能量是物体做功的一种度量。在经典力学中,能量等于力与距离的乘积。能量也包括电能、热能、核能等。

No. 21 功率:单位时间内所做的功。利用能量的速度。

No. 22 能量损失:做无用功的能量。为了减少能量损失,需要不同的技术来改善能量的利用。

No. 23 物质损失:部分或全部、永久或临时的材料、部件或子系统等物质的损失。

No. 24 信息损失:部分或全部、永久或临时的数据损失。

No. 25 时间损失:时间是指一项活动所延续的间隔。改进时间的损失指减少一项活动所花费的时间。

No. 26 物质或事物的数量:材料、部件、子系统等的数量。他们可以被部分或全部、临时或永久地被改变。

No. 27 可靠性:系统在规定的方法及状态下完成规定功能的能力。

No. 28 测试精度:系统特征的实测值与实际值之间的误差。减少误差将提高测试精度。

No. 29 制造精度:系统或物体的实际性能与所需性能之间的误差。

No. 30 物体外部有害因素作用的敏感性:物体对受外部或环境中的有害因素作用的敏感程度。

No. 31 物体产生的有害因素:有害因素将降低物体或系统的效率及完成功能的质量。这些有害因素是由物体或系统操作的一部分而产生的。

No. 32 可制造性:物体或系统制造过程中简单、方便的程度。

No. 33 可操作性:要完成的操作应需要较少的操作者、较少的步骤,使用尽可能简单的工具,一个操作的产出要尽可能多。

No. 34 可维修性:对于系统可能出现失误所进行的维修要时间短,方便,简单。

No. 35 适应性及多用性:物体或系统响应外部变化的能力,或应用于不同条件下的能力。

No. 36 装置的复杂性:指系统中元件的数目及多样性,如果用户也是系统中的元素将增加系统的复杂性。掌握系统的难易程度是其复杂性的一种度量。

No. 37 监控与测试的困难程度:如果一个系统复杂,成本高,需要较长的时间建造及使用,或部件与部件之间关系复杂,都使得系统的监控与测试困难。测试精度高,增加了测试的成本,也是测试困难的一种标志。

No. 38 自动化程度:是指系统或物体在无人操作的情况下完成任务的能力。自动化程度的最低级别是完全人工操作。最高级别是机器能自动感知所需的操作,自动编程,对操作自动监控。中等级别的需要人工编程,人工观察正在进行的操作、改变正在进行的操作,重新编程。

No. 39 生产率:是指单位时间内所完成的功能或操作数。

为了应用方便,上述 39 个通用工程参数可分为如下三类。

(1)通用物理及几何参数:No. 1 ~ 12, No. 15 ~ 18, No. 21。

(2)通用技术负向参数:No. 13 ~ 16, No. 17 ~ 20, No. 22 ~ 26, No. 30 ~ 31。

(3)通用技术正向参数:No. 13 ~ 14, No. 25 ~ 29, No. 32 ~ 39。

负向参数(Negative Parameters)指这些参数变大时,使系统或子系统的性能变差。如子系统为完成特定的功能所消耗的能量(No. 17 ~ 20)越大,则设计越不合理。

正向参数(Positive Parameters)指这些参数变大时,使系统或子系统的性能变好。如子系统可制造性(No. 32)指标越高,子系统制造成本就越低。

4.3 物理冲突

物理冲突的核心是指对一个物体或系统中的一个子系统有相反的、矛盾的需求。物理冲突的例子很多。

工程中的实例如下:

(1)侦察机应飞行得很快,以便尽快离开被侦察的地区,但在被侦察的地区上空又应飞行得很慢,以便多收集数据。

(2)飞机的机翼应有大的面积以便起飞与降落,但又要有较小的面积以便高速飞行。

相对于技术冲突,物理冲突是尖锐的冲突,但设计中如果能确定,那就较容易解决。物理冲突可在对问题的详细分析及深刻理解的基础上确定,也可通过对已有技术冲突的进一步分析来确定。

4.4 技术冲突与物理冲突

技术冲突总是涉及两个参数 A 与 B,当 A 得到改善时,B 变得更差。物理冲突仅涉及系统中的一个子系统或部件,而且对该子系统或部件提出了相反的要求。往往技术冲突的存在隐含物理冲突的存在,有时物理冲突的解比技术冲突更容易。

从技术冲突出发确定物理冲突的核心是确定另一参数或物体,该参数或物体控制着技术冲突的两个参数 A 与 B。

例4-1 用化学的方法为金属表面镀层的过程如下。

将金属制品放置于充满金属盐溶液的池子中,溶液中含有镍、钴等金属元素。在化学反应过程中,溶液中的金属元素凝结到金属制品表面形成镀层。温度越高,镀层形成的速度就越快,但温度越高,有用元素沉淀到池子底部与池壁的速度也越快。温度低又会大大降低生产率。

该问题的技术冲突为:两个标准参数为生产率(A)与材料浪费(B),加热溶液使生产率(A)提高,同时材料浪费(B)增加。

为了将该问题转变成为物理冲突,选择温度作为另一参数(C)。物理冲突可描述为:溶液温度(C)增加,生产率(A)提高,材料浪费(B)增加;反之,生产率(A)降低,材料浪费(B)减少。溶液温度既应该高,以提高生产率,又应该低,以减少材料消耗。

例4-2 波音公司改进737设计过程中出现的一个技术冲突:既希望发动机吸入更多的空气,以提高燃料的利用率(A),但又不希望发动机罩与地面的距离减小,以保证飞机的安全性(B)。现将该技术冲突转变为物理冲突:发动机罩的直径(C)应该加大,以吸入更多的空气,但机罩直径(C)又不能加大,以不使路面与机罩之间的距离减小。

第 2 部分　TRIZ 工具

第 5 章　冲突解决理论

在技术创新的历史中,人类已完成了很多产品的设计,一些设计人员或发明家已积累了很多发明创造的经验。进入 20 世纪,技术创新已逐渐成为企业市场竞争的焦点。为了指导技术创新,一些研究人员开始总结前人发明创造的经验。这种经验的总结可分为两类:适应于本领域的经验与适应于不同领域的通用经验。

第一类经验主要由本领域的专家、研究人员本身总结,或与这些人员讨论并整理总结。这些经验对指导本领域的产品创新有一定的参考意义,但对其他领域的创新意义不大。第二类经验由专门研究人员对不同领域的已有创新成果进行分析、总结,得到具有普遍意义的规律,这些规律对指导不同领域的产品创新都有重要参考价值。

TRIZ 中的冲突解决原理属于第二类经验,这些原理是在分析全世界大量专利的基础上提出的。通过对专利的分析,TRIZ 研究人员发现,在以往不同领域的发明中所用到的规则并不多。不同时代的发明,不同领域的发明,这些规则反复被采用。每条规则并不限定于仅能用于某一领域。融合了物理的、化学的以及各工程领域的原理,适用于不同领域的发明创造。

本章将介绍解决技术冲突的发明原理和解决物理冲突的分离原理以及相关工程案例。

5.1　技术冲突解决理论

5.1.1　发明原理

在对全世界专利进行分析研究的基础上,Altshuller 等提出了 40 条发明原理。实践证明这些原理对于指导设计人员的发明创造具有重要的作用。表 5 - 1 是 40 条发明原理的名称。

表 5 - 1　40 条发明原理

序号	名称	序号	名称
No. 1	分割	No. 6	多用性
No. 2	分离(分开)	No. 7	套装
No. 3	局部质量	No. 8	质量补偿
No. 4	不对称	No. 9	预加反作用
No. 5	合并	No. 10	预操作

续表

序号	名称	序号	名称
No. 11	预补偿	No. 26	复制
No. 12	等势性	No. 27	低成本、不耐用的物体代替昂贵、耐用的物体
No. 13	反向	No. 28	机械系统的替代
No. 14	曲面化	No. 29	气动与液压结构
No. 15	动态化	No. 30	柔性壳体或薄膜
No. 16	未达到或超过的作用	No. 31	多孔材料
No. 17	维数变化	No. 32	改变颜色
No. 18	振动	No. 33	同质性
No. 19	周期性作用	No. 34	抛弃与修复
No. 20	有效作用的连续性	No. 35	参数变化
No. 21	紧急行动	No. 36	状态变化
No. 22	变有害为有益	No. 37	热膨胀
No. 23	反馈	No. 38	加速强氧化
No. 24	中介物	No. 39	惰性环境
No. 25	自服务	No. 40	复合材料

下面将对各发明原理的含义及应用实例进行详细介绍。

发明原理 1　分割。

(1)将一个物体分成相互独立的部分。例:用多台个人计算机代替一台大型计算机完成相同的功能;用一辆卡车加拖车代替一辆载重量大的卡车;将大的工程项目分解为子项目;强势、弱势、机会、危险(SWOT)分析;多房间、多层住宅群;将企业的办公区与制造车间分开。

(2)使物体分成容易组装及拆卸的部分。例:组合家具;组合扳手;花园中浇花用的软管系统,可根据需要通过快速接头连接成所需的长度;柔性制造系统;在短期项目中雇用临时工;模块化家具;预制结构。

(3)增加物体相互独立部分的程度。例:用百叶窗代替整体窗帘;用粉状焊接材料代替焊条改善焊接效果;远程教育;虚拟办公与遥控工作;多玻璃窗;墙壁外部嵌有小石子的灰泥使墙面更粗糙;冰箱的多个小冷冻室;美国陆军 M270 多管火箭炮的母弹内含 644 个 M77 式子弹,一门火箭炮一次 12 管齐射可抛出 7 728 枚子弹,覆盖面积达 24 万平方米。

发明原理 2　分离(分开)。

(1)将一个物体中的"干扰"部分分离出去。例:在飞机场环境中,采用播放刺激鸟类的声音使鸟与机场分离;将空调中产生噪声的空气压缩机放于室外;别墅中的车库,将车的噪声分离出去。

(2)将物体中的关键部分挑选或分离出来。例:飞机场候机大厅中的专用吸烟室;加工车间中的休息室;办公区中的透明(如玻璃)隔离室。

发明原理 3　局部质量。

(1)将物体或环境的均匀结构变成不均匀结构。例:用变化中的压力、温度或密度代替定常的压力、温度或密度;不采用刚性工资结构,而采用计件工资;弹性工作时间;无噪声工作区;材料表面的热处理、涂层、自清洁处理等;增加建筑物下部墙的厚度使其能承受更大的负载;混凝土中的非均匀分布钢筋产生所需要的强度特性。

(2)使组成物体的不同部分完成不同的功能。例:午餐盒被分成放热食、冷食及液体的空间,每个空间的功能不同;使每个雇员的工作位置适应其生理、心理需要,以最大限度地发挥作用;定制式软件;根据不同功能需求将房间设计成不同形状。

(3)使组成物体的每一部分都最大限度地发挥作用。例:带有橡皮的铅笔,带有起钉器的榔头等;按功能划分机构,而不是按产品划分;具有一流研究条件中的一流研究人员;雇用本地雇员以适应本地文化特色;有线电视提供电话、互联网、远程医疗诊断等服务;屋顶上的通风瓷砖;阻燃油漆。

发明原理 4 不对称。

(1)将物体的形状由对称变为不对称。例:不对称搅拌容器,或对称搅拌容器中的不对称叶片;将 O 形圈的截面形状改为其他形状,以改善其密封性能;非正态分布;对不同的顾客群采用不同的营销策略;非圆截面的烟囱改变气流的分布;倾斜的屋顶。

(2)如果物体是不对称的,增加其不对称的程度。例:轮胎的一侧强度大于另一侧,以增加其抗冲击的能力;管理者与雇员之间的双向对话;复合的多斜面屋顶;钢索加固的悬臂式屋顶。

发明原理 5 合并。

(1)在空间上将相似的物体连接在一起,使其完成并行的操作。例:网络中的个人计算机;安装在电路板两面的集成电路;单元制造技术;具有相关产品的公司合并;双板散热器;多功能厅。

(2)在时间上合并相似或相连的操作。例:同时分析多个血液参数的医疗诊断仪;具有保护根部功能的草坪割草机;设计过程中倾听用户的意见;多媒体演示;气、光缆、电等的协同定位服务,最大限度地减少地下管网的施工工作量;混水阀;预先制造的配件。

发明原理 6 多用性。

(1)使一个物体能完成多项功能,可以减少原设计中完成这些功能需要多个物体的数量。例:装有牙膏的牙刷柄;能用作婴儿车的儿童安全座椅;超市提供保险、银行服务,销售煤气、报纸及各种日用品;快速反应部队;房间中自带壁橱;同时具备透明、隔热、透气功能的窗户;屋顶的水箱既能隔热又提供热水。

(2)利用标准的特性。例:采用国际或国家标准,如安全标准;采用具有标准尺寸的空心砖;采用标准件,如螺钉、螺母等;采用 STEP 标准。

发明原理 7 套装。

(1)将一个物体放在第二个物体中,将第二个物体放在第三个物体中,等等。例:儿童玩具不倒翁;套装式油罐,内罐装黏度较高的油,外罐装黏度较低的油;仓库中的仓库;超市中的监视系统;在墙内或地板内设置保险箱;在三维结构中设置空腔;地板内部沟槽式加热方式;布在墙内的电缆。

(2)使一个物体穿过另一物体的空腔。例:收音机伸缩式天线;伸缩液压缸;伸缩式钓鱼竿;汽车安全带卷收器;音乐厅观众席内的可回收式座椅;带有空气加热系统的商场出、入口循环空间;可回收楼梯;推拉门。

发明原理 8 质量补偿。

(1)用另一个能产生提升力的物体补偿第一个物体的质量。例:在圆木中注入发泡剂,使其更好地漂浮;用气球携带广告条幅;公司经营中借助于一种旺销产品促进另一种产品的销售;浮动门;起重机配重;大型阀门控制系统配重。

(2)通过与环境相互作用产生空气动力或液体动力的方法补偿第一个物体的质量。例:

飞机机翼的形状使其上部空气压力减少，下部压力增加，以产生升力；升力涡轮改善飞机机翼所产生的升力；船在航行过程中船身浮出水面，以减少阻力；小公司借助于环境中的某种资源（如邮局快递业务）提升自己；采用产品加服务的营销策略；被动式太阳能加热器采用自然方式使水循环。

发明原理9 预加反作用。

（1）预先施加反作用。例：缓冲器能吸收能量，减少冲击带来的负面影响；当向公众公布消息时，要包括消息的全部内容，而不仅仅是负面的消息；在项目开始前，采用形式化风险评估方法确定风险并消除风险；使用可循环的材料；使用可再生的能量。

（2）如果某一物体处于或将处于受拉伸状态，预先增加压力。例：浇筑混凝土之前的预压缩钢筋；失业潮发生前，要准备提供所涉及雇员的补偿，新职介绍；预压缩螺栓；允许水蒸气穿透的油漆能预防木材的腐烂；分开不同的金属可防止电解腐蚀。

发明原理10 预操作。

（1）在操作开始前，使物体局部或全部产生所需的变化。例：预先涂上胶的壁纸；在手术前为所有器械杀菌；项目的预先计划；尽早完成非关键路径的任务；在改变管理与经营中的重大活动前与雇员们对话；供应链管理；预制窗户单元、洗澡间或其他结构；已搅拌好的水泥；预先充有焊料的铜管连接件。

（2）预先对物体进行特殊安排，使其在时间上有准备，或已处于易操作的位置。例：柔性生产单元；灌装生产线中使所有瓶口朝一个方向，以增加灌装效率；开会前要有确定的议程；汽车零部件供应商的预先装配，如CD机、车轮、空调等；中央真空清扫系统；点火系统；停车场内的预付款机。

发明原理11 预补偿。

（1）采用预先准备好的应急措施补偿物体相对较低的可靠性。例：飞机上的降落伞；汽车安全气囊；应急电路照明；双通道控制系统；防火通道；避雷针；安全阀；谈判前考虑最坏情况及最不利的位置；备份计算机数据；运行反病毒软件。

发明原理12 等势性。

（1）改变工作条件，使物体不需要被升高或降低。例：与冲床工作台高度相同的工件输送带，将冲好的零件输送到另一工位；通过压力补偿所形成的等压面；在汽车修理平台上汽车高度不变，修理工改变位置；在同级别的不同单位工作以扩大知识面；每个雇员都倾向于提高工作水平，以达到公司内部公认的标准。

发明原理13 反向。

（1）将一个问题说明中所规定的操作改为相反的操作。例：为了拆卸处于紧配合的两个零件，采用冷却内部零件的方法，而不采用加热外部零件的方法；在工商业衰退期进行企业扩张而不是收缩；制定最坏状态的标准，而不制定最理想状态的标准；发现过程中的失误，而不责怪过程中的人；自服务柜台；开放式监狱；翻转型窗户，使在屋内擦外面的玻璃成为可能。

（2）使物体中的运动部分静止，静止部分运动。例：使工件旋转，使刀具固定；扶梯运动，乘客相对扶梯静止；风洞中的飞机静止；送货上门；用信用卡，不用现金；拥挤城市中的停车与上路计划；假如你遵循了所有的规则，你会失去所有乐趣。

（3）使一个物体的位置颠倒。例：将一个部件或机器总成翻转，以安装紧固件；楼上为起居室（美景），楼下为卧室（凉爽）；劳埃得建筑将管路等置于外部，而不是内部；前苏联政府为专利申请者付费,西方国家的专利申请者要为专利申请付费。

发明原理 14 曲面化。

(1)将直线或平面部分用曲线或曲面代替,立方形用球形代替。例:为了增加建筑结构的强度,采用弧形或拱形;绕过一些官僚机构,以最短的路径到达用户;在结构的某些位置引入应力释放孔;环形截面建筑物;利用最少的材料覆盖最大的空间。

(2)采用辊、球、螺旋。例:螺旋齿轮提供均匀的承载能力;采用球或滚珠为笔尖的钢笔增加了墨水的均匀程度;阿基米德螺线水泥泵;螺旋形楼梯;鼠标采用球形结构,产生计算器屏幕内光标的运动。

(3)用旋转运动代替直线运动,利用离心力。例:洗衣机采用旋转产生离心力的方法,去除湿衣服中的部分水分;宾馆采用旋转门保持室内的温度;高层建筑上的旋转餐厅;带有螺纹的螺杆;离心铸造;轮流坐庄;环形工作单元。

发明原理 15 动态化。

(1)使一个物体或其环境在操作的每一个阶段自动调整,以达到优化的性能。例:可调整驱动轮、可调整座椅、可调整反光镜;形状记忆合金;柔性写字间布置。

(2)划分一个物体成为具有相互关系的元件,元件之间可以改变相对位置。例:计算机蝶形键盘;链条;竹片凉席。

(3)如果一个物体是刚性的,使之变为可活动的或可改变的。例:检测发动机用柔性光学内孔检测仪;可回收房顶结构;浮动房顶;电梯代替楼梯;冗余结构;无级变速器。

发明原理 16 未达到或超过的作用。

如果 100% 达到所希望的效果是困难的,稍微未达到或超过预期的效果将大大简化问题。例:缸筒外壁刷漆可将缸筒浸泡在盛漆的容器中完成,但取出缸筒后外壁粘漆太多,可通过快速旋转甩掉多余的漆;用灰泥填墙上的小洞时首先多填一些,之后再将多余的部分去掉。

发明原理 17 维数变化。

(1)将一维空间中运动或静止的物体变成在二维空间中运动或静止的物体,在二维空间中的物体变成三维空间中的物体。例:为了扫描物体,红外线计算机鼠标在三维空间运动,而不是在平面内运动;五轴机床的刀具可被定位到任意所需的位置上;多维组织层次图,如三维或四维(包括时间);质量部门提出质量要求并检查,每个员工负责自己工序的质量;用三角形改进框架结构的强度及稳定性;金字塔结构(非垂直墙结构);间接光线;槽型固定装置;螺旋形楼道节省空间;波浪形的屋顶材料刚度高且重量轻。

(2)将物体用多层排列代替单层排列。例:能装六个 CD 盘的音响不仅增加了连续播放音乐的时间,也增加了选择性;立体仓库多用途建筑,如购物中心。

(3)使物体倾斜或改变方向。例:自卸车;思维模式从纵向转向横向,或从横向转向纵向。

(4)使用给定表面的反面。例:叠层集成电路;内嵌式门铰链。

发明原理 18 振动。

(1)使物体处于振动状态。例:电动雕刻刀具使用振动刀片;振动棒的有效工作可避免水泥中的空穴;一个机构中所害怕的波动、骚动、不平衡正是创新的源泉。

(2)如果振动存在,增加其频率,甚至可以增加到超声。例:通过振动分选粉末;采用实时通信、互联网、会议等多种形式频繁交流;用白噪声伪装谈话;超声清洗;超声探伤。

(3)使用共振频率。

例:利用超声共振消除胆结石或肾结石;利用 H 形共鸣器吸收声音。

(4)使压电振动代替机械震动。例:用石英晶体振动驱动高精度的表;用喷嘴处的石英振荡器改善流体雾化效果。

(5)使超声振动与电磁场耦合。例:在高频炉中混合合金;超声探伤;地球物理技术能协助确定地下的结构。

发明原理 19 周期性作用。

(1)用周期性运动或脉动代替连续运动。例:使报警器声音脉动变化,代替连续的报警声音;设计供热及光线管理系统时要充分考虑白天与夜间的温度及光线效应不同;脉冲淋雨要比连续喷水淋雨省水;点焊;打桩;批量制造(外贸出口);轮流坐庄(如 EU 轮值主席);周期性休息可以更新人的某些观点;采用月报或周报代替年报。

(2)对周期性的运动改变其运动频率。例:通过调频传递信息;用变幅值与变频率的报警器代替脉动报警器。

(3)在作用之间增加新的作用。例:医用呼吸器系统中,每压迫胸部 5 次,呼吸 1 次;当过滤器暂停使用时,通过倒流将其冲洗干净;采用电池、飞轮等储存能量。

发明原理 20 有效作用的连续性。

(1)不停顿地工作,物体的所有部件都应满负荷地工作。例:多岗位雇员;经常消除企业中的瓶颈问题,使企业处于最优的状态;OTIS 电梯的连续在线监测——全面售后服务职责;汽车保险中的 24 小时服务——第一天无论在何处抛锚,第二天早饭前被拖回;瀑布的能量是无数水滴的能量之和。

(2)消除运动过程中的中间间歇。例:针式打印机的双向打印;瓶颈处的多功能设备或操作者改变工作流程;终生学习;生产调整期的员工培训;自清洁过滤器消除生产过程中的停顿;快速干燥油漆。

(3)用旋转运动代替往复运动。

发明原理 21 紧急行动。

以最快速度完成有害的操作。例:修理牙齿的钻头高速旋转,以防止牙组织升温;在热量还没有传递前就突然切断了可塑制品,使其无变形;连续浇注水泥;渐进主义是创新的敌人;快速原型;快速经历痛苦的过程。

发明原理 22 变有害为有益。

(1)利用有害因素,特别是对环境有害的因素,获得有益的结果。例:利用余热发电;利用秸秆作板材原料;收集信息,找出有害因素,采取行动克服这些因素;"激怒"是一种鼓励产生新想法的方法;堆制肥料型厕所;城市垃圾焚烧发电装置。

(2)通过与另一种有害因素结合消除一种有害因素。例:用有毒的化学物质保护木材不受昆虫的袭击,且不腐蚀;通过引入竞争力消除员工对变化的恐惧;亏本销售策略能增加销售量;通过增加市内停车费用,减少市外停车费用的策略,可以减轻市内交通拥挤状况。

(3)加大一种有害因素的程度使其不再有害。例:善意的专政;减少做某项工作的资源,以至于不得不发现新方法来解决问题;限制某种产品的生产,使市场上该产品的供应不足。

发明原理 23 反馈。

(1)引入反馈以改善过程或动作。例:音频电路中的自动音量控制;加工中心自动检测装置;运动敏感光线控制系统(厕所光线敏感冲水系统);用于探测火与烟的热/烟传感器;供应价格链管理;统计过程控制(SPC)——用于确定修改过程的时间;预算;设计过程引入顾客参加。

(2)如果反馈已经存在,改变反馈控制信号的大小或灵敏度。例:飞机接近机场时,改变自动驾驶系统的灵敏度;在预算允许的范围内改变管理措施,以满足客户需求;使设计人员及销售人员与客户紧密接触;多标准决策分析;在设计的早期阶段包含制造的信息;含有模糊控制器的温度调节装置。

发明原理 24 中介物。

(1)使用中介物传递某一物体或某一种中间过程。例:机械传动中的惰轮;管路绝缘材料;催化剂;中介机构对项目的评估;产品生产企业与用户之间的总经销商;旅行社。

(2)将一容易移动的物体与另一物体暂时接合。例:机械手抓取重物并移动该重物到另一处;请故障诊断专家帮助诊断设备;磨粒能改善水射流切割的效果。

发明原理 25 自服务。

(1)使某一物体通过附加功能产生自己服务于自己的功能。例:自清洁水槽——不会由于树叶或其他杂物堵塞;自排泄涂层;自测量匀泥尺;品牌效应环——哈佛管理学院培养了一些著名人士,这些人士增加了学院的知名度,很多学生申请入学,学院仅招收最优秀的学生,培养的学生是最优秀的,形成了良性循环。

(2)利用废弃的材料、能量与物质。例:钢铁厂余热发电装置;重新雇用有经验的退休员工,让他们发挥作用;包装材料的再利用;工业生态系统;太阳能利用;地热利用。

发明原理 26 复制。

(1)用简单的、低廉的复制品代替复杂的、昂贵的、易碎的或不易操作的物体。例:通过虚拟现实技术可以对未来的复杂系统进行研究;通过对模型的实验来代替对真实系统的实验;旅游景点的多媒体导游;雕像。

(2)用光学拷贝或图像代替物体本身,可以放大或缩小图像。例:通过看一名教授的讲座录像可代替亲自参加他的讲座;为了勘测,采用卫星或飞机上拍摄的照片代替陆地;测量某一物体的照片代替测量该物体;风景壁画。

(3)如果已使用了可见光拷贝,用红外线或紫外线代替。例:利用红外线成像探测热源;红外线成像可检测热源,如农作物的病虫害、安全保卫系统范围内的入侵者;用紫外线作为无损探伤的一种方法;用 X 射线检测结构缺陷。

发明原理 27 低成本、不耐用的物体代替昂贵、耐用的物体。

(1)用一些低成本物体代替昂贵物体,用一些不耐用物体代替耐用物体,有关特性折中处理。例:一次性纸杯子;门前的擦鞋垫;有规律的涂漆,以免表面损坏;塑料整体一次成型椅子;汽车操纵动力学系统、飞机飞行、原子弹爆炸的计算机仿真;数字天气预报;飞行驾驶模拟器。

发明原理 28 机械系统的替代。

(1)用视觉、听觉、嗅觉系统代替部分机械系统。例:在天然气中混入难闻的气体代替机械或电子传感器来警告人们天然气的泄漏;运动感知开关代替机械开关;计算机之间的无线信息传输;不透明镀层处理过的玻璃可以不用窗帘。

(2)用电场、磁场及电磁场完成与物体的相互作用。例:为了混合两种粉末,使其中一种带正电荷,另一种带负电荷;火警系统报警时,该系统所控制的电磁装置打开;GPS 系统能确定有关卡车或出租车的位置;电子标签。

(3)将固定场变为移动场,将静态场变为动态场,将随机场变为确定场。例:记忆中所形成的地图;定点加热系统;居住者能调节的房间彩色光线系统。

(4)将铁磁粒子用于场的作用之中。例:用变磁场加热含有铁磁材料的物质,当温度达到居里点时,铁磁材料变成顺磁体,不再吸收热量。

发明原理 29　气动与液压结构。

(1)物体的固体零部件可用气动或液压零部件代替。例:车辆减速时由液压系统储存能量,车辆运行时放出能量;充气床垫;液压电梯替代机械电梯;利用水平面保证地基是水平的;热空气加热系统;清算(Liquidation)资产。

发明原理 30　柔性壳体或薄膜。

(1)用柔性壳体或薄膜代替传统结构。例:用薄膜制造的充气结构作为网球场的冬季覆盖物;刷卡代替现金——公司的工资已不是现金,而是被打到银行账号,具有特定 ID 号的卡即可使用的数字信息;充气服装模特;I、C、U 形截面梁代替实心梁;网状结构;膨胀型油漆保护钢结构免受大火的袭击。

(2)使用柔性壳体或薄膜将物体与环境隔离。例:在水库表面漂浮一种由双极性材料制造的薄膜,一面具有亲水性能,另一面具有疏水性能,以减少水的蒸发;餐厅内部的屏风;舞台上的幕布将舞台与观众隔开;充气外衣;鸡蛋专用箱。

发明原理 31　多孔材料。

(1)使物体多孔或通过插入、涂层等增加多孔元素。例:在某一结构上钻孔,以减少重量;充气砖;泡沫材料;采用类似海绵的材料吸水;氧气呼吸膜。

(2)如果物体已是多孔的,用这些孔引入有用的物质或功能。例:利用一种多孔材料吸收接头上的焊料;利用多孔材料储藏液态氢。

发明原理 32　改变颜色。

(1)改变物体或环境的颜色。例:在洗相的暗房中要采用安全的光线;反照率(天体);用不同的颜色(如红、黄、蓝、绿等)表示不同警报;彩色喷墨打印机。

(2)改变一个物体的透明度,或改变某一过程的可视性。例:采用透明绷带缠绕伤口,可以从绷带外部观察伤口变化的情况;增加管理的透明度;问题的清晰、简明描述是重要的;光线敏感玻璃。

(3)采用有颜色的添加物,使不易被观察到的物体或过程被观察到。例:为了观察透明管路内的流动状态,使带颜色的某种流体从入口流入;使用相反的光线增加可视性,如屠夫采用绿色包装使瘦肉显得更红;红色警示牌。

(4)如果已增加了颜色添加物,则采用发光的轨迹。

发明原理 33　同质性。

(1)采用相同或相似的物质制造与某物体相互作用的物体。例:为了减少化学反应,盛放某物体的容器应与该物体用相同的材料制造;为了防止变形,连接的材料应有相似的膨胀系数;为了防止点腐蚀,连接的金属应有相似的特性;内部用户;产品族;不同机构之间的通用数据传递协议。

发明原理 34 抛弃与修复。

(1)当一个物体完成了其功能或变得无用时,抛弃或修改该物体中的一个元件。例:用可溶解的胶囊作为药面的包装;可降解餐具;子弹壳;协议租用某专用设备;合同制雇员。

(2)立即修复一个物体中所损耗的部分。例:割草机的自刃磨刀具;水循环系统;终生学习,不断获得新知识。

发明原理 35 参数变化。

改变物体的物理状态,即使物体在气态、液态、固态之间变化。例:使氧气处于液态,便于运输;粘接代替机械铰接方法;快速模具技术中可用液态速凝塑料;虚拟原型。

(2)改变物体的浓度或黏度。例:从使用的角度看,液态香皂的黏度高于固态香皂,且使用更方便;改变合成水泥的成分可改变其性能;采用不同黏度的润滑油。

(3)改变物体的柔性。例:用三级可调减振器代替轿车中不可调减振器;在建筑物内的可调减振器可提供主动减振功能;安到橡胶支撑上的窗户改善了振动性能;提供智能在线目录;对新手提供专家服务的软件。

(4)改变温度。例:使金属的温度升高到居里点以上,金属由铁磁体变为顺磁体;为了保护动物标本,需将其降温;借助产品的兴趣质量使用户兴奋(热);通过参与公司长远规划的制定,使员工处于兴奋状态。

(5)改变压力。例:采用真空吸入的方法改变水泥的流动性;利用大气压力差改变高层建筑的空气流动性能;用形状记忆合金制成的窗户合叶能自动调节。

发明原理 36 状态变化。

(1)在物质状态变化过程中实现某种效应。例:合理利用水在结冰时体积膨胀的原理;热泵利用吸热散热原理工作;热管利用状态变化储存能量;制冷工厂轴与轴套的加热装配;股市由牛市转向熊市;优秀教学评估过后的放松状态。

发明原理 37 热膨胀。

(1)利用材料的热膨胀或热收缩性质。例:装配紧配合的两个零件时,将内部零件冷却,外部零件加热,之后装配在一起,并置于常温中;膨胀接头;假如员工处于兴奋状态(热膨胀),在规定的时间及空间内做得更多。

(2)使用具有不同热膨胀系数的材料。例:双金属片传感器;市场的扩张或收缩取决于产品销售量与效益;工作团队中的个性匹配;双金属片合叶能根据室内温度自动调节窗户的开口量。

发明原理 38 加速强氧化。

(1)使氧化从一个级别转变到另一个级别,如从环境气体到充满氧气,从充满氧气到纯氧气,从纯氧到离子态氧。例:为了获得更多的热量,焊枪里通入氧气,而不是空气;讨论会中的特约嘉宾;用仿真训练代替讲课。

发明原理 39 惰性环境。

(1)用惰性环境代替通常环境。例:为了防止炽热灯丝的失效,让其置于氩气中;消除评估、评奖等过程中的混乱局面,由一自然的工作系统代替谈判过程中的休会期;硅片加工所需要的净化车间。

(2)在某一物体中添加自然部件或惰性成分。例:难燃材料添加到泡沫状材料构成的墙体中;悬挂系统中的阻尼器;吸声面板;在困难的谈判过程中,引入公正的第三者做评判;在办公区内引入一个安静区。

发明原理 40　复合材料。

1)将材质单一的材料改为复合材料。例:玻璃纤维与木材相比较轻并且在形成不同形状时更容易控制;钢筋混凝土结构;玻璃纤维加强结构;混合纤维地毯;机电一体化;多学科项目小组;高/低风险投资策略。

上述这些原理都是通用发明原理,未针对具体领域,其表达方法是描述可能解的概念。如几个原理建议采用柔性方法,问题的解要涉及在某种程度上改变已有系统的柔性或适应性,设计者根据该建议提出已有系统的改进方案,这将有助于问题的迅速解决。还有一些原理范围很宽,应用面广,既可应用于工程,又可用于管理、广告、市场等领域。

5.1.2　冲突矩阵

在设计过程中如何选用发明原理作为产生新概念的指导是一个具有现实意义的问题。通过多年的研究、分析、比较,Altshuller 提出了冲突矩阵,该矩阵将描述技术冲突的 39 个工程参数与 40 条发明原理建立了对应关系,很好地解决了设计过程中选择发明原理的难题。

冲突解决矩阵为 40 行 40 列的一个矩阵,其中第 1 行或第 1 列为按顺序排列的 39 个描述冲突的工程参数序号。除第 1 行与第 1 列以外,其余 39 行与 39 列形成一个矩阵,矩阵元素中或空、或有几个数字,这些数字表示 40 条发明原理中的推荐采用原理序号。表 5 – 2 为矩阵简图。矩阵中的行所描述的工程参数为冲突中改善的一方,列所代表的工程参数是恶化的一方。

表 5 – 2　冲突解决矩阵

	No. 1	No. 2	No. 3	No. 4	No. 5	…	No. 39
No. 1			15,8,29,34		29,17,38,34		35,3,24,37
No. 2				10,1,29,35			1,28,15,35
No. 3	8,15,29,34				15,17,4		14,4,28,29
No. 4		35,28,40,29					30,14,7,26
No. 5	2,17,29,4		14,15,1,6,4				10,26,3,4,2
…							
No. 39	35,26,24,37	28,27,15,3	18,4,28,38	30,7,14,26	10,26,34,31		

应用该矩阵的过程为:首先在 39 个标准工程参数中,确定使产品某一方面质量提高及降低(恶化)的工程参数 A 及 B 的序号,之后将参数 A 及 B 的序号从第 1 列及第 1 行中选取对应的序号,最后在两序号对应行与列的交叉处确定某一特定矩阵元素,该元素所给出的数字为推荐采用的发明原理序号。如希望质量提高与降低的工程参数序号分别为 No. 5 及 No. 3,在矩阵中,第 5 行与第 3 列交叉处所对应的矩阵元素见表 5 – 2,该元素中的数字 14、15、1、6 及 4 为推荐的发明原理序号。

5.1.3 技术冲突问题的解决过程

Altshuller 的冲突理论似乎是产品创新的灵丹妙药，实际上在应用该理论之前的前处理与应用之后的后处理仍然是关键的问题。图 5 - 1 表明了问题求解的全过程。

当针对具体问题确认了一个技术冲突后，要用该问题所处技术领域中的特定术语描述该冲突。之后，要将冲突的描述翻译成一般术语，由这些一般术语选择标准工程参数。由标准工程参数在冲突解决矩阵中选择可用解决原理。一旦某一或某几个原理被选定后，必须根据特定的问题应用该原理以产生一个特定的解。对于复杂的问题一条原理是不够的，原理的作用是使原系统向着改进的方向发展。在改进的过程中，需要对问题进行深入思考，结合经验，创造性解决问题。

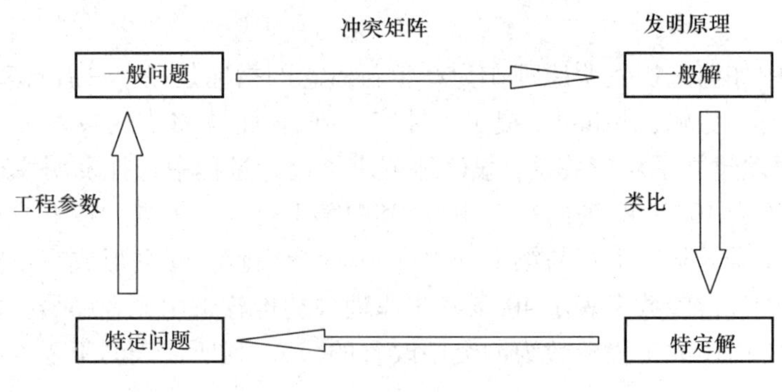

图 5 - 1 技术冲突解决原理

可把上述技术冲突解决原理具体化为 12 步。

(1)定义待设计系统的名称。

(2)确定待设计系统的主要功能。

(3)列出待设计系统的关键子系统、各种辅助功能。

(4)对待设计系统的操作进行描述。

(5)确定待设计系统应改善的特性、应该消除的特性。

(6)将涉及的参数按标准的 39 个工程参数重新描述。

(7)对技术冲突进行描述：如果某一工程参数要得到改善，将导致哪些参数恶化？

(8)对技术冲突进行另一种描述：假如降低参数恶化的程度，则改善参数将被削弱，或另一恶化参数被加强。

(9)在冲突矩阵中由冲突双方确定相应的矩阵元素。

(10)由上述元素确定可用发明原理。

(11)将所确定的原理应用于设计者的问题。

(12)找到、评价并完善概念设计及后续的设计。

通常所选定的发明原理多于一条，这说明前人已用这几个原理解决了一些特定的技术冲突。这些原理仅仅表明解的可能方向，即应用这些原理过滤掉了很多不太可能的解的方向。尽可能将所选定的每条原理都用到待设计过程中去，不要拒绝采用推荐的任何原理。假如所有可能的解都不满足要求，对冲突重新定义并求解。

5.2 物理冲突解决理论

5.2.1 分离原理

物理冲突是 TRIZ 要研究解决的关键问题之一。当对一子系统具有相反的要求时就出现了物理冲突。例如,为了容易起飞,飞机的机翼应有较大的面积,但为了高速飞行,机翼又应有较小的面积,这种要求机翼具有大的面积与小的面积同时存在的情况,对于机翼的设计来说就是物理冲突。解决该冲突是机翼设计的关键。与技术冲突相比,物理冲突是一种更尖锐的冲突,设计中必须解决。

现代 TRIZ 在总结物理冲突解决的各种研究方法的基础上,提出了采用如下的分离原理解决物理冲突的方法:

(1)空间分离;

(2)时间分离;

(3)基于条件的分离;

(4)整体与部分的分离。

通过采用内部资源,物理冲突已用于解决不同工程领域中的很多技术问题。所谓的内部资源是在特定的条件下,系统内部能发现及可利用的资源,如材料及能量。假如关键子系统是物质,则几何或化学原理的应用是有效的;如关键子系统是场,则物理原理的应用是有效的。有时从物质到场,或从场到物质的传递是解决问题的有效方案。

1. 空间分离原理

所谓空间分离原理是将冲突双方在不同的空间分离,以降低解决问题的难度。当关键子系统冲突双方在某一空间只出现一方时,空间分离是可能的。应用该原理时,首先应回答如下问题。

冲突一方是否在整个空间中按“正向”或“负向”变化?在空间中的某一处冲突的一方是否可不按一个方向变化?如果冲突的一方可不按一个方向变化,利用空间分离原理是可能的。

2. 时间分离原理

所谓时间分离原理是将冲突双方在不同的时间段分离,以降低解决问题的难度。当关键子系统冲突双方在某一时间段只出现一方时,时间分离是可能的。应用该原理时,首先应回答如下问题。

冲突一方是否在整个时间段中按“正向”或“负向”变化?在时间段中冲突的一方是否可不按一个方向变化?如果冲突的一方可不按一个方向变化,利用时间分离原理是可能的。

3. 基于条件的分离原理

所谓基于条件的分离原理是将冲突双方在不同的条件下分离,以降低解决问题的难度。当关键子系统冲突双方在某一条件下只出现一方时,基于条件分离是可能的。应用该原理时,首先应回答如下问题。

冲突一方是否在所有条件下都要求按“正向”或“负向”变化?在某些条件下,冲突的一方是否可不按一个方向变化?如果冲突的一方可不按一个方向变化,利用基于条件的分离原理是可能的。

4. 总体与部分的分离原理

所谓总体与部分的分离原理是将冲突双方在不同的层次分离,以降低解决问题的难度。当冲突双方在关键子系统层次只出现一方,而该方在子系统、系统或超系统层次内不出现时,总体与部分的分离是可能的。

5.2.2 分离原理与发明原理的关系

Mann 通过研究提出,解决物理冲突的分离原理与解决技术冲突的发明原理之间存在关系,对于一条分离原理,可以有多条发明原理与之对应。表 5-3 是其研究结果。

表 5-3 分离原理和发明原理对应的关系

分离原理	发明原理
空间分离	2、3、4、7、13、17、24、26、30
时间分离	10、11、15、16、18、19、20、21、29、34、37
整体与部分分离	28、31、32、35、36、38、39、40
条件分离	7、25、27、5、22、23、33、6、8、14、25、35、13

第 6 章　76 个标准解

物质 - 场分析法应用多年,特别是应用于不同领域的专利分析, Altshuller 利用它揭示了问题解决的标准条件及解决问题的标准方法。在 TRIZ 中“标准”这一术语表示解决不同领域问题的通用解决“诀窍”。标准条件及基本相同的解称为标准解。

标准解是 G. S. Altshuller 等在 1975—1985 年完成的,共有 76 个,并分为 5 类,其分类如下。

(1)第 1 类:不改变或仅少量改变以改进系统,有 13 个标准解。

(2)第 2 类:改变系统,23 个标准解。

(3)第 3 类:系统传递,6 个标准解。

(4)第 4 类:检测与测量,17 个标准解。

(5)第 5 类:简化与改进策略,17 个标准解。

76 个标准解对获得高级别的原理解是有效的。通常 76 个标准解可作为一步用于 ARIZ 之中,这在进行物质 - 场分析,并确定了约束之后进行。在 TRIZ 中,常认为建立物质 - 场模型的区域是创新设计感兴趣的区域。

6.1　物质 - 场模型

6.1.1　符号系统

物质 - 场分析的基础是用图形表示待设计系统。图 6 - 1 所示为 Altshuller 的功能图形表示,Zinovy、Teminko 等又进行了发展,本文介绍发展了的符号系统。

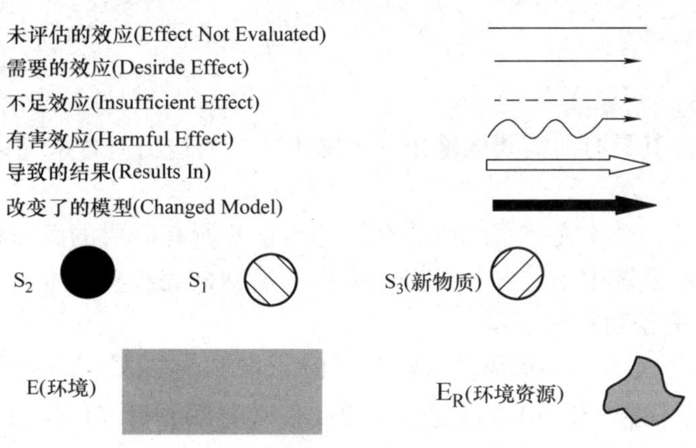

图 6 - 1　物质 - 场分析符号系统

常用字母及意义如下。

F_{type}:场的类型。常用类型有:Me—机械,Th—热,Ch—化学,E—电,M—磁,G—重力。

U:有用效应。

H:有害效应。

6.1.2 功能分类及其模型

按物质 - 场分析方法,首先建立待设计系统的模型。一个系统往往包含多个功能,需要建立每个功能的模型。TRIZ 中将功能分为四类。

(1)有效完整功能(图 6 - 2(a)):该功能的三个元件都存在,且都有效,是设计者追求的效应。

(2)不完整功能(图 6 - 2(b)):组成该功能的三个元件中部分元件不存在,需要增加元件来实现有效完整功能,或用一新功能代替。

(3)非有效完整功能(图 6 - 2(c)):该功能中的三个元件都存在,但设计者所追求的效应未能完全实现。如产生的力不够大、温度不够高等,需要改进以达到要求。

(4)有害功能(图 6 - 2(d)):该功能中的三个元件都存在,但产生与设计者所追求效应相冲突的效应。创新的过程要消除有害功能。

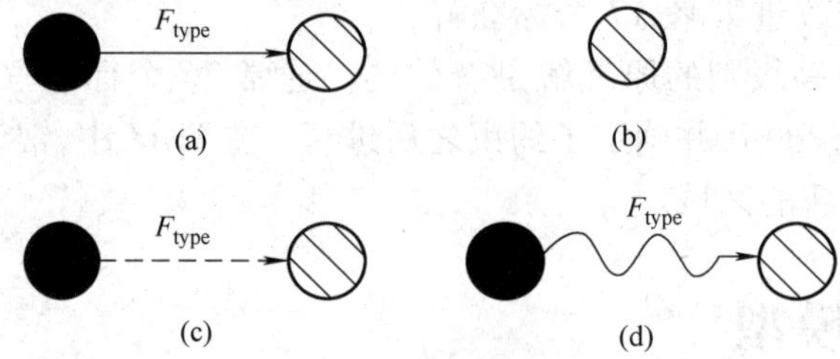

图 6 - 2 各种功能模型

(a)有效完整功能 (b)不完整功能 (c)非有效完整功能 (d)有害功能

6.2 76 个标准解

6.2.1 第 1 类标准解

改进一个系统使其具有所需要的输出或消除不理想的输出。对系统只有少量的改变或不改变。

该类解包含完善一个不完整系统或非有效完整系统所有需要的解。在物质 - 场模型中,不完整系统是指一个系统中不包含 S_1 或 S_2 或 F,非有效的完整功能可指 F 不足够大。

1. 改进具有非完整功能的系统

No.1:完善具有不完整功能的系统,假如只有 S_1,增加 S_2 及场 F。

No.2:假如系统不能改变,但可接受永久的或临时的添加物,可以通过在 S_1 或 S_2 内部添加来实现。

No.3:假如系统不能改变,但永久的或临时的外部添加物改变 S_1 或 S_2 是可接受的。

No.4:假定系统不能改变,但可用环境资源作为内部或外部添加物。

No.5:假定系统不能改变,但可以改变系统所处的环境。

No.6:微小量的精确控制是困难的,但可以通过增加一个附加物并在之后除去来控制微小量。

No.7:一个系统中场强度不够,增加场强又会损坏系统,强度足够大的一个场施加到另一个元件上,该元件连接到原系统上。同理,一种物质不能很好地发挥作用,但连接到另一种可用物质上则能发挥作用。

No.8:同时需要大的或强的及小的或弱的效应时,小效应的位置可由物质 S_3 保护。

2. 消除或抵消有害效应

No.9:在一个系统中有用及有害效应同时存在。S_1 及 S_2 不必直接接触,引入 S_3 消除有害效应。

No.10:与 No.9 类似,但不允许增加新物质,通过改变 S_1 或 S_2 消除有害效应。该类解包括增加"虚无物质",如空位、真空、空气、气泡、泡沫等,或增加一种场,场的作用相当于增加一种物质。

No.11:有害效应是由一种场引起的,引入物质 S_3 吸收有害效应。

No.12:在一个系统中,有用及有害效应同时存在,但 S_1 及 S_2 必须处于接触状态。增加场 F_2,使之抵消 F_1 的影响,或得到一附加的有用效应。

No.13:在一个系统中,由于一个元件存在磁性而产生有害效应,将该元件加热到居里点以上磁性将不存在,或引入一相反的磁场消除原磁场。

6.2.2 第2类标准解

该类标准解的特点是通过对描述系统物质-场模型的较大改变来改善系统。

1. 传递到复杂的物质-场模型

No.14:串联物质-场模型,将第一个模型的 S_2 及 F_1 施加到 S_3,S_3 及 F_2 施加到 S_1。串联的两个模型是独立可控的。

No.15:并联物质-场模型,一可控性很差的系统需要改进,但已存在的部分不能改变,并联第二个场,并作用到 S_2 上。

2. 加强物质-场

No.16:对于可控性差的场,用一易控场代替,或增加一易控场。如由重力场变为机械场,由机械场变为电或电磁场。其核心是由物体的物理接触变为场的作用。

No.17:将 S_2 由宏观变为微观。

No.18:改变 S_2 成为允许气体或液体通过的多孔的或具有毛细孔的材料。

No.19:使系统更具有柔性或适应性。通常的方式是由刚性变为一个铰接,直到可以变为一个连续柔性系统。

No.20:使一个不能控制的场具有永久或临时确定的模式。

No.21:将单一物质或不可控物质变成确定空间结构的非单一物质,这种变化可以是永久的,也可以是临时的。

3. 控制频率使其与一个或两个元件的自然频率匹配或不匹配,以改善性能

No.22:使 F 与 S_1 或 S_2 的自然频率匹配或不匹配。

No.23:与 F_1 或 F_2 的固有频率匹配。

No. 24:两个不相容或独立的动作可以一个接一个地完成。

4. 铁磁材料与磁场结合

No. 25:在一个系统中增加铁磁材料或磁场。

No. 26:将 No. 16 与 No. 25 结合。利用铁磁材料与磁场增加场的可控性。

No. 27:磁流体的应用。磁流体是 No. 26 的一个特例。

No. 28:利用含有磁粒子或液体的毛细结构。

No. 29:利用附加物,如涂层,使非磁性物体永久或临时具有磁性。

例 6-1 在理疗过程中,在药物粒子中增加一磁性粒子,体内的磁性粒子将被吸引到外部磁性线周围,达到磁力线精确定位的目的。

No. 30:假如一个物体不能具有磁性,将铁磁物质引入环境之中。

No. 31:利用自然现象,如物体按场排列,或在居里点以上使物体失去磁性。

No. 32:利用动态、可变或自调整的磁场。

No. 33:加入铁磁粒子改变材料的结构,施加磁场移动粒子。通过这种途径,使非结构化系统变为结构化系统,或反之。

No. 34:与 *F* 场的自然频率相匹配。对于宏观系统,采用机械振动增强铁磁粒子的运动。在分子及原子水平上,材料的复合成分可通过改变磁场频率的方法用电子谐振频谱确定。

No. 35:用电流产生磁场并可以代替磁粒子。

No. 36:电流变流体具有被电磁场控制的黏度。它们可以与其他方法一起使用。

6.2.3 第 3 类标准解

该类标准解的特点是将系统传递到双系统、多系统或微观水平。

1. 传递到双系统或多系统

No. 37:系统传递(a),产生双系统或多系统。

No. 38:改进双系统或多系统中的连接。

No. 39:系统传递(b),在元件之间增加其不同性质。

No. 40:双系统及多系统的简化。

No. 41:系统传递(c),整体与部分之间的相反特性。

2. 传递到微观水平

No. 42:系统传递(d),传递到微观水平。

6.2.4 第 4 类标准解

该类标准解是检测与测量。检测与测量属于典型的控制环节。检测是指检查某种状态发生或不发生。测量具有定量化及一定精度的特点。一些创新解采用物理的、化学的、几何的效应完成自动控制,而不采用检测与测量。

1. 间接法

No. 43:替代系统中的检测与测量,使之不再需要。

No. 44:假如 No. 43 不可能,测量一复制品或肖像。

No. 45:如 No. 43 及 No. 44 不可能,利用两个检测量代替连续测量。

2. 将零件或场引入已存在的系统中

No.46:假如一个不完整物质 - 场系统不能被检测或测量,增加单一或双物质 - 场,且一个场作为输出。假如已存在的场是非有效的,在不影响原系统的条件下,改变或加强该场。加强了的场应具有容易检测的参数,这些参数与设计者所关心的参数有关。

No.47:测量一引入的附加物。引入的附加物在原系统中变化,测量附加物的这种变化。

No.48:假如系统中不能增加其他附加物,在环境中增加附加物使其对系统产生场,检测或测量场对系统的影响。

No.49:假如附加物不能被引入环境中去(No.48),分解或改变环境中已存在的物质,使其产生某种效应,测量这种效应。

3. 加强测量系统

No.50:利用自然现象。如利用系统中出现的已知科学效应,通过观察效应的变化,决定系统的状态。

No.51:假如系统不能直接或通过场测量,用测量系统或元件被激发的固有频率来确定系统的变化。

No.52:假如 No.51 不可能。测量与已知特性相联系的物体的固有频率。

4. 测量铁磁场

在遥感、微装置、光纤、微处理器应用之前,为测量引入铁磁材料是流行的方法。

No.53:增加或利用磁物质或系统中的磁场以便测量。

No.54:增加磁性粒子或改变一种物质成为铁磁粒子以便测量, 测量所导致的磁场即可。

No.55:假如 No.54 不可能,建立一复合系统,添加铁磁粒子附加物到系统中去。

No.56:假如系统不允许增加铁磁物质,将其加到环境之中。

No.57:测量与磁性有关的现象。

5. 测量系统的进化方向

No.58:传递到双系统或多系统。假如单一测量系统不能给出足够的精度,可应用双系统或多系统。

No.59:代替直接测量,可测量时间或空间的一阶或二阶导数。

6.2.5　第 5 类标准解

该类标准解是简化或改进上述的标准解,以得到简化的方案。

1. 引入物质

No.60:间接方法。

(1)使用无成本资源,如空气、真空、气泡、泡沫、空洞、缝隙等。

(2)利用场代替物质。

(3)用外部附加物代替内部附加物。

(4)利用少量但非常活化的附加物。

(5)将附加物集中到一特定的位置上。

(6)暂时引入附加物。

(7)假如原系统中不允许附加物,可在其复制品中增加附加物。这包括仿真器的使用。

(8)引入化合物,当它们起反应时产生所需要的化合物,而直接引入这些化合物是有害的。

(9)通过对环境或物体本身的分解获得所需的附加物。

No.61:将元件分为更小的单元。

No.62:附加物被使用完后自动消除。

No.63:假如环境不允许大量使用某种材料,使用对环境无影响的东西。

2. 使用场

No.64:使用一种场来产生另一种场。

No.65:利用环境中已存在的场。

No.66:使用属于场资源的物质。

3. 状态传递

No.67:状态传递(a),替代状态。

No_68:状态传递(b),双态。

No.69:状态传递(c),利用状态转换过程中的伴随现象。

No.70:状态传递(d),传递到双态。

No.71:部件或物质之间的相互作用。引入系统中元件或物质之间的相互作用使系统更有效。

4. 应用自然现象

No.72:自控制传递。假如一物体必须具有不同的状态,应使其自身从一个状态传递到另一个状态。

No.73:当输入场较弱时,加强输出场。通常在接近状态转换点处实现。

5. 产生高等或低等结构水平的物质

No.74:通过分解获得物质粒子。

No.75:通过结合获得物质。

No.76:应用 No.74 及 No.75 时,假如高等结构物质需要分解,但又不能分解,由次高一级的物质状态代替。反之,如果物质是通过低结构物质组合而成,而该物质不能应用,则采用高一级的物质代替。

6.3 标准解应用过程

产品设计中的问题要用简练的语言说明,并且包括问题的约束或限制性条件的说明。当问题符合以上条件时,76 个标准解可以作为解决问题的模板。

76 个标准解最有代表性的应用是在建立了物质 - 场模型,并确定了解的所有约束条件之后,作为 TRIZ 中 ARIZ 算法的一个步骤。模型和约束条件用于确定解的类别直至特定的解。76 个标准解在 ARIZ 之外也有广泛的应用,特别是在系统的基本模型能够建立的情况下。建立的模型可以是物质 - 场模型的形式,也可以是功能结构。功能结构在没有明显的技术或物理约束的时候也很有用。

第 1 类到第 4 类标准解常常使系统更复杂,这是由于这些解都需要引入新的物质或场。第 5 类标准解是简化系统的方法,使系统更理想化。当从解决性能问题的第 1 类到第 3 类标准解或解决检测(测量)问题的第 4 类标准解确定了一个解之后,第 5 类可用来简化这个解。

图 6－3 详细表达了 76 个标准解的每个类别在问题求解和技术预测两个方面的应用。

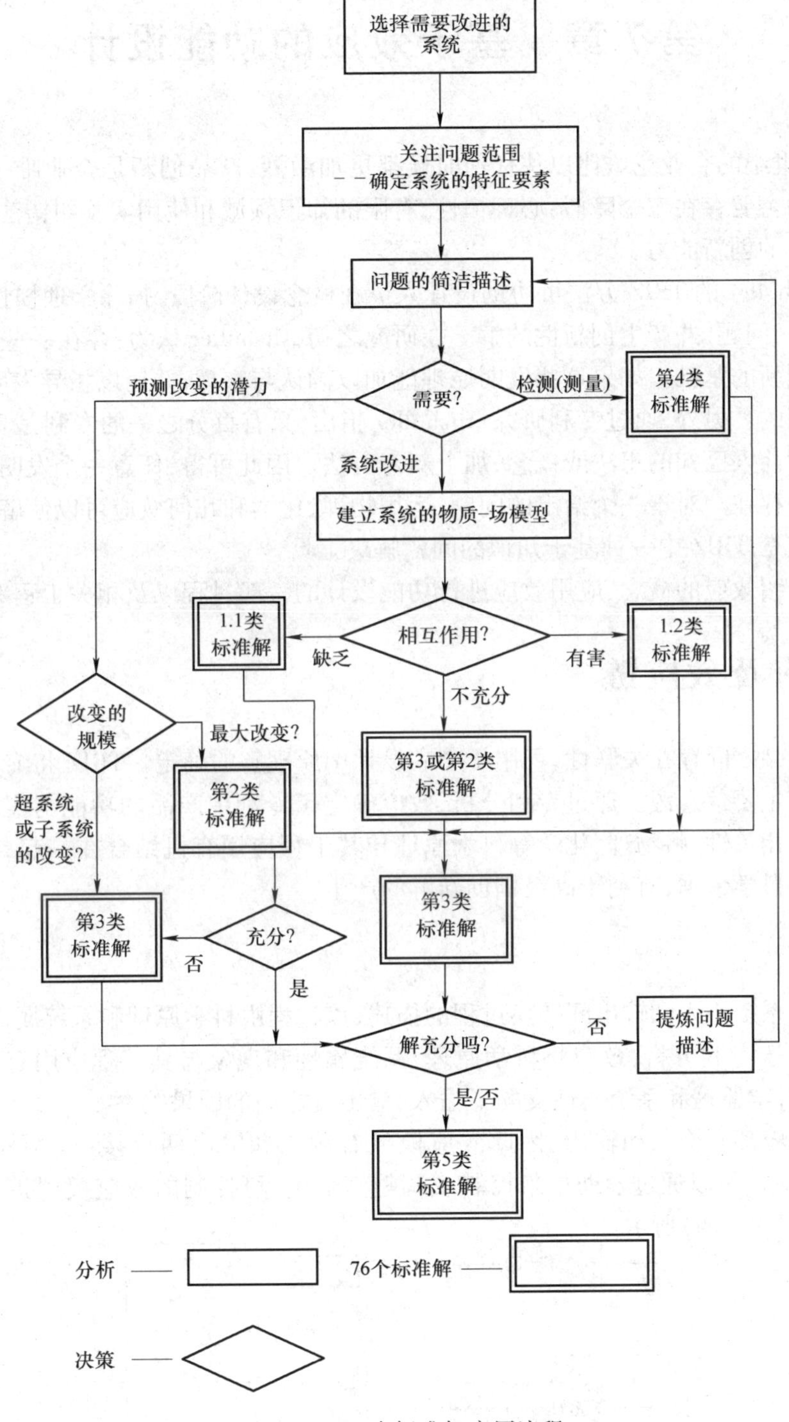

图 6－3　76 个标准解应用流程

第7章 基于效应的功能设计

处于21世纪的企业竞争比以往任何时候都更加激烈,产品创新是企业唯一的生存之道。在创新过程中主要存在三个障碍:心理惯性、有限的知识领域和使用实验纠错法。这些障碍限制了设计人员的创新能力。

G. S. Altshuller 的 TRIZ 方法可协助设计人员在概念设计阶段,扫除心理惯性,扩展知识领域,正确地定义问题,并产生创新性的解。在研究之初 Altshuller 认为:存在一些通用发明原理可作为发明创新的基础。如果这些发明原理能加以确认与整理,并用以指导发明者,则发明过程是可以预测的。另外,通过专利研究 Altshuller 指出,只有百分之一的专利是真正的首创,剩下的都是使用前人已知的想法或概念,加上新奇方法。因此可得:任意一个发明问题的解决方法都可能已经存在。对于一个给定的问题,运用物理、化学和几何效应可以使解决方案更理想和简单。效应是 TRIZ 中一种基于知识的问题解决工具。

本章将介绍效应的概念、应用效应进行功能设计的一般过程以及相关工程案例。

7.1 效应及效应链

效应与产品之间存在关联性,可用于产品设计中原理解的确定。TRIZ 将专利作为效应知识库中效应的主要信息源。通过专利分析,效应确定了专利中产品的功能与实现该功能的科学原理之间的相关性,将物理、化学等科学原理与其工程应用有机结合在一起,从本质上解释了功能实现的科学依据,有利于高级别创新解的产生。

7.1.1 效应

效应是对系统输入和输出间转换过程的描述,该过程由科学原理和系统属性支配,并伴有现象发生。基于专利分析,效应将科学原理、系统属性和现象与其工程应用有机地联系在一起,确定了在科学原理和系统属性支配下输入、输出流之间的因果关系。

每一个效应都有输入和输出,因此效应模型有输入和输出两个接口(两极),如图7-1(a)所示。效应还可以通过辅助量来控制或调整其输出,可控制的效应模型扩展为三个接口(三极),如图7-1(b)所示。

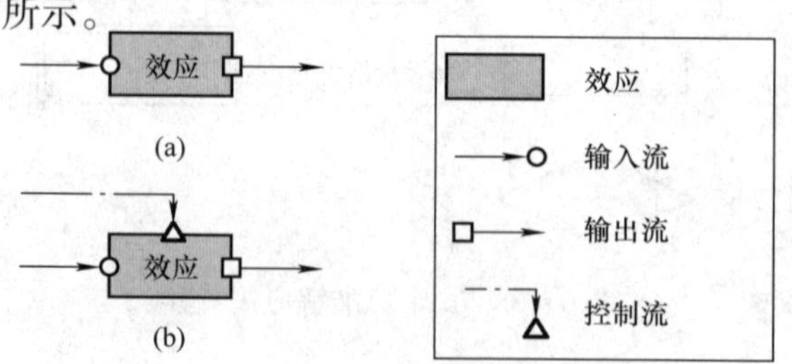

图7-1 效应模型

(a)两极效应模型 (b)三极效应模型

一个效应可以有多个输入流、输出流或控制流，例如库仑效应中带电体所带电量（Q_1，Q_2）为两个输入流，库仑力（F）为输出流，相对介电常数（ε_r）和带电体间距离（r）为控制流，如图7－2所示。效应应该用具有多个输入流、输出流或控制流的多极效应模型表示，如图7－3所示。

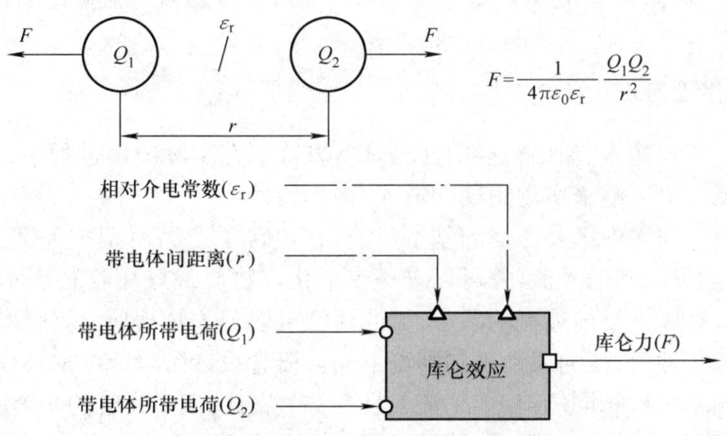

图7－2 库伦效应模型

7.1.2 效应模式

依据效应规定的输入/输出流之间的因果关系可以实现预期的输入/输出转换。预期的输入/输出转换可以由一个效应实现。如果没有可以直接实现预期转换的效应，可以按照邻接效应输入/输出流之间的相容关系，将多个效应组合成效应链。基于多流多极效应模型构建效应链的基本组成方式称为效应模式，效应模式有以下几种。

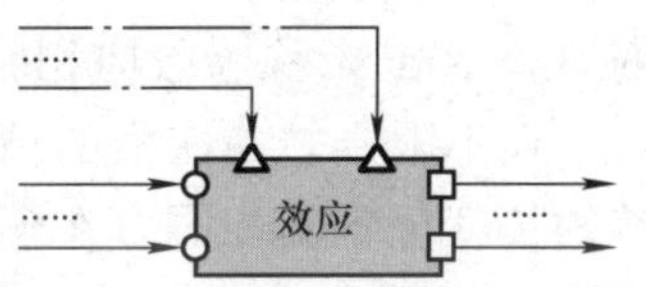

图7－3 具有多流的多效应模型

（1）串联效应模式：预期的输入/输出转换由按顺序相继发生的多个效应共同实现，如图7－4所示。

（2）并联效应模式：预期的输入/输出转换由同时发生的多个效应共同实现，如图7－5所示。

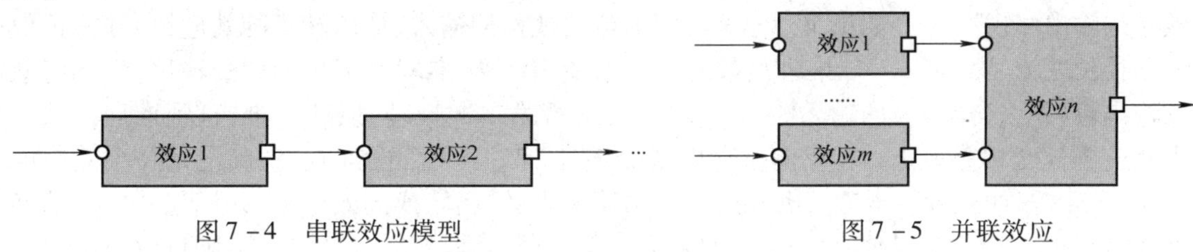

图7－4 串联效应模型

图7－5 并联效应

（3）环形效应模式：预期的输入/输出转换由多个效应共同实现，后一效应的输出流通过一定的方式返回到前一效应的输入端，如图7-6所示。

（4）控制效应模式：预期的输入/输出转换由多个效应共同实现，其中一个或多个效应的输出流由其他效应的输出流控制,如图 7-7 所示。

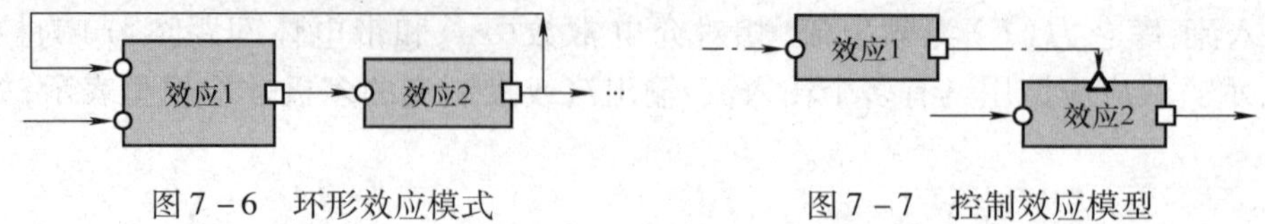

图 7-6　环形效应模式　　　　图 7-7　控制效应模型

7.1.3　效应链推理方法

效应模式是实现输入、输出转换的几种基本方式。在实际应用过程中,通常需要将多种效应模式组合成复合效应链来实现预期的输入、输出转换。

流是任何设计问题中都要考虑的基本对象,它包含了产品模型中关键的物理信息。流通常分为物质流、能量流和信号流,并可以进一步细化。物质最好用物料表示,信息更具体地用参数表示。流具有属性以描述流的状态,流的属性可以分为物理属性、化学属性等。流的属性包含属性名称和属性值,流的属性不同则流不同。概念设计阶段流的属性仅取定性值。

假定存在两个名称相同的流,如果流 1 具有 k 个属性,流 2 具有的 n 个属性中有 m 个属性与流 1 相同,则流 2 相对流 1 的一致性程度(D_c)可用下式计算:

$$D_c = \frac{m}{k} \times 100\%$$

要将多个效应组合成效应链,邻接效应的输入流与输出流必须相容。邻接效应的输入流与输出流必须相容是指邻接效应的输入流与输出流名称相同,且输入流与输出流的一致性程度 $D_c = 100\%$,称为效应相容规则,简记为 $W_1 = W_2$。

在不限制转换次数的情况下,在理论上实现两个不同流之间的转换可能有无穷多种,效应链的长度也各不相同。在输入流 W_i 到输出流 W_o($W_i \neq W_o$)的所用可能转换路径中,最短路径长度 P_{min}是 $W_i \to W_o$ 转换的最小值。

基于效应相容规则和效应模式将多个效应推理组合成效应链可以有三种效应链推理方法:完全匹配法、最短路径法和近似匹配法。

1. 完全匹配法

基于效应相容规则,给出了两种推理模型:正向搜索推理模型和反向搜索推理模型。首先,输入预期的输入、输出转换 $T = [W_i][W_o]$,并设定最大效应链长度为 N_{max}。然后,选择推理模型,依据流相容规则搜索效应。在正向推理模型中,依据 $W_i = W_{i1}$ 搜索效应,确定每一个效应的输出流(W_{po1})。如果 $W_{po1} = W_o$,则确定实现预期输入、输出转换的效应链,并标记效应链路径长度 $P(W_i, W_o) = 1$,推理次数 $t_r = 1$。如果第一次推理不满足期望的输出流,则将效应的输出流(W_{po1})作为新的输入流($W_{i2} = W_{po1}$)进行第二次推理,以此类推,直到推理次数与最大效应链长度相等为止。在反向推理模型中,依据 $W_{pi} = W_{po1}$ 搜索效应,确定每一个效应的输出流(W_{pi1})。如果 $W_{pi1} = W_{pi}$,则确定实现预期输入、输出转换的效应链,并标记效应链路径长度 $P(W_i, W_o) = l$, 推理次数 $t_r = 1$。如果第一次推理不满足期望的输出流,则将效应的输出流(W_{pi1})作为新的输出流($W_{o2} = W_{pi1}$)进行第二次推理,以此类推,直到推理次数与最大效应链长度相等为止。最后,对效应链进行评价以获得最优组合解。

2. 最短路径法

基于完全匹配法可以确定实现输入流到输出流转换的最短效应链路径长度,将这些最短效应链路径知识收集起来，形成最短效应链路径知识库，见表7－1。借助最短效应链路径知识库，设计者可以迅速地找到最短的搜索路径，实现输入流到输出流的转换。该方法有效地收敛了解空间，提高了求解效率。

表7－1　最短效应链路径知识库

w.　W_o	F_{e2}<(相态,SOLID),(磁性,TRUE)>	…	F_f<1,NULL,NULL,NULL,X,NULL>	…
F_{e1}<(相态,SOLID),(磁性,FALSE)>	1	…	0	…
…	…	…	…	…
Q<0,1,1,NULL,	0	…	2	…
…	…	…	…	…

3. 近似匹配法

完全匹配法和最短路径法要求邻接效应的输入流与输出流之间满足效应相容规则。在效应知识库中规定较小的情况下，要求效应链中的输入流与输出流完全匹配时可能会导致无解，而且不利于创新解的产生。为了解决上述问题，可以在形成效应链的过程中允许输入流与输出流的近似匹配，即按给定的一致性程度($D_{c0}\leqslant 100\%$)进行匹配。

近似匹配法包括两种推理模型：正向近似匹配推理模型和反向近似匹配推理模型。两种近似匹配推理模型与完全匹配法中的两种推理模型相似，只是依据输入、输出流将多个效应结合成为效应链时不再遵循效应相容规则，而是按$D_c\geqslant D_{c0}$进行匹配，近似匹配法利用输入流与输出流之间的近似匹配增加了创新的可能性，但对于产生的效应链中效应间的相容性要进行检验。

7.2　基于效应的功能设计过程

功能设计是产品设计的初级阶段。在该阶段，设计人员根据用户需求确定产品的总功能，并将总功能分解为分功能及功能元，功能与能量、物料、信号三种流组成的网络结构即为待设计产品的功能结构。确定每个功能元的原理解，并将所有功能元的原理解合成得到待设计产品的原理解。

效应与产品之间存在关联性，可用于产品设计中原理解的确定。通过设计目录、功能量矩阵等工具在效应知识库中进行效应的查找和组合，获得满足产品功能的原理解，这一过程统称为基于效应的功能设计。

7.2.1　基本概念

1. 功能

功能是功能设计中的一个重要概念。功能(Function)是对一定设计环境下用以实现设计意图的输入、输出之间关系的抽象描述。由于设计初期各种信息不完备，设计者对设计意图的认识和描述是比较抽象和不确定的。功能的实现建立在与环境发生物质、能量和信号交换关系的基础上。功能是一个开发体系。功能通常采用“动词＋名词”的形式描述。

为了规范产品功能，学者们进行了很多研究。Malmqvist认为TRIZ中的功能比较具体，不适于功能结构的建立。基于上述分类和直接进化理论对TRIZ中的30种功能进行扩展、语义规定和重新分类,建立了标准的功能集,包括操作集和流集,见表7-2、表7-3。

表7-2 操作集

类操作	基本操作
产生	合成,生产
变化	增加,减少,转变,相变,成形,控制
结合	混合,嵌入,装配,连接
分离	分开,分解,抽取,净化
积聚	吸收,存储,聚集
运动	移动,传输,旋转,振动,提升,引导
测量	检测,度量,测量
保持	预防,维持,稳定
消除	破坏,去除

表7-3 流集

类流	子流
物料	固体,液体,气体,化合物,混合物,几何体,松散物质,多孔物质,结构物质,粒子,分子和亚分子,等离子体
能量	力,运动,形变,热能,机械波和声波,电场,磁场,电磁感应,电磁波和光,核能与放射性
参数	固体参数,表面参数,几何参数,形变参数,流体参数,气体参数,浓度参数,量参数,化学参数,力参数,运动参数,过程参数,热参数,机械波与声波参数,电场参数,磁场参数,电磁感应参数,电磁波和光参数,放射性参数

通过功能分解建立功能结构,如图7-8所示,可以实现系统由抽象到具体的转化,降低功能求解的复杂度。功能结构中总功能、分功能、功能元间以逻辑与、或关系连接形成树形结构,称为功能树。同一层功能之间以串联、并联、环形或控制关系连接形成链形结构,称为功能链。功能树和功能链分别描述功能间的纵向和横向关系。

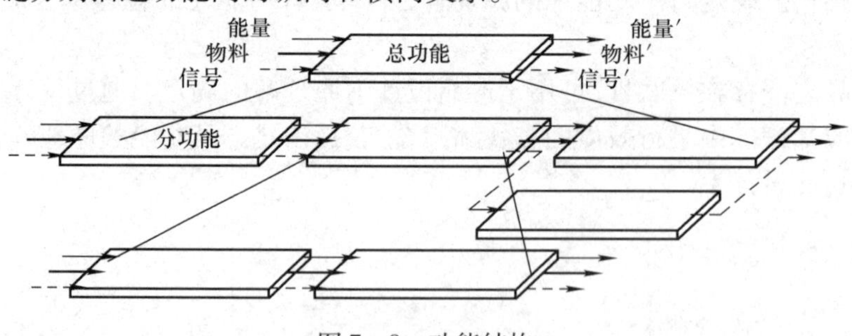

图7-8 功能结构

2. 行为

行为(Behavior)是系统输入、输出状态的描述。描述系统输入、输出之间的关系的行为称作外部行为。对于复杂系统,外部行为通常分解为一系列容易实现的子行为,每个子行为由系统结构的全体或其中的一部分来表现。子行为间存在着因果关系和结构关系。因果关系描述了相邻两个子行为的输出、输入之间的连接关系;结构关系描述了内部行为中的子行为之间的组成关系。将子行为按因果次序形成外部行为的因果过程称作内部行为。内部行为既描述了子行为间的因果关系,又体现了外部行为的实现方式。内部行为的发生导致外部行为的实现,一个外部行为可以由多个内部行为分别实现。为保证内部行为的实现,在流转换过程中相邻子行为的输入、输出必须相容,并且要满足相应的约束条件。

3. 结构

原理结构(Principle Structure,PS)是对组成产品子结构以及子结构之间配合关系的一种抽象或定性的描述。产品原理结构模型通常由以下几部分组成:子结构(Sub-Structure,Ss)和连接结构(Connect Structure, CS),它们各自发挥自身的作用,并通过连接面(Connect Surfaces, CSs)相互耦合,形成产品总功能或外部行为实现结构。

产品原理结构模型是对产品组成部分以及组成部分之间配合关系的一种抽象或定性的表达,层次化的树状结构描述不同层结构之间的纵向逻辑关系,链状结构描述功能树中同一层结构之间的横向组合关系。因此,产品原理结构模型是一种网状结构,另外,产品原理结构模型虽然是一种产品实际结构在原理上的表达,但它也对应着一定的功能,反映输入流与输出流之间的转换。因此,产品原理结构模型中效应结构之间是有次序的,要描述流在系统中的流动。如果效应结构与其他效应结构建立了关系,则其他效应结构就会对该结构施加组合约束(形状、位置约束及尺寸、运动约束等)。事实上,在产品原理结构中,效应结构通常被施加了多个组合约束,因而产品原理结构模型需要综合考虑效应结构的每一组合约束才能得到。

7.2.2 基于效应的基本映射单元

基于效应进行功能、行为和结构间的映射有以下几种基本映射单元。

1. 总功能－外部行为映射

在设计初期,设计者对设计问题的描述和认识是比较抽象和不确定的,对待设计系统的输入、输出往往考虑不周全。功能到行为的映射是问题描述具体化的过程。

一个系统通常具有多个功能,其中一个是主功能,系统存在的意义在于实现该功能。其他功能为辅助功能,系统实现辅助功能的目的是为了更好地实现主功能。系统总功能的实现要以主功能为出发点,然后才能围绕主功能选择必需的辅助功能。系统的主功能由执行机构具体完成。

通过专利分析可以确定功能(功能元)与效应之间的相关性,功能元与效应之间是一种多对多的对应关系。设计人员根据用户需求确定产品的总功能和主功能,依据功能效应对应关系确定实现主功能的效应集,并对效应集中的效应进行筛选。根据选定效应的输入、输出流,由系统完整性和可用资源确定系统输入、输出流,实现总功能到外部行为的映射。图7－9所示产品黑箱模型描述了产品总功能与输入、输出之间的关系,使设计问题描述具体化。

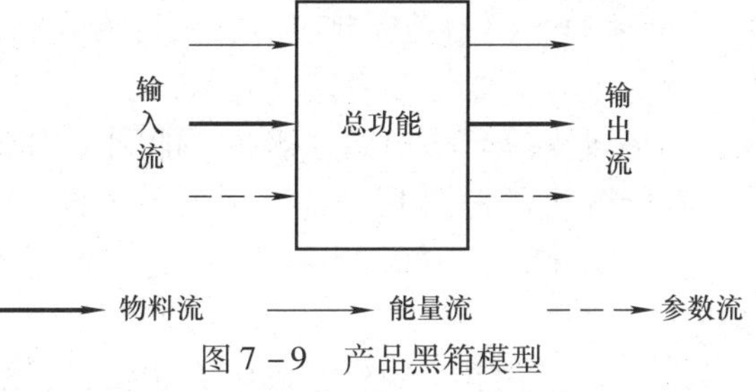

图7－9 产品黑箱模型

2. 外部行为－子行为映射

外部行为到子行为的映射是确定系统输入、输出状态转换因果次序的过程。依据图7－9

中的系统输入、输出流选定实现主功能的效应,利用效应模式和效应链推理方法构建效应链。效应链中每一效应输入、输出状态的转换都与一个子行为对应,而效应链对应的输入、输出状态转换次序则与内部行为对应,内部行为的发生导致外部行为的实现。基于效应的外部行为到子行为的映射建立行为模型,以描述外部行为、内部行为和子行为间因果关系。可依据流的转换路径及其连通性对设计系统进行检验。

3. 总功能 - 功能元映射

总功能到功能元的映射是通过功能分解建立功能结构的过程。按上述 2 中过程构建效应链,再依据功能效应对应关系确定效应链中每一效应的功能(功能元),从而建立产品功能链,实现总功能到功能元自顶向下的分解。依据系统完整性定律和三流原则对功能链中的功能元进行模块划分,并确定功能模块间接口关系。功能模块与分功能对应。通过模块间接口关系与分功能间组合关系对应,实现功能链中的功能元到分功能及其组合关系自底向上的抽取,构建产品功能树。功能树和功能链构成待设计产品的功能结构。采用自顶向下与自底向上相结合的方法对各个分功能或功能元进行划分和排列,并确保功能分解过程的一致性以及分功能和功能元解的存在性。

4. 功能元 - 子结构映射

功能元到子结构的映射是产生满足功能元的子结构的过程。通过专利分析确定专利中产品的结构信息,进而确定与结构相关的效应,建立效应与结构之间的相关性。效应和结构之间是多对多的关系。对于给定的功能元,依据功能与效应、效应与结构之间的相关性,形成基于效应的功能元与子结构间的映射关系。

5. 子结构 - 原理结构映射

子结构到原理结构的映射是确定实现功能元的子结构后,对子结构进行适当的组合、调整形成产品原理结构的过程。子结构间的可组合性由输入、输出流及连接结构和连接面几何特征决定。由于效应与子结构间是多对多的映射关系,需要依据行为模型对产品原理结构中可能存在的无效或冗余结构进行检验和修正。

7.2.3 基于效应模功能设计过程

效应是产品功能、行为和结构存在的科学依据。将多输入、输出流多极效应模型与 FBS 框架集成,确定效应、功能、行为和结构之间的内在因果关系,建立扩展效应驱动的功能行为结构模型(EE - FBS),揭示效应在功能、行为和结构转换过程中的桥梁作用,如图 7 - 10 所示。

EE - FBS 模型是以效应、功能、行为和结构基本概念为研究基础,以标准的操作集和流集为各映射单元的通用接口,利用形式化方法给出映射单元的恰当表示方式,基于效应模式和推理方法形成支持产品功能分解和功能到结构映射的系统化方法。

功能分析过程如下。

(1)总功能 - 外部行为映射:确定产品总功能与系统输入、输出之间的关系,使问题描述具体化。

(2)外部行为 - 子行为:确定系统输入、输出状态转换的次序,建立行为模型,检验流的转换路径及其连通性。

(3)总功能 - 功能元映射:采用自顶向下与自底向上相结合的方法推理可能的功能分解路线,构建待设计产品的功能结构。

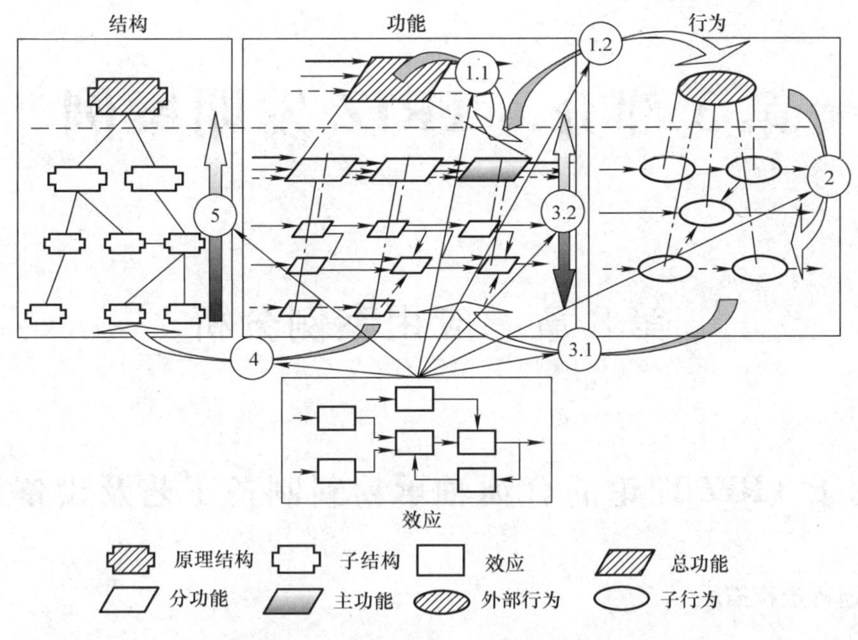

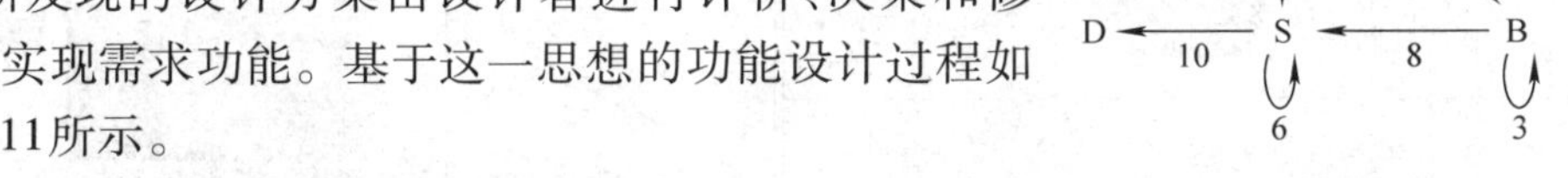

图7－10 基于效应模功能设计过程模型

功能到结构的映射过程如下。

(1)功能元－子结构映射:确定功能结构中每一功能元对应的子结构。

(2)子结构－原理结构映射:将子结构按输入、输出流及连接结构和连接面几何特征组合成实现总功能的产品原理结构。

基于EE－FBS模型的功能设计以产品功能为前提,在一定抽象层上通过推理建立模型,并分别表示在效应层和行为层中,通过进一步推理从已有设计知识或设计实例中去发现和组合出设计方案,形成产品原理结构。所发现的设计方案由设计者进行评价、决策和修正,以实现需求功能。基于这一思想的功能设计过程如图7－11所示。

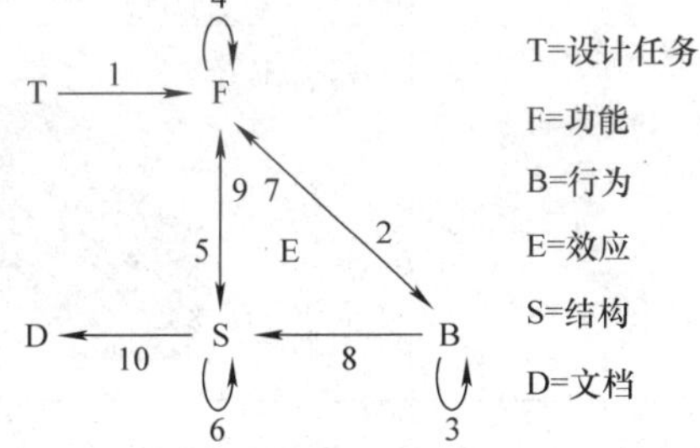

图7－11 基于EE－FBS模型功能设计过程

1—抽象:由设计任务抽象出产品总功能。

2—映射:确定系统的输入、输出。

3—推理:确定子行为及其之间的关系,建立行为模型。

4—分解:将总功能分解为分功能和功能元,建立功能结构。

5—映射:确定功能元对应的子结构。

6—组合:将子结构组合形成原理结构。

7～9—检验:依据行为模型分别对功能结构以及原理结构的可靠性和冗余进行检验和修正,验证原理结构是否满足产品总功能。如不满足需求,则回退到(1～6)中某一阶段,重新进行推理和求解。

10—收录:将原理结构转换为设计文档。

第 3 部分　TRIZ 发明案例

第 8 章　应用案例分析

8.1　基于 TRIZ 理论的含油轴承粉料制备工艺及设备开发

8.1.1　问题背景和描述

1. 问题的背景

烧结含油轴承,铁基约占 65%,铜基约占 35%。用途极其广泛,运输机械用约占 41%,电气机械用约占 33%,办公机械占 21%,照相机、计量仪表及其他用约占 5%。表 8－1 为含油轴承应用。

表 8－1　含油轴承应用

产品	应用部位示意	产品	应用部位示意
汽车	传动系 制动系 发动机 转向系 车身系	塑料机械	
		复印机	
挖掘机		ATM 机	

含油轴承小型化,附加值增高。现在烧结含油轴承一年生产 20 多亿个,平均每人每年约使用 2 个烧结金属含油轴承。

含油轴承的自润滑原理与运转特性,使轴承在使用过程中其内表面与轴的外表面之间形成摩擦。为了使轴承正常顺利地工作,必须对其进行润滑。润滑的目的在于减小摩擦与磨损,特别是后者。

烧结含油轴承是利用烧结金属具有可控孔隙度的特点,在其材料的连通孔隙中浸以润滑油,在使用时能够自动提供润滑油的一类特殊的滑动轴承。

由于润滑油的作用,使轴承的内径面与轴的轴面之间被一层流体油膜相隔离,旋转能够轻松圆滑地进行。图 8 - 1 为含油轴承运动示意。

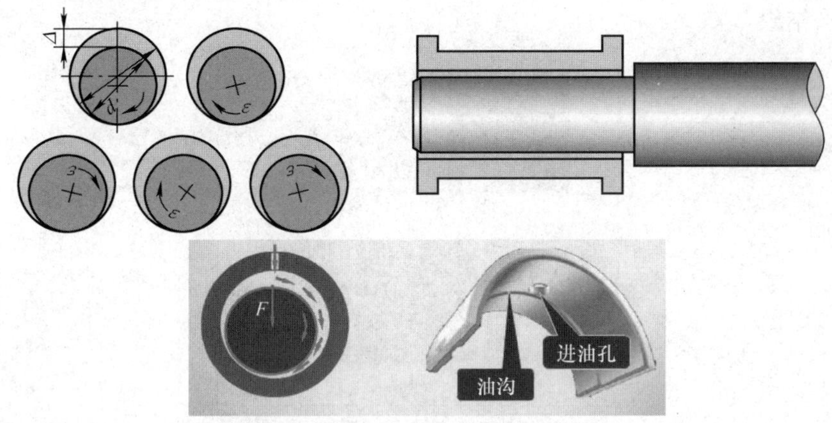

图 8 - 1　含油轴承运动示意

2. 问题的描述

1)定义技术系统要实现的功能

问题所在技术系统为:Cu/Fe 粉体机械球磨系统。该技术系统的功能为:研磨破碎 Cu、Fe 粉体。

实现该功能的约束有:Cu、Fe 粉体原始粒度、研磨方法、球料比、填充率、球磨时间以及表面活性剂对产物粒度。

2)现有技术系统的工作原理

将铁粉 + 铜粉 + 乙醇放置在高能球磨机中,将铁粉和铜粉充分混合,磨碎。图 8 - 2 为行星式高能球磨机示意。

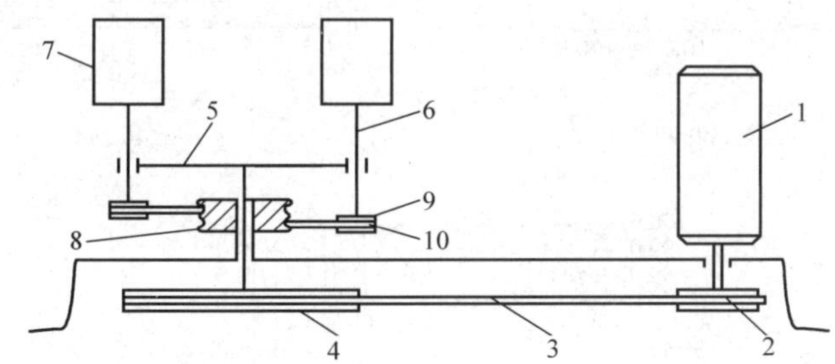

图 8 - 2　行星式高能球磨机示意

1—调速电动机;2—小皮带轮;3—皮带;4—大皮带轮;5—转盘;6—中心转轴;
7—球磨筒;8—中心带轮;9—行星带轮;10—皮带

图 8 - 2 中与调速电动机 1 固联的小皮带轮 2 通过皮带 3 与大皮带轮 4 构成皮带传动机构,与大皮带轮 4 固联并同轴运转的转盘 5 上对称布置有若干球磨筒 7(图中仅有 2 个,且省去了磨筒支架),每个磨筒的中心转轴 6 都与转盘 5 构成回转副,并且转轴 6 的下部固联有行星带轮 9,带轮 9 又通过皮带 10 与同机座固联的中心带轮 8 构成皮带传动机构。当调速电动机 1 启动后,转盘 5 便会转动起来,同时球磨筒 7 便开始做行星运动。这种行星式高能球磨机呈立式,即各旋转体的轴心线都与地面相垂直。

3)当前技术系统存在的问题

球磨后 Fe、Cu 粉体,呈不规则层片状粒度,且呈现偏正态分布,造成混料不均匀,在压坯和烧结后组织中的油隙分布就不均匀,从而恶化含油轴承的性能及寿命。图 8 -3 显示了高能球磨机的研磨结果。

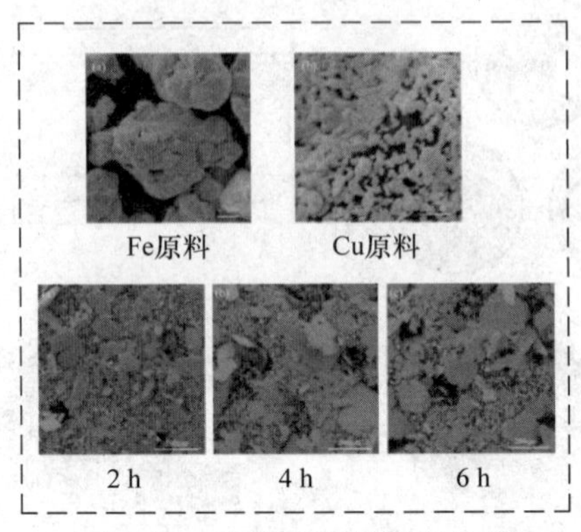

图 8 -3 高能球磨机研磨结果

4)问题出现的条件和时间

依据上述当前系统存在的问题,需要说明以下内容。

原料中 Cu 粒度为 3 ~5 μm,Fe 的粒度小于 75 μm。

铁铜粉体在研磨后体积平均粒径:2 h 为 40. 97 μm;4 h 为 40. 28 μm,6 h 为 29. 47 μm。图 8 -5 显示了时间对粒度的影响。

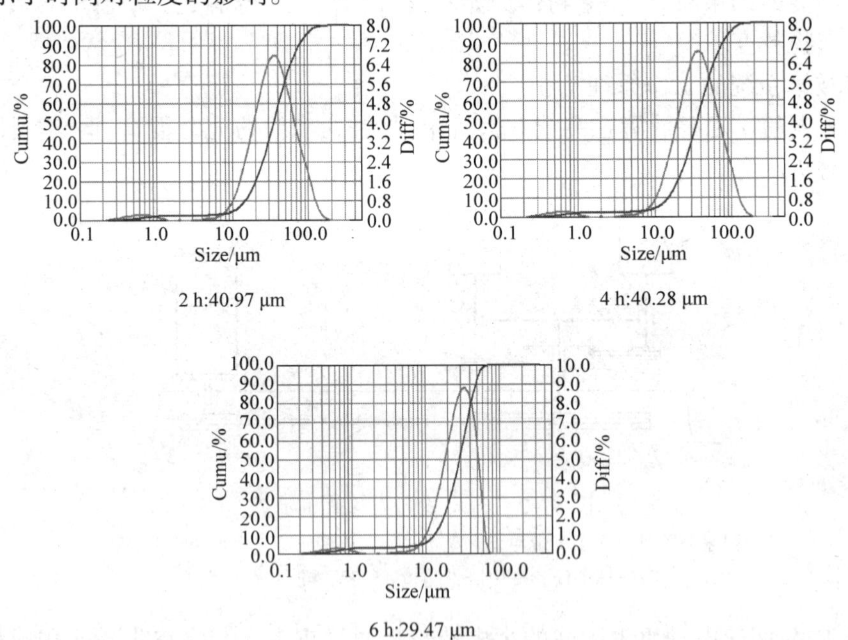

图 8 -4 时间对粒度的影响

随球磨时间延长,体积平均值减小,但仍然呈现偏正态分布。铁铜粉体研磨后的分布区间太大,会造成混料不均。

5)问题或类似问题的现有解决方案及其缺点

通过延长球磨时间,可以提高机械合金化的程度和粉体颗粒的混合均匀性,但生产效率低。

8.1.2　问题分析

1. 功能分析

系统分析见表 8 - 2。

表 8 - 2　系统分析

制品	Cu、Fe 混合粉体
系统元件	Cu 和 Fe 粉体、乙醇、磨球、研磨罐
超系统元件	卡具支架、转轴、转动皮带、电动机、控制开关

建立已有系统的功能模型，如图 8 - 5 所示。

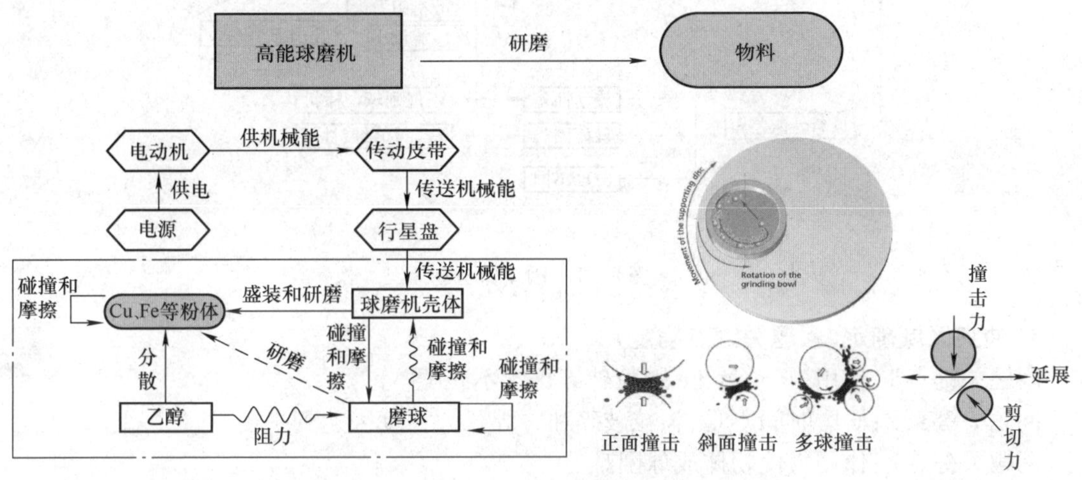

图 8 - 5　系统整体功能模型

2. 因果分析

图 8 - 6 为因果分析鱼骨图。

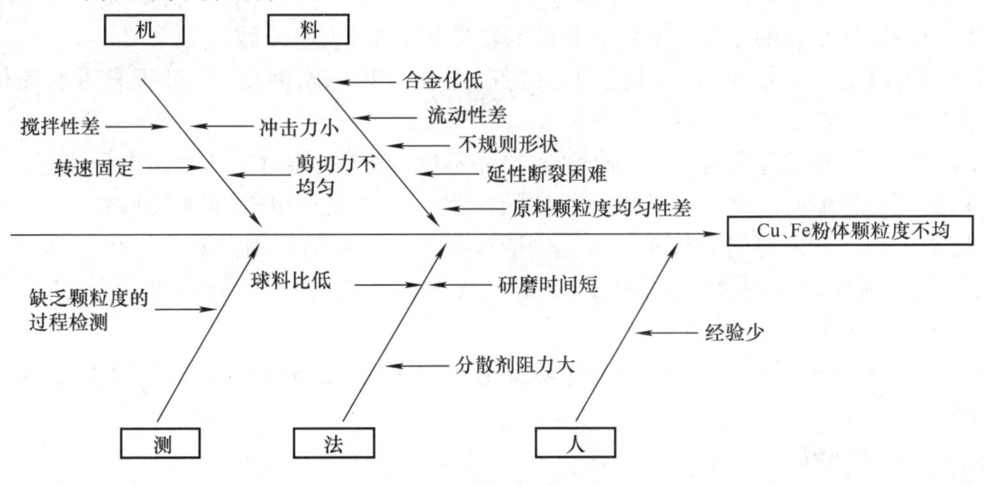

图 8 - 6　因果分析鱼骨图

应用因果链分析法确定产生问题的原因,如图 8-7 所示。

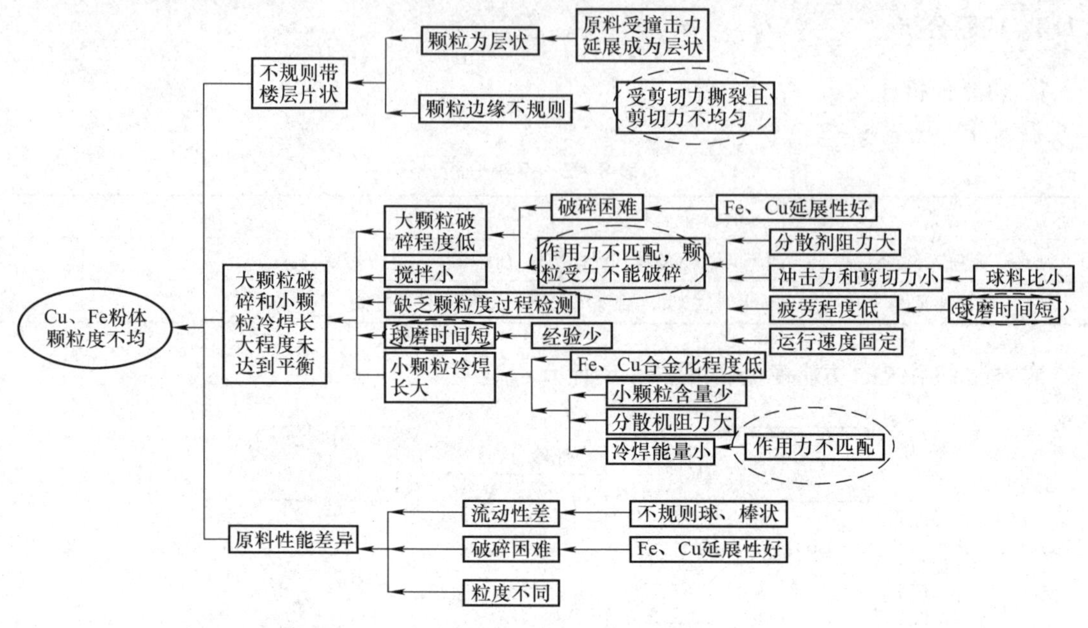

图 8-7 因果链分析

3. 冲突区域确定(问题关键点确定)

问题关键点 1:作用力与 Cu、Fe 颗粒破碎程度不匹配。

问题关键点 2:研磨时间不足,颗粒破碎和冷焊长大程度未达到平衡。

问题关键点 3:作用力使粉体成球困难。

4. 理想解分析

最终理想解:Fe、Cu 球的颗粒是圆形,大小一致。

次理想解:球磨 4 h,粒径为 20 μm。

(1)设计的最终目的是什么? Fe、Cu 球的颗粒是圆形,大小一致。

(2)理想解是什么? 改善球料比和分散剂,适当延长球磨时间,并对研磨后的粉体料分级,对颗粒进行修复。

(3)达到理想解的障碍是什么? 研磨时粉体不能分级,不能对粉体表面进行修复。

(4)出现这种障碍的结果是什么? 粉体颗粒度不均,冲击受力形成多棱形貌。

(5)不出现这种障碍的条件是什么? 创造这些条件存在的可用资源是什么?

采用气动流化,使得颗粒之间相互碰撞,形成无棱形貌,并对粉体分级,可使用资源流化床、惰性气体和筛子。

依据理想解分析得到方案为:采用气动流化,使得颗粒之间相互碰撞,形成无棱形貌,并对粉体分级。

5. 可用资源分析

可用资源分析见表 8-3。

表 8-3　可用资源分析

	类别	资源名称	可用性分析
内部资源	物质资源	Fe、Cu 的颗粒	Fe、Cu 颗粒之间相互碰撞消除棱角
		磨球	通过调整磨球搭配和球料比增加对 Fe、Cu 颗粒的作用力，提高破碎率
		球磨机壳体	盛装并与磨球碰撞研磨 Fe、Cu 颗粒
		乙醇	分散细颗粒，防止发生团聚
	场资源	冲击势能	调整电动机转速，增加磨球对 Fe、Cu 颗粒的冲击力，提高破碎率和破碎程度
外部资源	物质资源	电动机	调整电动机的转速，改变冲击力
超系统资源	物质资源	激光粒度仪	测量 Fe、Cu 颗粒的颗粒度
		烘箱	对 Fe、Cu 粉体烘干
		筛子	Fe、Cu 粉体颗粒分级

8.1.3　问题求解

1. 问题 1——作用力与 Cu、Fe 颗粒破碎程度不匹配

利用冲突解决理论来解决这一问题。

技术冲突解决过程如下。

(1)冲突描述：为了提高球磨系统的“颗粒的破碎率”，需要增加作用力，但这样做会导致系统的功率增加。

(2)转换成 TRIZ 的标准冲突。

改善的参数：运动物体的体积(No. 7)。

恶化的参数：功率(No. 24)。

(3)查找冲突矩阵，得到如下发明原理，见表 8-4。

表 8-4　问题 1 对应的发明原理

改善的参数	恶化的参数	对应的发明原理
运动物体的体积	功率	35,6,13,18

方案 1　依据“参数变化”发明原理(No. 35)，得到解：改变物体的浓度或黏度(No. 2)。

方案描述：将球料比由 10:1 调整为 15:1；乙醇的添加量保持不变，这样相当于稀释了磨料的浓度，增强了磨球对磨料的冲击和剪切力，从而提高了粉体的破碎效率。

方案 2　依据“反向”发明原理(No. 13)，得到解：将一个问题说明中所规定的操作改为相反的操作(No. 2)。

方案描述：采用可反向旋转的电动机，当球料罐正向旋转 0.5 h 后，反向旋转 0.5 h，以改变粉体的受力方向，增强粉体受力的均匀性，加速疲劳，从而提高了粉体的破碎效率。

方案 3　依据“振动”发明原理(No. 18)，得到解：使物体处于振动状态(No. 2)。

方案描述：在球料罐上下加入弹簧装置，使得球料罐在转动的过程中产生上下振动，增强粉体各方向的受力，加速破碎，从而提高粉体的破碎效率。

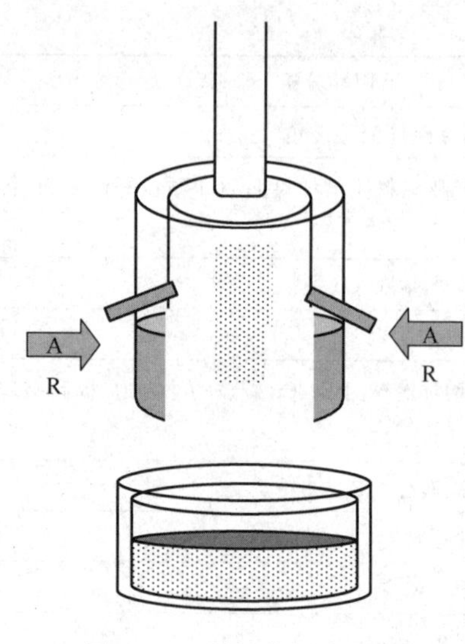

图 8－8　预操作解决方案

方案 4　依据“多用性”发明原理(No. 6)，得到解：一个物体能完成多项功能，可以减少原设计中完成这些功能的物体数量。

方案描述：将变频器由固定频率，改变为动态调频，即在研磨过程中，根据粉体的状态，动态地调整球罐的速度，提高粉体的破碎率。

物理冲突解决过程如下。

(1)冲突描述：为了“提高破碎率”，需要参数“作用力”为“正”，但又为了“减少功率”，需要参数“作用力”为“负”，即某个参数既要“正”又要“负”。

(2)选用分离原理当中的“时间分离原理(No. 10)”，得到解决方案。

方案 5　依据“预操作”发明原理(No. 10)，得到解：在操作前，使物体局部或全部产生所需要的变化。

方案描述：在机械球磨前先对 Cu、Fe 颗粒加热，然后快淬，使 Cu、Fe 颗粒的脆性增强，改善研磨过程的脆断能力。

2. 问题 2——颗粒破碎和冷焊长大程度未达到平衡

工具 1　冲突解决理论。

技术冲突解决过程如下。

(1)冲突描述：为了提高球磨系统的“颗粒破碎和冷焊长大程度的一致性”，需要增加研磨时间，但这样做会导致系统的效率降低。

(2)转换成 TRIZ 标准冲突。

改善的参数：运动物体的体积。

恶化的参数：生产率。

(3)查找冲突矩阵，得到如下发明原理，见表 8－5。

表 8－5　问题 2 对应的发明原理

改善的参数	恶化的参数	对应的发明原理
运动物体的体积	生产率	10,6,2,34

方案 6　依据“分离”发明原理(No. 2)，得到解：将一个物体中的“干扰”部分分离出去。

方案描述：在 Cu、Fe 颗粒机械球磨后对 Cu、Fe 颗粒分级。

方案 7　依据“抛弃与修复”发明原理(No. 34)，得到解：立即修复一个物体中所损耗的部分。

方案描述：在机械球磨过程中及时对磨球表面进行清洁处理，保证磨球的球磨效果。

3. 问题 3——作用力不均匀使粉体成球状困难

工具 2　物质－场分析及 76 个标准解。

(1)根据系统整体功能(图 8－5)，建立问题的物质－场模型，如图 8－9 所示。

(2)根据问题的物质－场模型，应用标准解解决流程，得到标准解为：第二类改进的物质－场。

（3）依据选定的标准解，得到问题的解决方案如下。

方案 8　依据 No. 15 并联物质 – 场模型标准解，得到问题的解：可控性差的系统需要改进，但是无法改变已有系统的要素。使用第二个场作用于 S_2。采用惰性气体吹动 Cu、Fe 粉体，形成流化态，通过高速气流的带动，使颗粒之间碰撞、摩擦，逐渐形成球状。

工具 3　效应。

（1）确定问题要实现的功能为："破碎 + 固态"。

（2）查找效应知识库，得到可用的效应为"流态化（Fluidisation）"（可以有多个效应），依据该效应得到问题的解决方案。

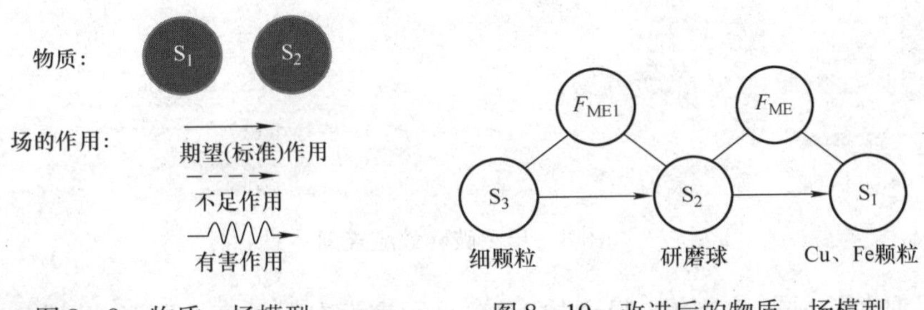

图 8 – 9　物质 – 场模型　　　图 8 – 10　改进后的物质 – 场模型

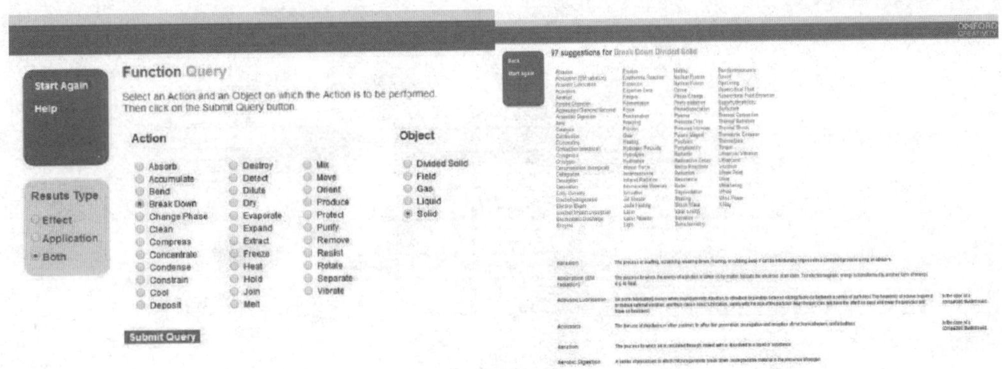

图 8 – 11　效应查询结果

"Fluidisation"效应 A process similar to liquefaction whereby a granular material is converted from a static solid – like state to a dynamic fluid – like state. This process occurs when a fluid (liquid or gas) is passed up through the granular material. When fluidized, a bed of solid particles will behave as a fluid, like a liquid or gas. fluidisation

网络效应库：http://wbam2244. dns – systems. net//EDB_Welcome. php

方案 9　依据"fluidisation"效应，得到如下解：采用惰性气体是颗粒在研磨过程中，形成流态化。

（1）确定问题要实现的功能为："固态 + 破碎"。

（2）查找效应知识库，得到可用的效应为"Friction（摩擦）"，依据该效应得到问题的解决方案。

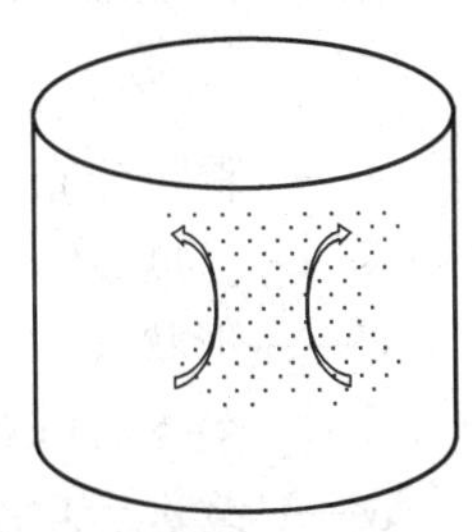

图 8 – 12　流态化解决方案

“Friction”效应:The force resisting the relative motion of two surfaces in contact or a surface in contact with a fluid (e. g. air on an aircraft or water in a pipe).

网络效应库:http://wbam2244. dns - systems. net//EDB_Welcome. php

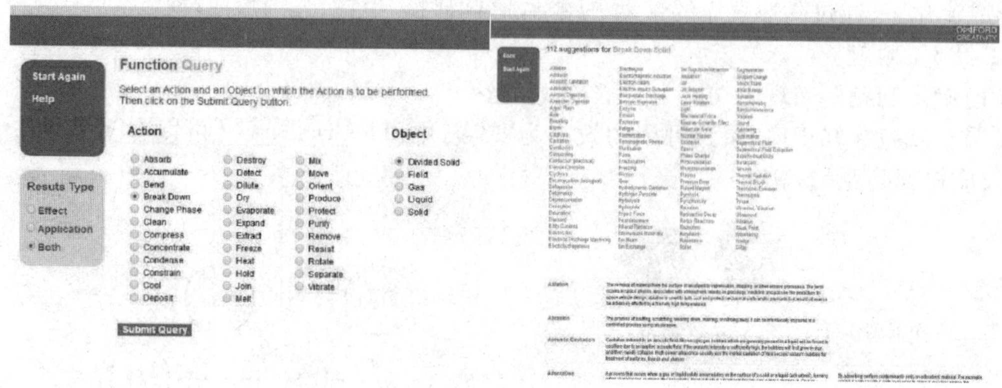

图 8 - 13　破碎效应查询

方案 2　依据“Friction”效应,得到如下解:采用表面有粗糙度的研磨球,增加摩擦力。

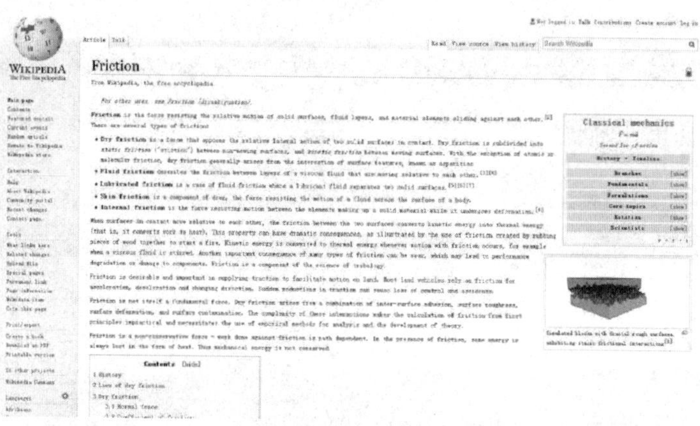

图 8 - 14　破碎效应查询结果

8.1.4　问题的解

1. 可用性评估

根据 TRIZ 理论对以上方案进行可用性评价,可用性用 η 表示,有

$$\eta = \sum \alpha A \beta B \gamma C \tau D$$

式中　A——颗粒分布,$A=0.3$;

B——粒度,$B=0.3$;

C——形状,$C=0.3$;

D——效率,$D=0.1$;

α——改进后粒度分布系数/原来粒度分布粒度系数;

β——改进后粒度系数/原来粒度系数;

γ——改进后粒度形状系数/原来粒度形状系数；

τ——原来球磨时间/改进后球磨时间。

评价结果见表 8－6。

表 8－6　可用性评价结果

序号	方案要点	所用创新原理	可用性评估
1	将球料比由 10∶1 调整为 15∶1	发明原理 No. 35	1.244
2	采用可反向旋转的电动机，0.5 h 反向旋转	发明原理 No. 13	1.342
3	在球料罐上下加入弹簧装置	发明原理 No. 18	1.473
4	将变频器由固定频率，改变为动态调频	发明原理 No. 6	1.463
5	球磨前先对 Cu、Fe 颗粒加热，然后快淬	条件分离	1.505
6	球磨过程中对磨球表面进行清洁处理	发明原理 No. 2	1.228
7	在球磨机中添加硬的细颗粒	14 串联物质－场模型	1.342
8	采用惰性气体使颗粒在研磨过程中，形成流态化研磨	效应 Fluidisation	1.445
9	采用表面有粗糙度的研磨球，增加摩擦力	效应 Friction	1.236

2. 问题的最终解

上述问题的最终解如图 8－15 所示。

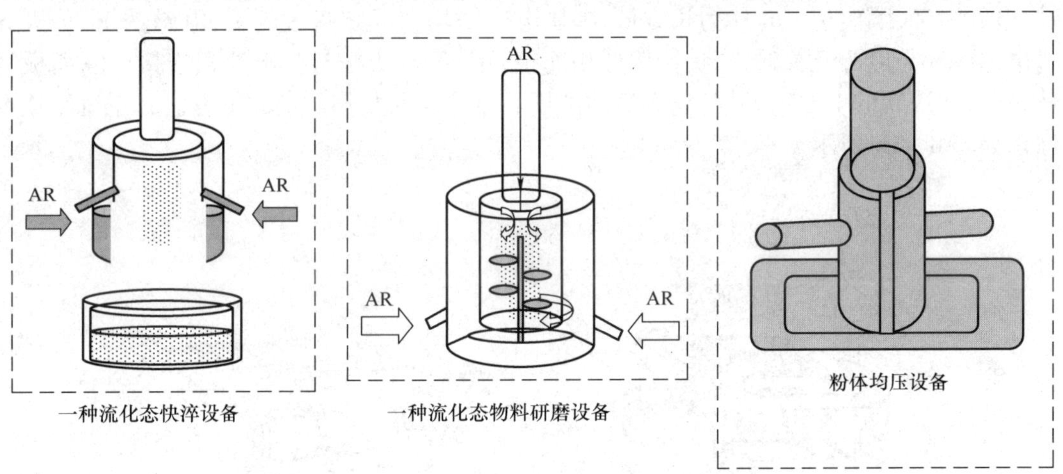

图 8－15　含油轴承粉料制备设备

8.1.5　取得成果与效益

1. 发明专利受理证明

（1）颗粒物流化研磨设备，发明专利，申请号或专利号 201711014858.3。

（2）流化快淬设备，发明专利，申请号或专利号 201711014889.9。

（3）粉体均压制样设备，发明专利，申请号或专利号 2017110143431.1。

2. 效益分析

采用原理优化后 Cu、Fe 轴承材料的性能指标及效益：每年生产约 10 000 t，可节约成本 670 万～860 万元。

8.2 电磁式铁屑清扫机性能优化设计

8.2.1 问题的背景和描述

1. 问题的背景

为工厂提供一种电磁式铁屑清扫机。这种清扫机可以将铁屑自动收集和输入至收集器中,清扫快捷、方便、省时、省力,从而可以大大提高清扫工作的效率,并减轻工人的劳动强度。但是电磁铁的磁吸力和耗电量无法控制,需要根据铁屑的大小、质量调整电磁铁的吸力和布置方式,最大程度地节省蓄电池的蓄电量和清扫效果。

2. 问题的描述

1)定义技术系统要实现的功能

问题所在技术系统为:电磁式铁屑清扫机。该技术系统的功能为:铁屑吸附、转移、收集。实现该功能的约束有:蓄电池电量、电磁铁性能。

2)现有技术系统的工作原理

电磁式铁屑清扫机,它包括壳体、前轮、万向轮、手推杆、收集箱、蓄电池、电动机、滚轮、电磁铁、电刷滑环、隔离板。壳体为长方形,多块电磁铁均匀固定在滚轮上,电磁铁正、负极导线通过电刷滑环与电源开关的正、负接线柱相连接,正、负接线柱与蓄电池相连接。隔离板为圆筒体,套装在滚轮的电磁铁外周,隔离板的圆周后侧位于收集箱的前端上方。其系统结构及工作原理如图 8-16 所示。

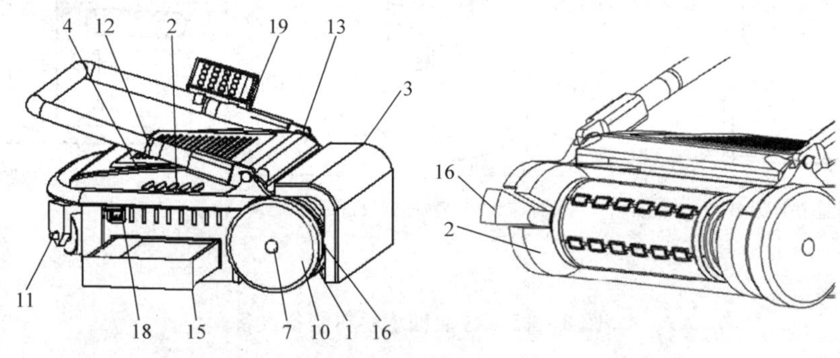

图 8-16 系统结构及工作原理示意

利用滚轮上的电磁铁 9 将铁屑吸附在隔离板 1 上,电动机带动滚轮 2 和电磁铁 9 转动,铁屑在隔离板 1 上随电磁铁的转动而移动,最后从隔离板末端落入下方的收集箱内。

本发明利用电动机来驱动电磁铁转动,通过调速器实现电动机转速的调节,以适应复杂情况下的作业,并通过蓄电池为设备整体提供动力和自动化操作,达到自动化清扫铁屑和铁粉的目的。

3)当前技术系统存在的问题及对应的解决方案

技术问题 1:电磁铁较多,耗电量较大,需要提高电能的利用率。

解决方案:电磁铁虽然布置较多,但是转到靠近地面位置时才起到吸附作用,因而只有使该位置的电磁铁通电，而其他部分的电磁铁断电，才能起到高效省电的目的。

技术问题 2：根据铁屑大小调节电磁力。

解决方案：将铁屑大小这一物理量转变为电信号，输入给控制器，控制器再控制电磁铁的电流大小。

技术问题 3：整机尺寸较大，不宜在狭窄空间使用。

解决方案：滚筒式改为圆盘式。

4）新系统的要求

电磁铁改为永久磁铁，改变滚筒的电磁铁布置方式，滚筒改为圆盘式。增加刮板，以提高铁屑收集效果。铁屑收集箱下增加永久磁铁，用来吸附圆盘上铁屑。

3. 问题求解流程

问题求解流程如图 8－17 所示。

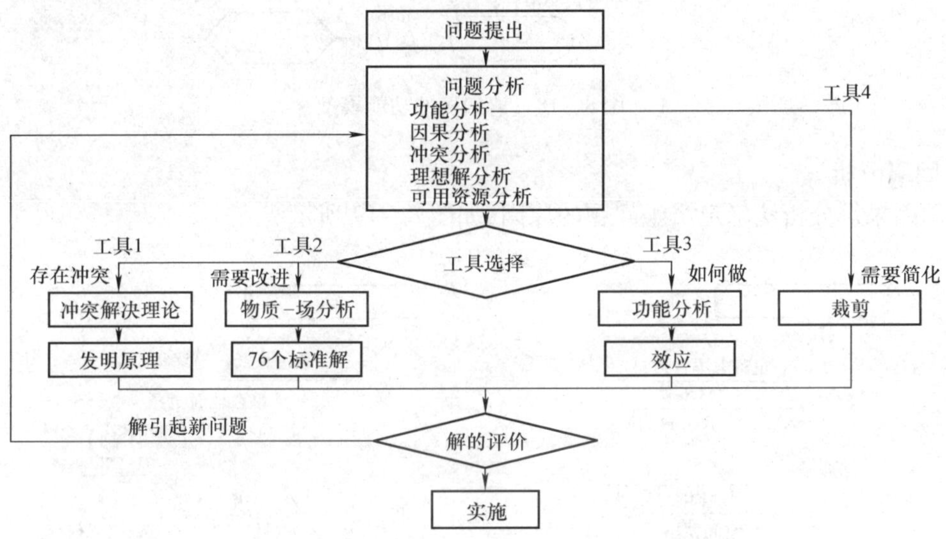

图 8－17　电磁式铁屑清扫机改进的问题求解流程

8.2.2 问题分析

1. 功能分析

该系统的主要构成见表 8－6。

表 8－6　清扫机系统构成

制品	铁屑、铁粉
系统元件	电磁铁、电动机、蓄电池、滚轮、外壳
超系统元件	地面

建立已有系统的功能模型如图 8－18 所示。

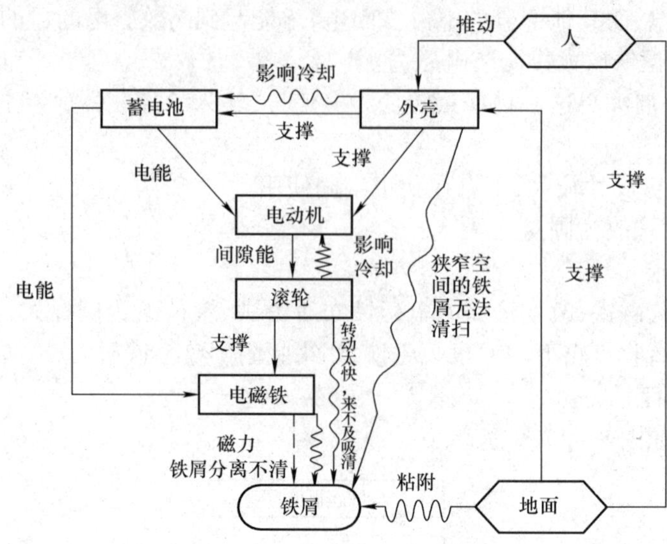

图 8－18　清扫机的功能模型

2. 因果分析

应用因果链分析法确定产生问题的原因，如图 8－19 所示。

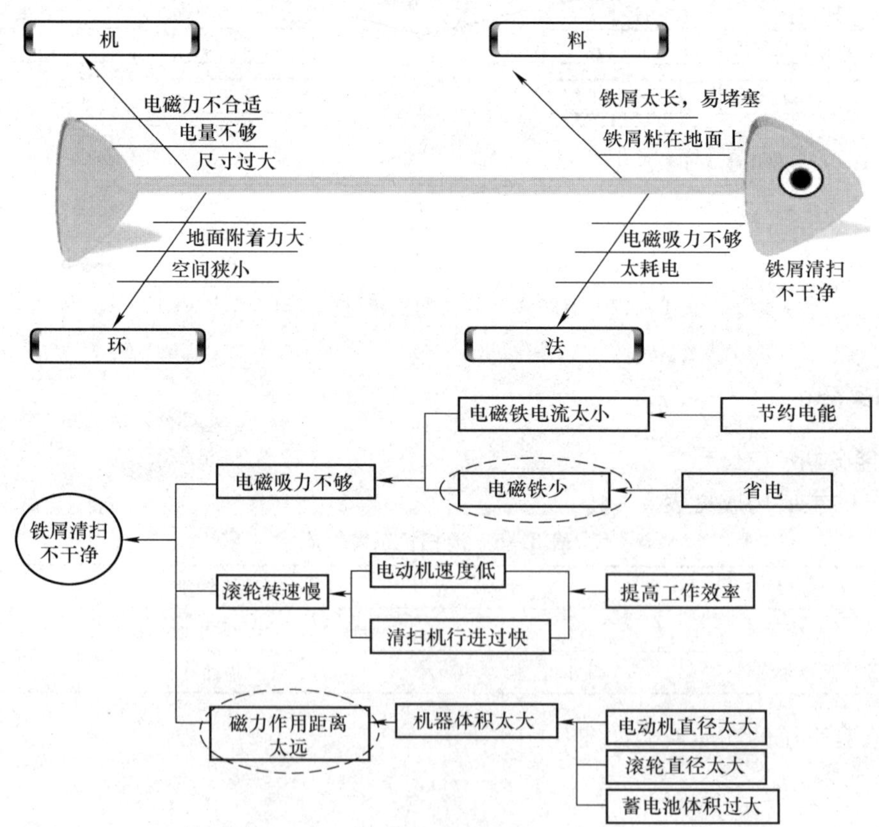

图 8－19　清扫机产生问题的原因分析

3. 冲突区域确定(问题关键点确定)

问题关键点 1:电磁铁吸附铁屑不干净。

问题关键点 2:电磁铁转速低于清扫机的行进速度。

问题关键点 3:清扫机尺寸过大,狭小空间进不去。

4. 理想解分析

(1)设计的最终目的是什么?清扫机加工车间地面的铁屑。

(2)理想解是什么?清扫干净,方便快捷高效。

(3)达到理想解的障碍是什么?电磁铁磁力不均匀,有剩磁;电磁铁转速不合适。

(4)出现这种障碍的结果是什么?铁屑清扫不均匀,有剩磁影响铁屑与滚轮分离。

(5)不出现这种障碍的条件是什么?创造这些条件存在的可用资源是什么?电磁铁斜向排列,且电流可调;滚轮上安装刮板;行进速度传感器。

依据理想解分析得到方案为:①电磁铁斜向排列,并根据铁屑大小调节电流大小;②滚轮上的剩余铁屑用刮板去掉;③电动机转速根据行进速度调节。

5. 可用资源分析

可用资源分析见表 8 -7。

表 8 -7　清扫机系统资源分析

	类别	资源名称	可用性分析(初步方案)
内部资源	物质资源	滚轮	滚轮改为圆盘
		电磁铁	磁力可控
		蓄电池	大容量电池
	场资源	磁场	电磁力吸附铁屑
		机械能	电动机驱动滚轮或圆盘
		电场	电池提供电能给电磁铁和电动机
	其他资源		
外部资源	物质资源	永久磁铁	用强永磁体替代电磁铁,提供强磁力,结构简化,可控性降低
	场资源	蓄电池	提高电池容量
	其他资源	磁场	电磁场、磁场
超系统资源	物质资源	人	使用操作培训
	场资源	地面(重力场)	地面的支撑作用,提供地面的摩擦力,保证机器前进
	其他资源		

8.2.3　问题求解

以“提高清扫性能”为入手点来解决问题。

工具 1:冲突解决理论。

技术冲突解决过程如下。

(1)冲突描述:为了提高系统的“清扫性能(电磁铁的磁吸力)”,需要改善电磁铁的安装排列,但这样做会导致系统更加复杂,成本提高,技术难度加大。

(2)转换成 TRIZ 标准冲突。

改善的参数:运动物体的长度(No.3)。

恶化的参数:装置的复杂性(No.36)。

另一技术冲突解决过程如下。

(1)冲突描述:为了提高系统的"清扫性能(电磁铁的磁吸力)",需要增大电流,但这样做会导致系统的能耗过大。

(2)转换成 TRIZ 标准冲突。

改善的参数:力(No.10)。

恶化的参数:能耗过大(No.22)。

(3)查找冲突矩阵,得到的发明原理见表 8-8。

表 8-8 与冲突对应的发明原理

改善的参数	恶化的参数	对应的发明原理
电磁吸力	能量损耗	14,15
运动物体的长度	装置的复杂性	1,19,26,24
运动物体的面积	装置的复杂性	14,1,13
速度	能量损失	14,20,19,35

方案1 依据"复制"发明原理(No.26)的第(1)条,得到解:把电磁铁换为永久磁铁。如图 8-20所示。

电磁铁　　永磁铁

图 8-20 电磁铁换为永久磁铁

方案2 依据"中介物"发明原理(No.24)的第(2)条"将一容易移动的物体与另一物体暂时接合",得到解为:磁铁安装在圆盘上,使铁屑容易转移。

方案3 依据"动态化"发明原理(No.15)的第(1)条"自动调整,达到最优",得到解为:电磁铁增加电流控制器,以控制通过电磁铁电流的大小。

工具2:物理冲突解决过程描述如下。

(1)冲突描述:为了改善清扫性能,需要参数"电流"为"大",但为了"节能",又需要参数"电流"为"小",即某个参数既要"大"又要"小" 。

(2)选用四条分离原理(空间分离、时间分离、基于条件的分离、整体与部分分离)当中的"基于条件的分离"原理,得到解决方案。

方案4 当铁屑附着在地面较强时,加大电流;当附着力较小时,减小电流。

方案5 用永久磁铁替换电磁铁。

工具 3：物质－场分析及 76 个标准解。

（1）建立问题的物质－场模型，如图 8－21 所示。

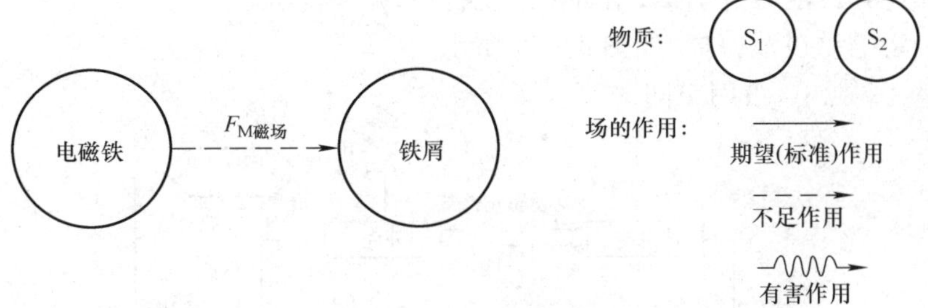

图 8－21　物质－场模型

（2）根据所建问题的物质－场模型，应用标准解解决流程，得到标准解为：No. 32 利用动态、可变或可调整的磁场。

方案 6　依据 No. 32 标准解，得到问题的解为：用电流控制器，控制电流的大小：铁屑大时，电流大；铁屑小时，电流小。

改进之后的物质－场模型如图 8－22 所示。

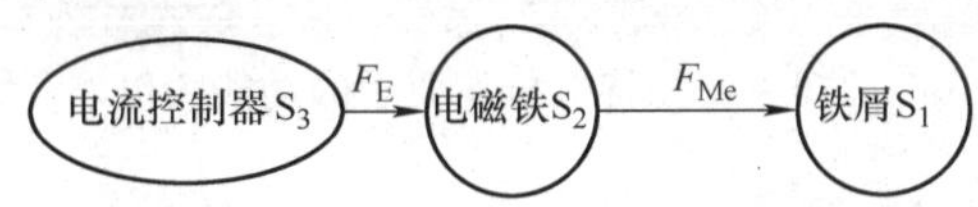

图 8－22　改进后的物质－场模型

方案 7　依据 No. 32 标准解，得到问题的解为：用电流控制器，控制不同电磁铁电流的通电时间：吸铁屑时，通电；不吸铁屑时，断电。

方案 8　依据 No. 32 标准解，得到问题的解为：变化滚轮的转速，控制吸附效果，铁屑多时，高速；铁屑少时，低速。

再改进之后的物质－场模型如图 8－23 所示。

图 8－23　再改进后的物质－场模型

方案 9　依据 No. 32 标准解，得到问题的解为：变化电磁铁在滚轮的安装形态，控制吸附效果。

第 3 次改进之后的物质－场模型如图 8－24 所示。

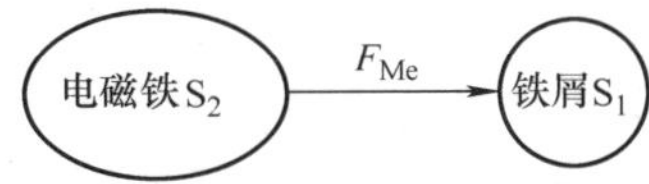

图 8－24　第 3 次改进后的物质－场模型

工具 4：裁剪。

(1)裁剪电磁铁:将电磁铁裁剪,用永久磁铁替换,主要是为了减少电能的消耗,并减小系统的复杂程度。

(2)裁剪电动机:裁剪电动机,用机械系统替换,减小能耗。

方案 10 将电动机裁剪掉,如图 8-25 所示。

理由:成本高,耗电,占用空间。

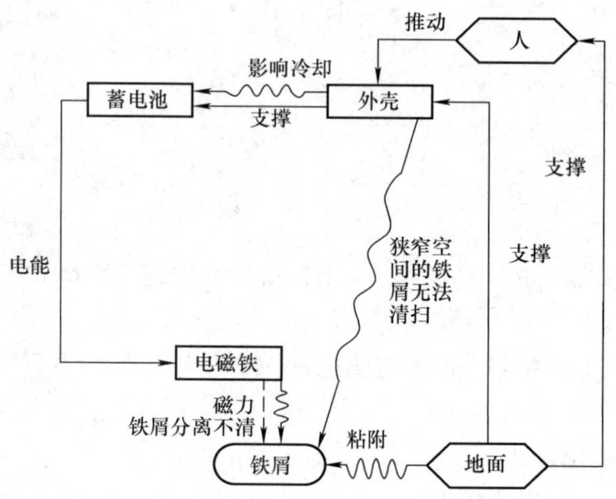

图 8-25 将电机裁剪后的功能模型

方案 11 将电磁铁裁剪掉,换为永磁体,如图 2-26 所示。

理由:结构复杂,耗电。

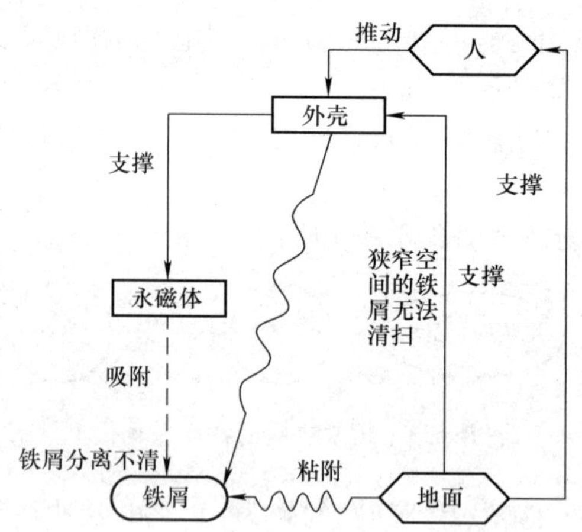

图 8-26 将电磁铁截剪后的功能模型

8.2.3 问题的解

上述方案的汇总见表 8-9。

表 8 – 9　方案汇总

序号	方案	所用创新原理	可用性评估
1	将电动机裁剪掉,用齿轮传动代替	发明原理 28	系统简化
2	将电磁铁裁剪掉,换为永磁体	发明原理 28	提高节能效果
3	将滚轮改成圆盘	发明原理 24	高度降低,便于清理工作
4	电磁铁电流可调	发明原理 32	提高节能效果

8.2.4　取得成果与效益

专利名称:拟报一种新型铁屑清扫机(实用新型专利)。

已取得效益或实施情况:已申报实用新型专业一项(一种电磁式铁屑清扫机)。

预期效益:专利转化为产品。

8.3　降低遮挡情况下目标跟踪失败率

8.3.1　问题背景和描述

1. 问题的背景

经过学者们几十年来的不懈努力,简单环境中运动目标跟踪技术取得了长足的进步。然而,如图 8 – 27 在复杂环境下,光照、位姿变化、遮挡、摄像机运动等问题严重影响了跟踪性能。尤其是遮挡情况下的目标跟踪技术一直是难点问题,也是运动目标跟踪在实际场景中应用的主要障碍。近年来,多示例学习算法、支持向量机、相关滤波等算法成功应用于目标跟踪领域,并取得了一定的研究成果。然而这些算法主要解决了跟踪的实时性问题,对跟踪的遮挡问题解决效果不佳。

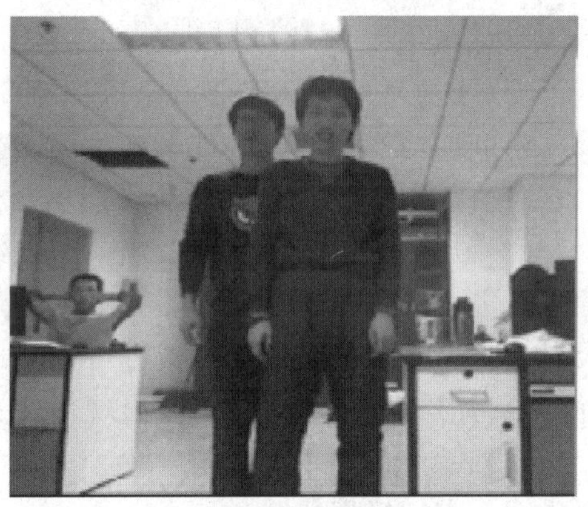

图 8 – 27　目标跟踪中的遮挡问题

2. 问题的描述

1)定义技术系统实现的功能

(1)问题所在技术系统为:目标跟踪系统。

(2)该技术系统的功能为:跟踪目标。

(3)实现该功能的约束有:目标被其他障碍物遮挡满足每帧图像的平均处理时间小于 100 ms。

2)现有技术系统的工作原理

当前帧中,在当前位置附近采样,训练一个分类器。这个回归器能计算一个小窗口采样的响应。

新一帧图像中,在前一帧位置附近采样,用前述分类器判断每个采样的响应。响应最强的采样作为新一帧的位置。

目标跟踪流程如图 8－28 所示。

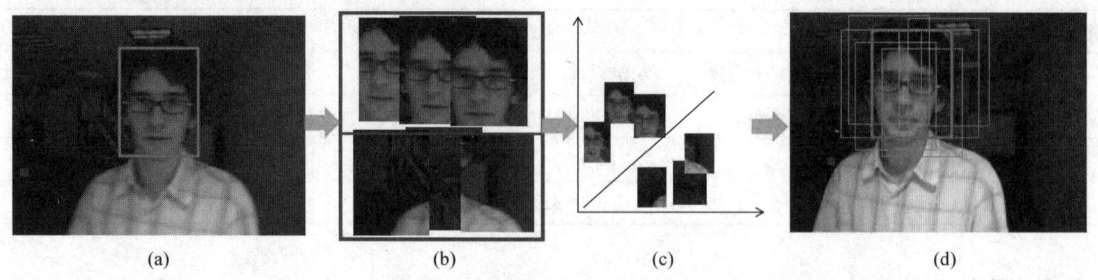

图 8－28　目标跟踪流程示意

(a)上一帧图像目标　(b)样本选取　(c)分类器　(d)目标

3)当前技术系统存在的问题

复杂环境下目标跟踪失败率较高,其主要受以下因素影响:遮挡(半遮挡、全遮挡)、光照改变、位姿变化、运动突变、尺寸改变等。

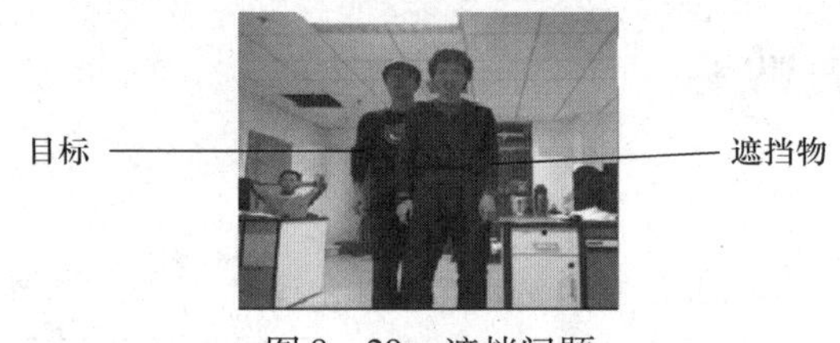

图 8－29　遮挡问题

本研究主要解决目标尺寸改变时存在的遮挡问题,如图 8－29 所示。

4)问题出现的条件和时间

(1)跟踪过程中目标被其他行人或物体遮挡,包括半遮挡和全遮挡。

(2)跟踪过程中存在目标景深变化。

(3)半遮挡时间大于 2 s,全遮挡时间 <80 ms。

5)问题或类似问题的现有解决方案及其缺点

(1)现有解决方案:采用分类器更新策略处理遮挡问题。

(2)缺点:λ 决定分类器对当前跟踪结果和目标的依赖程度。在实际应用中,该参数需要预先给定。其值过小时分类器更多依赖跟踪结果进行更新,易造成分类器“过学习”。其值太大时分类器更多依赖目标模板进行更新,则无法适应目标外观的改变。采用固定尺寸表示目标,当目标景深发生变化时,会出现目标关键特征丢失或引入背景特征干扰。

6)新系统的要求

问题求解流程如图 8－30 所示。

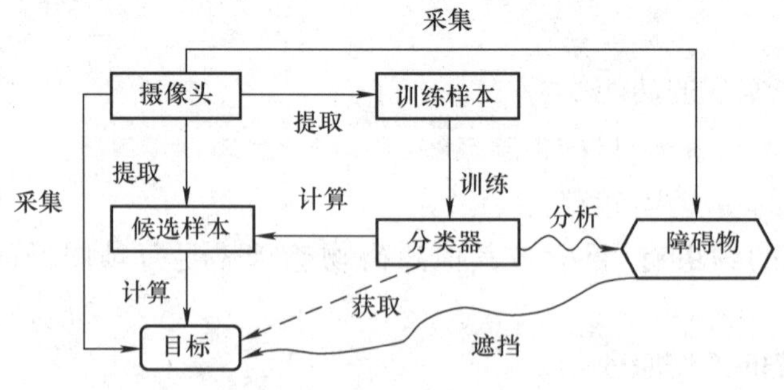

图 8－30　遮挡情况的功能模型

在目标尺寸变化时,发生长时间遮挡(>2 s)后跟踪目标失败率小于 10% 。

8.3.2　问题分析

1. 功能分析

系统分析见表 8－10。

表 8－10　系统元件分析

制品	目标
系统元件	摄像头、训练样本、分类器、候选样本
超系统元件	障碍物

遮挡情况下的功能模型如图 8－30 所示。

2. 因果分析

应用因果链分析法确定产生问题的原因，如图 8－31 所示。

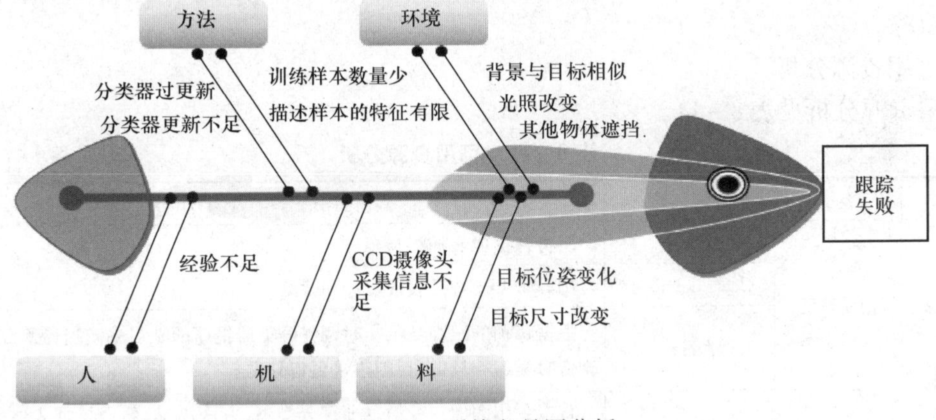

图 8－31　系统鱼骨图分析

3. 冲突区域确定（问题关键点确定）

问题关键点 1：学习率 λ 固定。

问题关键点 2：固定样本区域半径。

问题关键点 3：固定的目标尺寸。

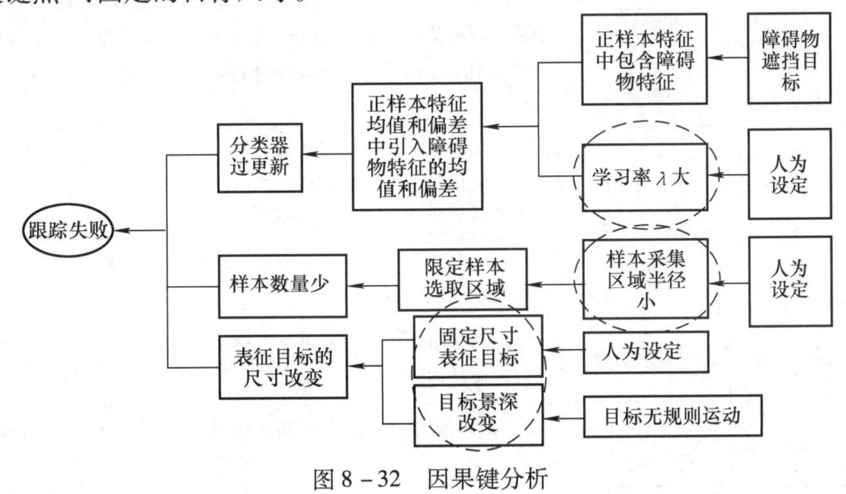

图 8－32　因果键分析

4. 理想解分析

最终理想解:系统自动识别背景与目标,并快速跟踪目标。

次理想解:系统借助先进传感器和先进算法直接区分目标和背景,并快速跟踪目标。

(1)设计的最终目的是什么?跟踪失败率降低到10%以下,且满足实时性要求。

(2)理想解是什么?跟踪失败率为0,且满足实时性要求。系统自动跟踪时示。

(3)达到理想解的障碍是什么?目标被其他物体遮挡,目标存在景深变化。系统本身无自动跟踪功能。

(4)出现这种障碍的结果是什么?分类器更新过程中引入障碍物特征的干扰。系统不能自动跟踪目标。

(5)不出现这种障碍的条件是什么?创造这些条件存在的可用资源是什么?

算法或摄像设备可以区分障碍物和目标;可用资源有目标和障碍物的特征。可用资源:目标衣服等设计的跟踪算法,依据理想解分析得到目标上粘上特殊形状、特殊颜色,引入先进设备引导跟踪。

5)可用资源分析

可用资源分析见表8-11。

表8-11 可用资源分析

	类别	资源名称	可用性分析(初步方案)
内部资源	物质资源	摄像头	用特殊摄像头捕捉目标
		Haar like 特征	用 haar like 特征表征目标和背景
		学习率	根据每帧的跟踪结果实时调整分类器更新的学习率。当检测到外观异常改变时学习率较低,否则正常更新分类器
外部资源	物质资源	灰度特征	直接利用图像灰度信息训练分类器,方法简单,然而特征表达能力有限,识别率低(不可用)
		角点特征	提取目标的角点特征并训练分类器跟踪目标,对角点位置进行统计可以实现目标大小的实时更新
		颜色特征	颜色是常用的表征目标的特征,与其他特征相比颜色特征对图像本身的尺寸、方向、视角的依赖性较小,从而具有较高的鲁棒性
	场资源	核函数	跟踪过程中涉及大量的高维矩阵运算(图像)影响系统的实时性。引入核函数可以避免维数灾难,保证跟踪精度的同时降低计算复杂性
		压缩感知	根据 Haar like 特征求压缩感知特征用于训练分类器,提高系统的实时性(可用)
		循环矩阵	循环矩阵是一种特殊形式的 Toeplitz 矩阵,它的行向量的每个元素都是前一个行向量各元素依次右移一个位置得到的结果。可以用离散傅里叶变换快速解循环矩阵,降低算法计算复杂性(可以用)
超系统资源	物质资源	GPU	GPU 是一种专门用在个人电脑上进行图像运算工作的微处理器,可加快图像处理速度(可用)
		各种高清摄像头	采用高清摄像头可以提供分辨率高的图像,提供更多的目标信息,但是会导致图像处理速度降低(不可用)
		各种立体视觉传感器	利用立体视觉传感器获得场景的三维信息,有利于通过景深区分目标和背景

8.3.3　问题求解

1. 问题 1——以“学习率 λ 固定”为入手点解决问题

技术冲突解决过程如下。

(1)冲突描述:为了降低系统“在遮挡情况下障碍物特征对分类器更新的干扰”,需要降低学习率,但这样做会导致系统其他情况分类器更新不足。

(2)转换成 TRIZ 标准冲突。

改善的参数:

恶化的参数:适应性(No. 35)。

$$\mu_k^1 \leftarrow \lambda\mu_l^1 + (1-\lambda)\mu^1$$

$$\sigma_k^1 \leftarrow \sqrt{\lambda(\sigma_k^1)^2 + (1-\lambda)(\sigma^1)^2 + \lambda(1-\lambda)(\mu_k^1 - \mu^1)^2}$$

(3)查找冲突矩阵,得到如下发明原理,见表 8 - 12。

表 8 - 12　问题 1 对应的发明原理

改善的参数	恶化的参数	对应的发明原理
物体产生的有害效应	适应性	–

工具 1:冲突解决理论。

物理冲突解决过程如下。

(1)冲突描述:为了“适应遮挡”,需要参数“学习率”为“小”,但又为了“适应位姿改变”,需要参数“学习率”为“大”,即,某个参数既要“大”又要“小”。

(2)选用四条分离原理(空间分离、时间分离、基于条件的分离、整体与部分分离)当中的“基于条件的分离”原理,得到解决方案。

(3)查找与该分离原理对应的发明原理如表 8 - 13,有“No. 28,No. 29,No. 31,No. 32,No. 35,No. 36,No. 38,No. 39”。根据选定的发明原理 No. 35、No. 28,得到解决方案。

方案 1　依据“机械系统”发明原理(No. 28)的第(1)条用视觉、听觉、嗅觉系统代替部分机械系统,得到解为:普通彩色摄像头替换为三维摄像头(如 kinect)。利用 kinect 提供的三维信息检测目标和背景场景深度变化。发生遮挡时,目标位置前方存在深度值较小的遮挡物体。此时,只根据未遮挡部分的目标更新分类器。

表 8 - 13　分离原理对应的发明原理

分离原理	发明原理
空间分离	1,2,3,4,7,13,14,17,24,26,30
时间分离	1,7,9,10,11,15,16,18,19,20,21,24,26,27,29,34,37
条件分离	28,29,31,32,35,36,38,39
整体与部分分离	1,3,5,6,8,12,13,22,23,25,27,33,40

2. 问题 2——以“固定样本区域半径”为入手点解决问题

技术冲突解决过程如下。

(1)冲突描述:为了提高系统“候选样本的多样性”,需要增加样本数量,但这样做会导致系统处理时间变长。

kineet 获得的遮挡情况图像

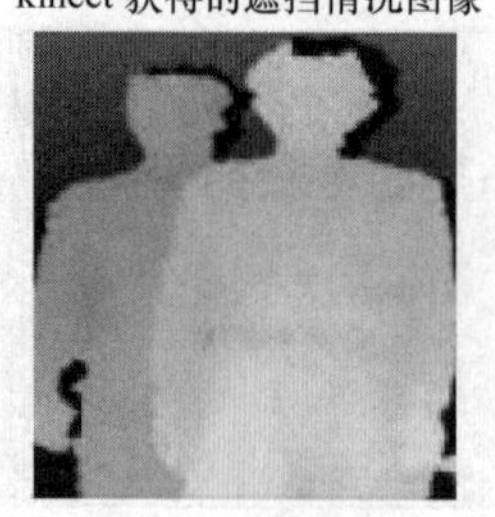

图 8－33　Kineet 获得的遮挡情况图像

(2)转换成 TRIZ 标准冲突。

改善的参数:物质或事物的数量(No. 26)。

恶化的参数:时间损失(No. 25)。

(3)查找冲突矩阵,得到如下发明原理,见表 8－14。

方案 2　依据“机械系统”发明原理(No. 38),第(1)条用视觉、听觉、嗅觉系统代替部分机械系统,得到解为:采用 kinect 摄像头获得目标和场景的三维信息,根据目标的三维场景深度调整候选样本的圆半径。目标距离摄像头远的时候,圆半径取较小值,目标距离摄像头近的时候,圆半径取较大值。如图 8－33 所示

表 8－14　问题 2 对应的发明原理

改善的参数	恶化的参数	对应的发明原理
物质或事物的数量	时间损失	16,18,35,38

方案 3　依据“参数变化”发明原理(No. 35),第(3)条改变物体的柔性。

工具 1:冲突解决理论。

物理冲突解决过程如下。

(1)冲突描述:为了“保证样本的数量”需要参数“样本区域半径”为“大”,但又为了“满足系统实时性”,需要参数“样本区域半径”为“小”,即某个参数既要“大”又要“小”。

(2)选用四条分离原理(空间分离、时间分离、基于条件的分离、整体与部分分离)当中的“空间分类”原理,得到解决方案。

(3)查找与该分离原理对应的发明原理有“No. 1,2,3,4,7,13,14,17,24,26,30”。根据选定的发明原理 4,得到解决方案。

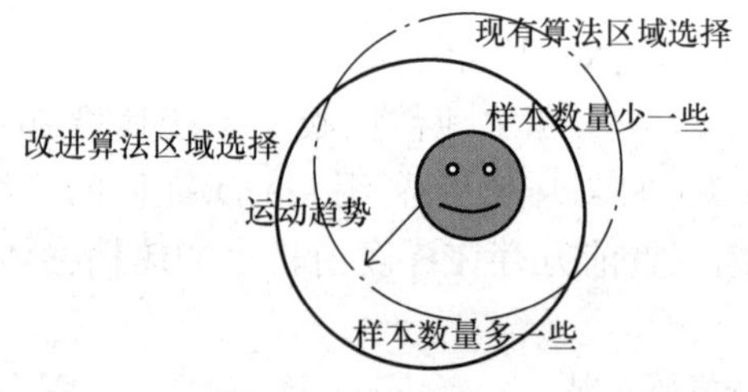

图 8－34　按照目标运动趋势进行样本选区域选择示意图

方案 4　依据“局部质量”发明原理(No. 3)第(1)条“将物体或环境的均匀结构变成不均匀结构”,得到解为按照目标运动趋势将均匀的样本采集区域变为不均匀的样本采集区域。如图 8－34 所示,沿目标运动趋势方向采样区域增大,采集更多样本。

3. 问题 3——以“表征样本尺寸”为入手点解决问题

技术冲突解决过程如下。

(1)冲突描述:为了 提高系统“目标的适应性”,需要实时调整表征样本的尺寸,但这样做会导致系统计算耗时增加。

(2)转换成 TRIZ 标准冲突。

改善的参数:适应性(No. 35)。

恶化的参数:时间损失(No. 25)。

(3)查找冲突矩阵,得到如下发明原理,见表 8－15。

表 8－15　问题 3 对应的发明原理

改善的参数	恶化的参数	对应的发明原理
适应性	时间损失	28，35

方案 5　依据“机械系统”发明原理（No. 28）第 1 条“用视觉、听觉、嗅觉系统代替部分机械系统”得到解为：采用 kinect 摄像头获得目标和场景的三维信息，根据目标的三维场景深度调整候选样本的尺寸。目标距离摄像头远的时候，尺寸较大，目标距离摄像头近的时候，尺寸较小。对目标深度与尺寸关系进行多次实验测量，得到其关系。然后根据目标深度与尺寸间的关系实时调整目标尺寸。

依据“参数变化”发明原理（No. 35）的第（3）条“改变物体的柔性”。

方案 6　物理冲突解决过程如下。

（1）冲突描述：为了“保证目标所在景深浅时不遗失目标关键特征”需要参数“表征目标的尺寸”为“大”，但又为了“保证目标所在景深深时不引入背景干扰”，需要参数“表征目标的尺寸”为“小”，即某个参数既要“大”又要“小”。

（2）选用四条分离原理（空间分离、时间分离、基于条件的分离、整体与部分分离）当中的“基于条件分离”原理，得到解决方案。

（3）查找与该分离原理对应的发明原理有“No. 28，29，31，32，35，36，38，39”。根据选定的发明原理 4，得到解决方案。

方案 7　依据“多孔材料”发明原理（No. 31）第（1）条“使物体多孔或通过插入、涂层等增加多孔元素”，得到解：为利用现有的角点提取及匹配算法（比如 Harris）提取目标特征，根据角点信息剔除无效信息，保留有效信息，并根据有效角点信息确定目标尺寸。从而实现实时调整目标尺寸，使表征目标尺寸的矩形随其实际尺寸变化。

工具 2：物质－场分析及 76 个标准解。

（1）建立问题的物质－场模型。

（2）根据所建问题的物质－场模型，应用标准解解决流程，得到标准解为：No. 14、No. 18。

（3）依据选定的标准解，得到问题的解决方案。

No. 14 标准解为：串联物质－场模型。

例如：

S_2 - - - $F_{capture}$ - - → S_1

分类器　　目标

图 8－35　串联物质—场模型

方案 8　依据 No. 14 标准解，得到问题的解如图 8－35 引入初始目标，构成串联物质－场模型。设定分类器分数阈值，同时将初始目标的分类器分数作为参考模型。跟踪过程中，如果跟踪结果小于阈值认为跟踪失败，则根据当前分类器和参考模型更新分类器。

依据 No. 18 标准解为：改变 S_2 成为多孔物质或毛细材料，允许气体或液体通过。

方案 9　依据 No. 18 标准解，得到问题的解（如图 8－36 所示）为：

将目标图像分为 N 块，针对每块子图像建立模板，并训练子块强分类器。

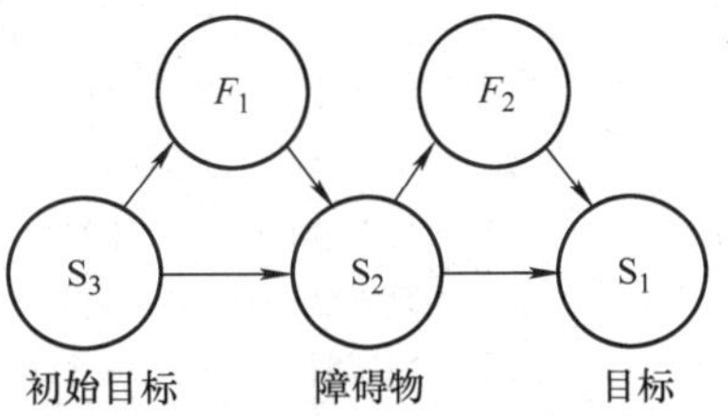

图 8－36　由 No. 14 得到的串联物质—场模型

对每个候选样本也分为 N 块，用子块强分类器对每个候选样本的块图像进行检测并排序,分类分数最高的为跟踪结果。

进而根据子块分类分数与给定阈值之间的关系检测遮挡,子块分类分数小于给定阈值,则该块被遮挡,否则为正常跟踪。遮挡时,分类器更新舍弃该图像块。

改进之后的物质-场模型如图 8-37 所示。

No. 11 标准解为:有害效应是由一种场引起的,引入物质 S_3 吸收有害效应。

方案 10 依据 No. 11 标准解,得到问题的解为:利用算法分别计算出目标和障碍物的景深,保存两者景深变化轨迹,障碍物景深变化相对突兀,目标景深变化具有连续性,从而区分目标和障碍物。分类器根据区分后的目标更新。

改进之后的物质-场模型如图 8-38 所示。

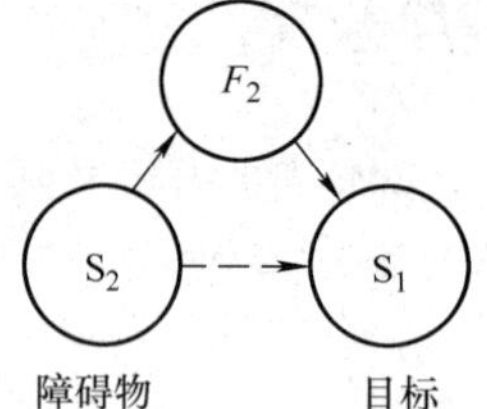

图 8-37 由 No. 18 得到的物质—场模型

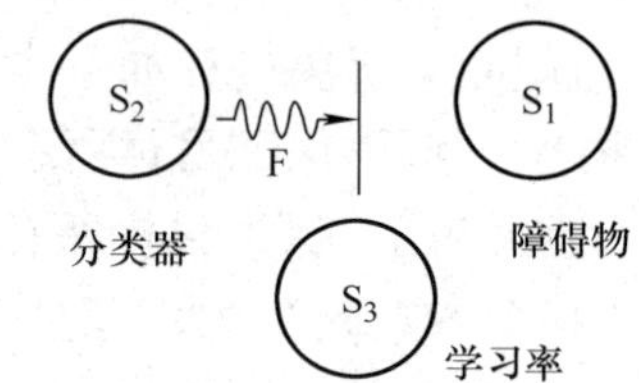

图 8-38 由 No. 11 得到的物质—场模型

8.3.4 问题的解

上述方案汇总见表 8-16

表 8-16 方案汇总

序号	方案	所用创新原理	可用性评估
1	将目标图像分为 N 块,针对每块子图像建立模板,并训练子块强分类器。对每个候选样本也分为 N 块,用子块强分类器对每个候选样本的块图像进行检测并排序,分类分数最高的为跟踪结果。进而根据子块分类分数与给定阈值之间的关系检测遮挡,子块分类分数小于给定阈值,则该块被遮挡,否则为正常跟踪。遮挡时,分类器更新舍弃该图像块	标准解 No. 18	0.85 专利已授权已实现,申请发明专利并已进入实审
2	将普通彩色摄像头替换为三维摄像头(如 kinect)。利用 kinect 提供的三维信息检测目标和背景场景深度变化。根据目标的三维场景深度调整调整候选样本的圆半径。目标距离摄像头远的时候,圆半径取较小值,目标距离摄像头近的时候,圆半径取较大值。发生遮挡时,目标位置前方存在深度值较小的遮挡物体。此时,只根据未遮挡部分的目标更新分类器	标准解 No. 28, No. 35	0.8
3	引入初始目标,构成串联物质-场模型。设定分类器分数阈值,同时将初始目标的分类器分数作为参考模型。跟踪过程中,如果跟踪结果小于阈值认为跟踪失败,则根据当前分类器和参考模型更新分类器	标准解 No. 14	0.7
4	利用算法分别计算出目标和障碍物的景深,保存两者景深变化轨迹,障碍物景深变化相对突兀,目标景深变化具有连续性,从而区分目标和障碍物。分类器根据区分后的目标更新	标准解 No. 11	0.75
5	利用现有的角点提取及匹配算法(比如 Harris)提取目标特征,根据角点信息剔除无效信息,保留有效信息,并根据有效角点信息确定目标尺寸。从而实现实时调整目标尺寸,使表征目标尺寸的矩形随其实际尺寸变化	标准解 No. 31	0.7
6	按照目标运动趋势将均匀的样本采集区域变为不均匀的样本采集区域。沿目标运动趋势方向采样区域增大,采集更多样本	标准解 No. 3	0.85

依据上面得到的若干创新解，通过评价，确定最优解。

最终解如下。

方案1（适用于机器人目标跟踪） 将普通彩色摄像头替换为三维摄像头（如kinect）。利用kinect提供的三维信息检测遮挡。引入立体视觉传感器获得目标与障碍物的景深，将目标景深外的物体消除如图8-39。

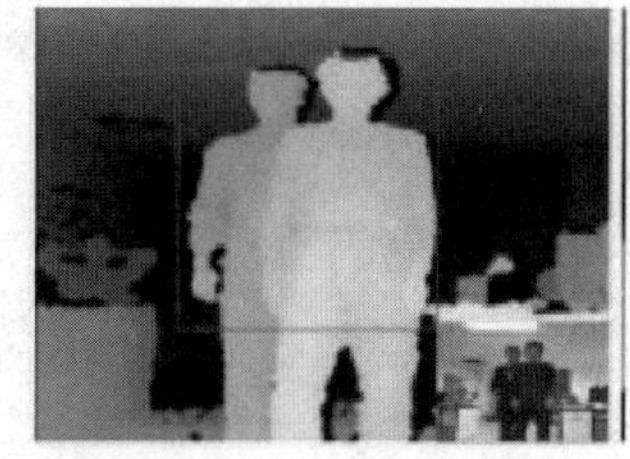

图8-39 遮挡情况示意图

根据目标的三维场景深度调整调整候选样本的圆半径。目标距离机器人远的时候，圆半径取较小值，目标距离机器人近的时候，圆半径取较大值。

目标距离机器人远的时候，尺寸取较大值，目标距离机器人近的时候，尺寸取较小值。

发生遮挡时，学习率为1，分类器不更新；否则，学习率为0.5。

$$\lambda = \begin{cases} 1 & \text{occlusion} \\ 0.5 & \text{others} \end{cases}$$

方案2 判断目标运动趋势 $T = \{T_1, T_2, \cdots, T_{i-1}\}$ 按照目标运动趋势，采用不对称采样样本。预先判断目标运动趋势及与周围障碍物关系，从而预判遮挡，使其在时间上有准备。如图8-40。

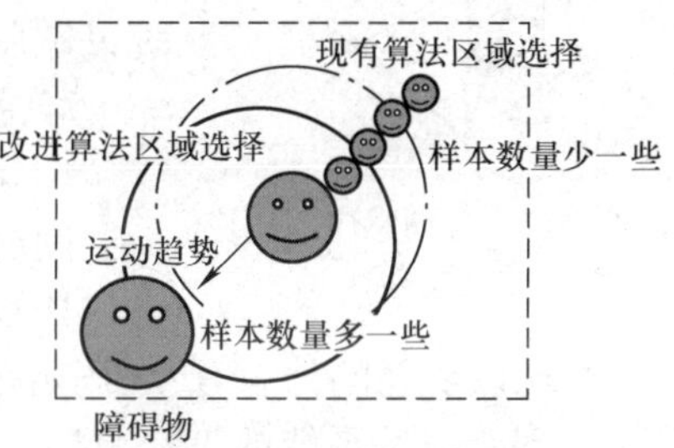

图8-40 由目标运动趋势确定样本选择区域示意图

发生遮挡时，学习率为1，分类器不更新；否则，学习率为0.5。

方案3 角点提取及匹配，从而确定目标尺寸。

提取目标的角点特征，同时提取各角点间的空间特征。

在候选样本中，提取角点特征及角点间的空间特征，以检测遮挡。如图8-41。

发生遮挡时，学习率为1，分类器不更新；否则，学习率为0.5。

方案4 将目标图像分为 N 块，针对每块子图像建立模板，并训练子块强分类器。

对每个候选样本也分为 N 块，用子块强分类器对每个候选样本的块图像进行检测并排序，分类分数最高的为跟踪结果。

进而根据子块分类分数与给定阈值之间的关系检测遮挡，子块分类分数小于给定阈值，则该块被遮挡，否则为正常跟踪。遮挡时，分类器更新舍弃该图像块。

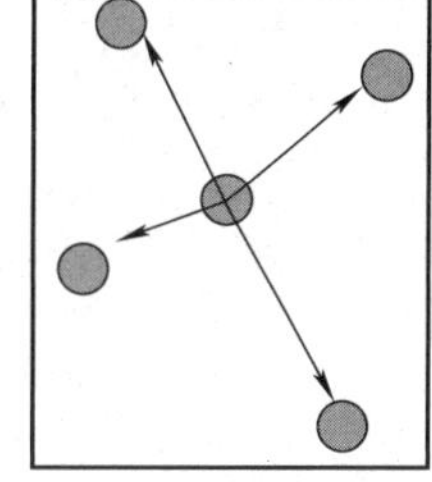

图8-41 角点示意图

8.3.5 取得成果与效益

（1）分块多实例目标跟踪算法研究，发明专利，已进入实审。

（2）*Patch based multiple instance learning algorithm for object tracking*，已发表，SCI。

（3）*Kernel function based multiple instance learning algorithm for real time object tracking*，外审中。

（4）An adaptive kernel based correlation filter algorithm for real time object tracking，撰稿中。

拟申报专利的如下：

(1)基于核函数多示例学习算法的实时目标跟踪算法；

(2)基于运动轨迹的实时目标跟踪算法；

(3)基于角点特征的实时目标跟踪算法。

8.4 提升自动感应门灵敏度

8.4.1 问题背景和描述

1. 问题的背景

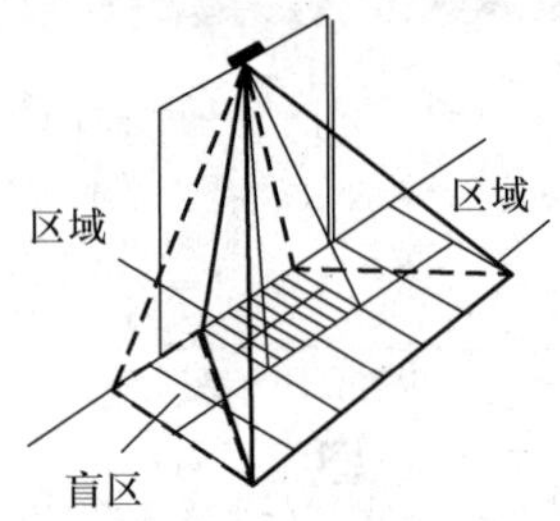

图 8－42 自动感应门感应原理示意图

自动感应门广泛应用于办公楼、厂房、超市、机场等场所，其感应原理示意图如图 8－42 所示。利用人体红外传感器实现的红外感应自动门受限于传感器、透镜和环境等影响，使其存在一定的探测盲区，且探测距离有限，给系统的使用带来了不便。如何提高系统灵敏度，提高使用者体感是自动门领域的一个技术难点。

2. 问题的描述

1)定义技术系统实现的功能

问题所在技术系统为：自动感应门系统。

该技术系统的功能为：识人开门。

实现该功能的约束有：在固定范围内(3 m 内)消除识人盲区，实现人到门前无等待。

2)现有技术系统的工作原理

系统通过人体红外传感器识别靠近自动门的人体发出的特定波长红外线，从而产生控制自动门电动机的控制信号，实现自动开门。系统框图如图 8－43 所示。

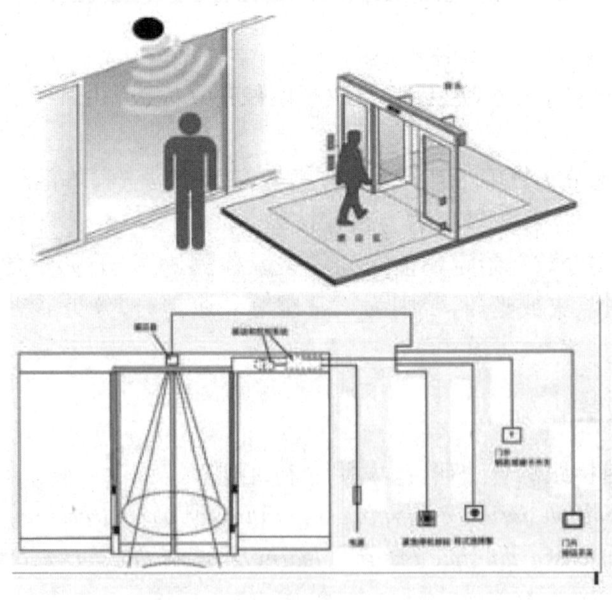

图 8－43 自动感应门系统框图

3)当前技术系统存在的问题

问题1:由于传感器前端滤镜接收光线角度的不同,使对从不同角度接近传感器的人的识别距离产生差异,甚至产生盲区,如图8-44所示。

问题2:受传感器感应距离(灵敏度)限制,自动门控系统在人体快速移动时,不能及时将门打开。

4)问题出现的条件和时间

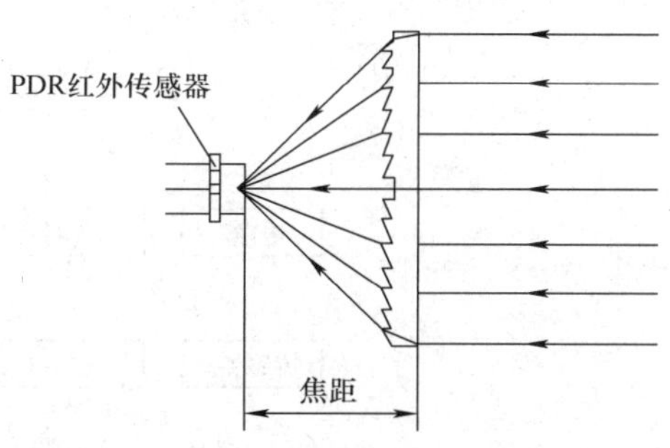

图8-44　红外传感器工作原理框图

针对问题1:当人体从传感器(自动门)侧面接近时,自动门反应迟钝甚至无反应。

针对问题2:当人体快速(大于2 m/s)接近自动门时,自动门打开不及时。

5)问题或类似问题的现有解决方案及其缺点

针对问题1:可以采用微波传感器替代人体红外传感器,缺点是传感器不能检测处于静止状态的人或物。当人在门口静止时,容易被夹到,甚至误伤。

针对问题2:提高门控电动机转速,加大自动门打开速度,从而减少开门时间,缺点是门速度过快容易引起误伤,危险性增大,并且增大了机械部件的磨损。

6)新系统的要求

提升系统灵敏性,使人体在任何方位接近自动门时都能实现自动开门。提高自动门反应灵敏性,减少识别误差。减少误动作,防止误伤人体。

8.4.2　问题分析

1. 功能分析

系统分析见表8-17。

表8-17　系统分析

制品	门
系统元件	人、人体红外传感器(含透镜)、控制系统、门控驱动器、电动机、传感器支撑
超系统元件	电源、其他物、光、墙

系统的功能模型如图8-45所示。

控制器的软件功能模型如图8-46所示。

2. 因果分析

应用因果链分析法确定产生问题的原因,如图8-47所示。

3. 冲突区域确定(问题关键点确定)

问题关键点1:传感器探测角度有限,使探测区域灵敏度有差异。

问题关键点2:电动机转速慢。

问题关键点3:控制策略缺陷。

4. 理想解分析

最终理想解:人体从任何角度、以任何速度接近自动门时,都能实现准确开门。

次理想解:提高识别灵敏度,在半径3 m范围内,人体以2 m/s的速度接近自动门时,自动

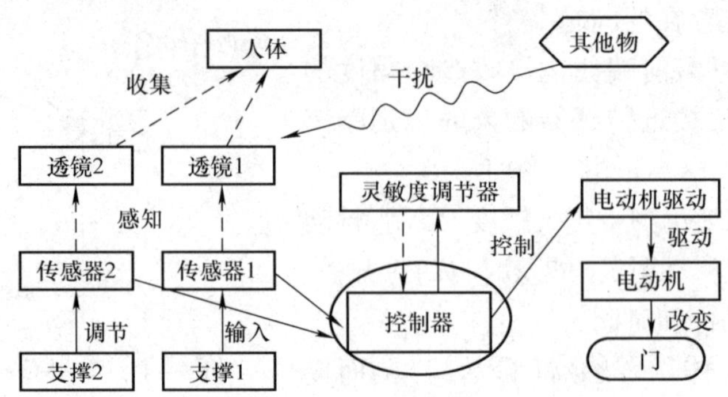

图 8-45　系统的功能模型

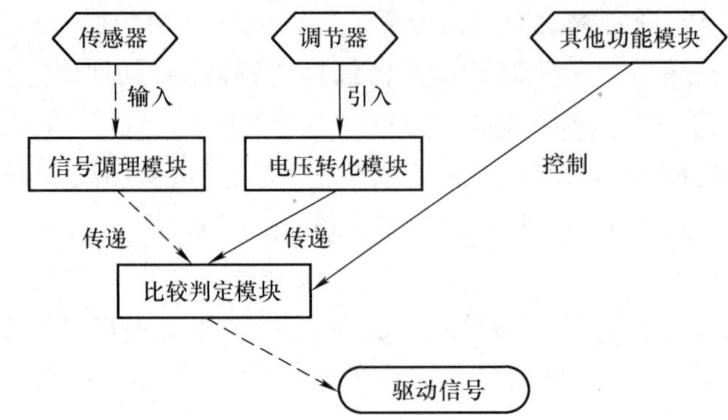

图 8-46　控制器的软件功能模型

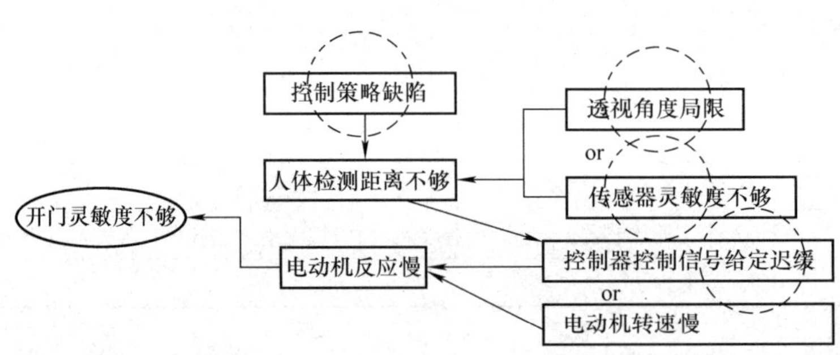

图 8-47　因果键分析

门能够打开;并且实现减少识别误差,减少误动作。

(1)设计的最终目的是什么?提高灵敏度、消除误动作。

(2)理想解是什么?提高识别灵敏度,使人体接近自动门时已经开门;识别人体接近意图,消除误动作。

(3)达到理想解的障碍是什么?探测手段不足、识别判定方法不足。

(4)出现这种障碍的结果是什么?有盲区、误动作。

依据理想解分析得到方案为:改进传感器探测模式,优化软件判定开门时间算法。

5. 可用资源分析

可用资源分析见表 8-18。

表 8-18 可用资源分析

类别	资源名称	可用性分析(初步方案)	
内部资源	物质资源	透镜	可改
		传感器	不变
		控制系统	可优化
		电动机	可改动
		门	可调节
		支撑	
	场资源	光	
		电	
		磁	
	其他资源		
外部资源	物质资源	支撑物	
	场资源	电磁	
		机械	
		光	
	其他资源		
超系统资源	物质资源	场所、人	
		地面	
		空间	
	场资源	光	
	其他资源		

8.4.3 问题求解

以"提升探测区域"为入手点解决问题。

工具 1:冲突解决理论。

技术冲突解决过程如下。

(1)冲突描述:为了减少红外门系统的"盲区范围",需要提升传感器灵敏度,但这样做会导致系统 误动作提升。

(2)转换成 TRIZ 标准冲突。

改善的参数:测量精度(No. 28)。

恶化的参数: 可靠性(No. 27)。

(3)查找冲突矩阵,得到的发明原理见表 8-19。

表 8-19 与冲突对应的发明原理

改善的参数	恶化的参数	对应的发明原理
测量精度	可靠性	5,11,1,23

方案 1 依据"分割"发明原理(No. 1)的第(1)条,将单侧传感器(含透镜)分割成两个,减小单传感器探测区域,从而实现减少盲区,提高感应灵敏度,如图 8-48 所示。

方案 2 依据"分割"发明原理(No. 1)的第(3)条,将单侧传感器(含透镜)分割成传感器和透镜,将单传感器的透镜增加为两个,成左右分布,将感应到的红外线折射给传感器感光元件,增大感光区域,从而减少感应盲区。如图 8－49 所示。

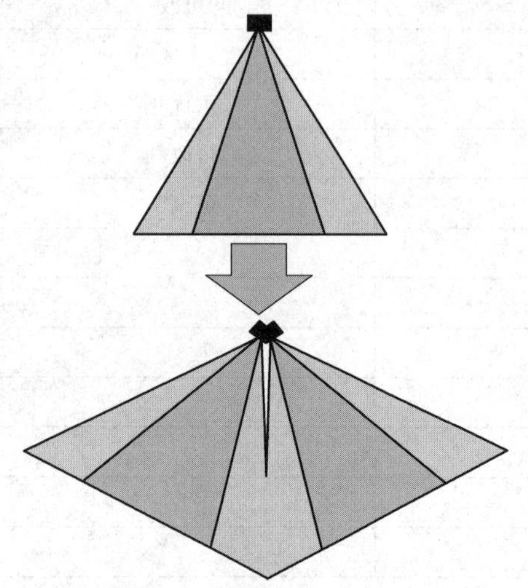

图 8－48　单例传感器分割成两个

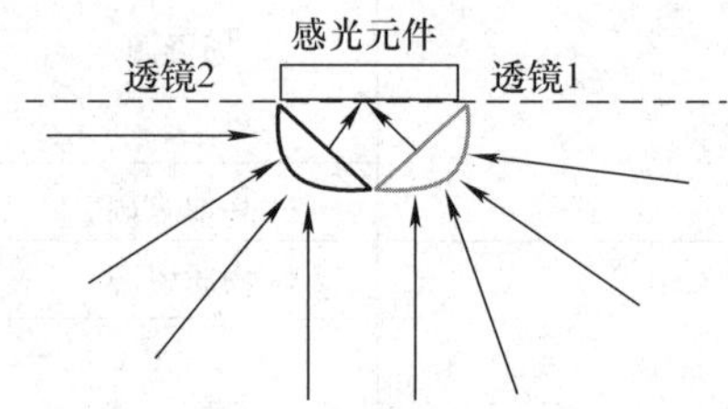

图 8－49　双透镜探测示意图

方案 3　依据“合并”发明原理(No. 5)的第(1)条,将系统两侧两个传感器合并成一个传感器,增加两侧透镜,将探测区域内红外线折射到传感器。如图 8－50 所示。

方案 4　依据“预补偿”发明原理(No. 11)的第(1)条,针对传感器对盲区红外感应弱,增加反射面,将原来盲区红外线反射到透镜。如图 8－51 所示。

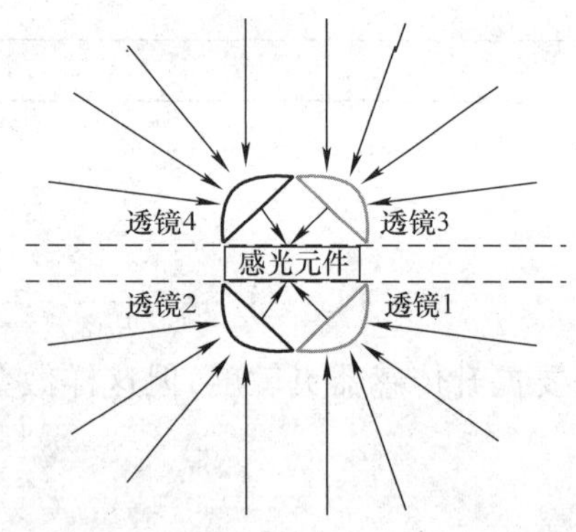

图 8－50　两侧两个传感器合并示意图

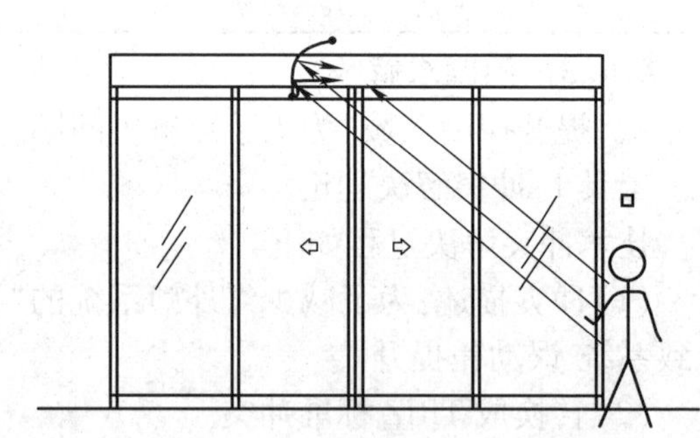

图 8－51　依据 No. 11 预补偿增加反射示意图

方案 5　依据“反馈”发明原理(No. 23)的第(1)条,针对传感器对盲区红外感应弱,增加传感器信号放大倍数,从而增大传感器探测区域。

物理冲突解决过程如下。

(1)冲突描述:为了“提高系统响应速度”,需要参数“传感器灵敏度调节器阈值电压”为“小”,但又为了“系统抗干扰性能”,需要参数“阈值电压”为“大,即阈值电压既要“大”又要“小”。

(2)选用四条分离原理(空间分离、时间分离、基于条件的分离、整体与部分分离)当中的“时间分离”原理,得到解决方案。

(3)查找与该分离原理对应的发明原理有“ No. 1,7,9,10,11,15,16,18,19,20,21 等”。

根据选定的发明原理，得到解决方案。

方案 1　依据“分割”发明原理（No. 1），得到解为：在探测人体时，降低传感器判定阈值电压，提前检测到人体经过；在判定电动机是否驱动时，提高阈值电压，保障系统稳定性。

传感器 ---F_0---> 人

图 8－52　物质－场模型

通过传感器信号变化强度，判定信号输出。

工具 2：物质－场分析及 76 个标准解。

（1）建立问题的物质－场模型，如图 8－52 所示。

（2）根据所建问题的物质－场模型，应用标准解解决流程（图 8－53），得到标准解。

该问题是检测/测量问题，应用第 4 类标准解得到：No. 44，No. 48。

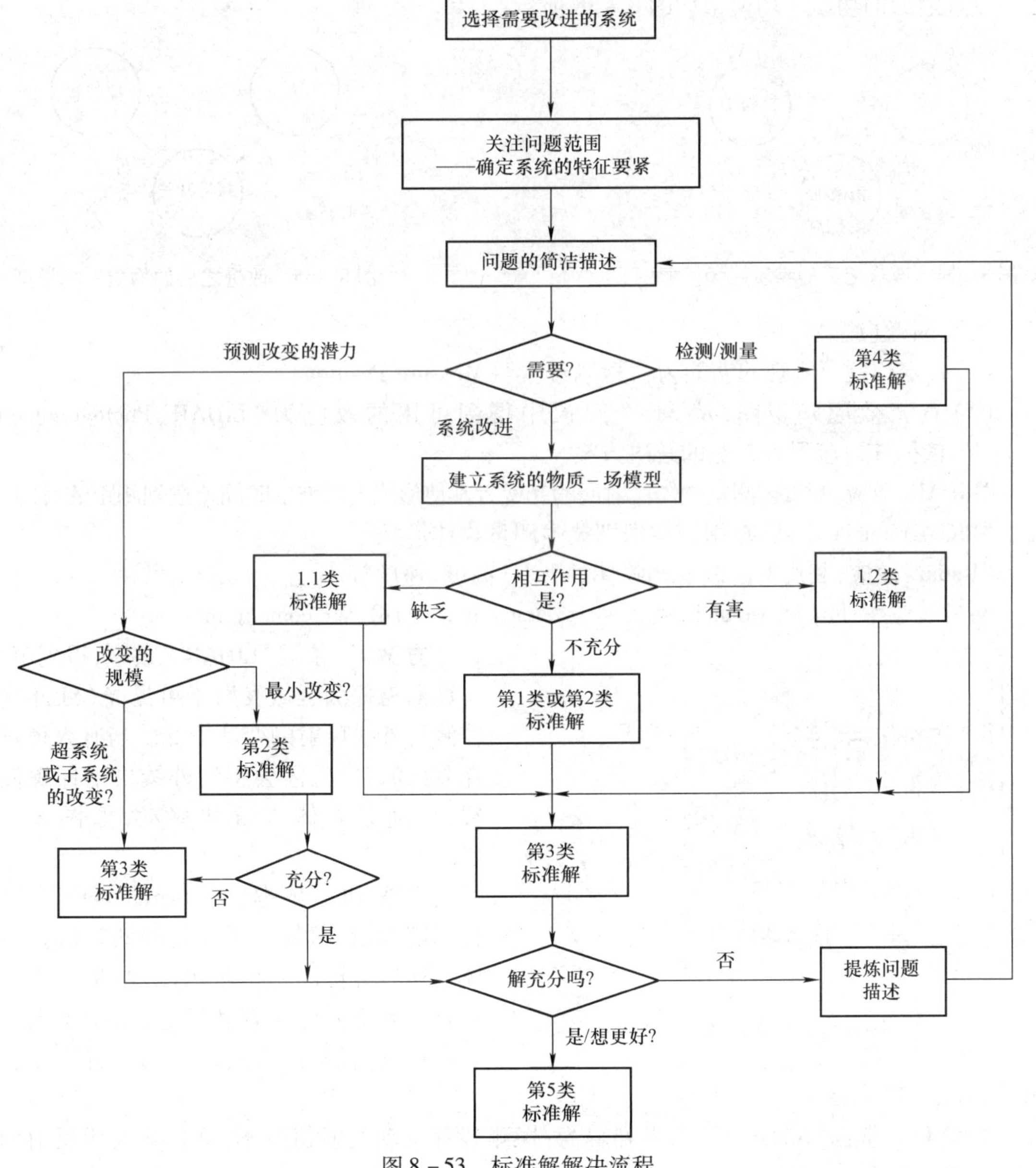

图 8－53　标准解解决流程

(3)依据选定的标准解,得到问题的解决方案。

No. 44 标准解为:假如 No. 43 不可能,测量一复制品或肖像。

方案 1 依据 No. 44 标准解,得到问题的解为:通过摄像机获取检测区域图像,通过图像处理分析人在图像中的位置,从而实现识别人体的目的。改进之后的物质 - 场模型如图 8 - 54 所示。

(4)依据选定的标准解,得到问题的解决方案。

No. 48 标准解为:在环境中增加附加物使其对系统产生场,检测或测量场对系统的影响。

方案 8 依据 No. 48 标准解,得到问题的解为:在环境中增加接近开关感受人体重力,从而产生电信号,控制器通过接收电信号识别人体接近。

改进之后的物质 - 场模型如图 8 - 55 所示。

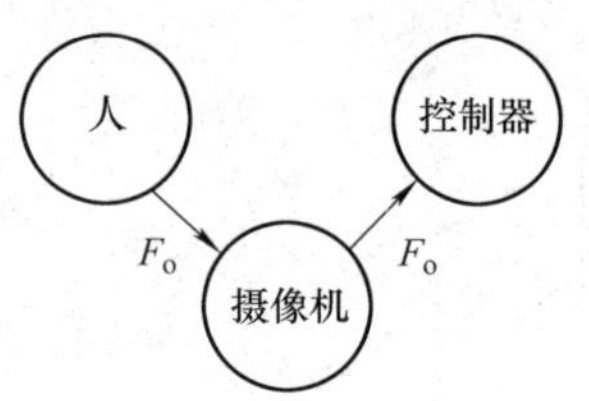

图 8 - 54 改进之后的物质 - 场模型

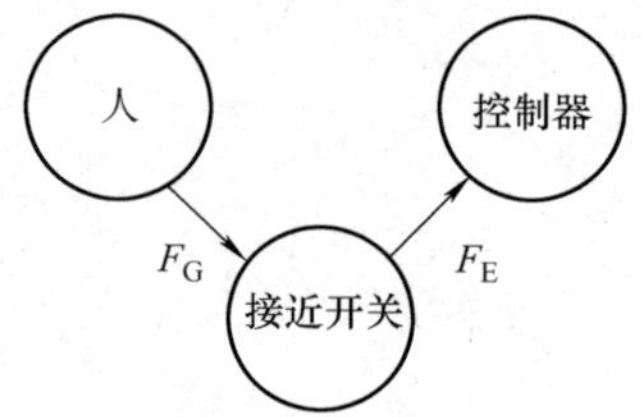

图 8 - 55 改进之后的物质 - 场模型

工具 3:效应。

(1)确定问题要实现的功能为:"检测位置"(Measure Position)。

(2)查找效应知识库,从 51 个建议中得到可用的效应为"LIDAR、Photogrammetry、Radar",依据该效应得到问题的解决方案。

"LIDAR"效应:测量被测量物体反射回的光或者其他形式电磁波的时间差达到测距的目的。

"Photogrammetry"效应:用图像识别技术测量物体形状。

"Radar"效应:利用电磁波检测物体的形状、高度、速度等。

网络效应库:http://wbam2244. dns - systems. net//EDB_Welcome. php。

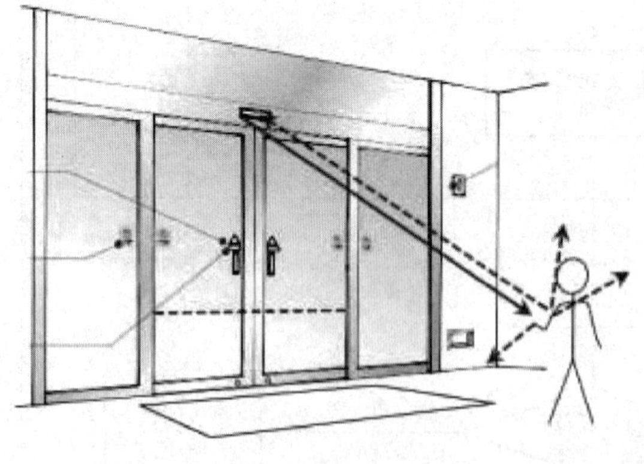

图 8 - 56 主动探测示意图

方案 9 依据"LIDAR"效应,得到解为:主动向需探测区域发射不可见光(红外线),监测红外线反射的变动情况。当有人体进入探测区域时,人体会将红外线反射回探测装置,来确定人体位置和移动,如图 8 - 56 所示。

方案 10 依据"Photogrammetry"效应,得到解为:利用基于图像处理的算法探测人体。通过分析广角摄像机图像,根据人体识别算法确定人体位置和姿态,来确定人体是否有通过门的意图,实现自动门打开或者关闭,如图 8 - 57 所示。

方案 11 依据"Radar"效应,得到解为:探测装置主动发射超声波,接收被人体反射回的超声波来确定人体位置和距离,如图 8 - 58 所示。

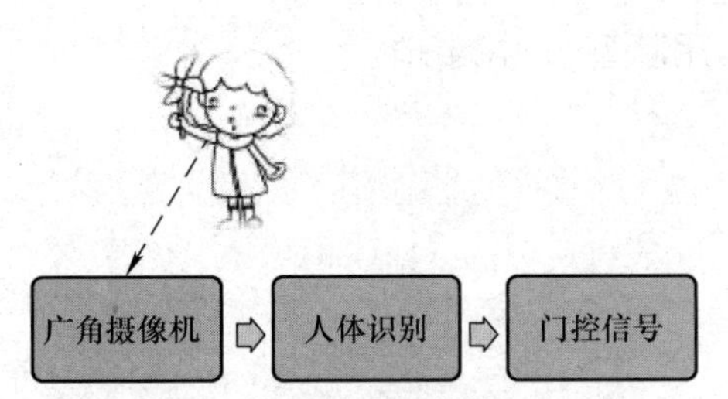

图 8－57　广角摄像机探测原理框图

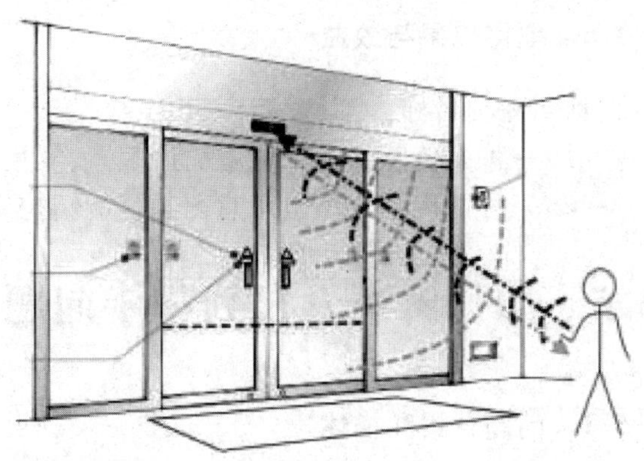

图 8－58　主动超声探测示意图

8.4.4　问题的解

方案汇总见表 8－19。

表 8－19　方案汇总

序号	方案	所用创新原理	可用性评估
1	将单侧传感器分割为两个	技术冲突 No. 1,1	可用☆☆☆
2	将单侧透镜增加为两个	技术冲突 No. 1,3	可用☆
3	合并两侧传感器为一个	技术冲突 No. 5,1	可用☆
4	增加反射面	技术冲突 No. 11,1	可用,增加超系统
5	增加传感器信号放大倍数	技术冲突 No. 23,1	不可用
6	分离判断用的阈值电压	物理冲突 No. 1	可用☆☆☆☆
8	在环境中(地面)增加电开关	物质－场模型 No. 48	不可用
9	使用主动红外线检测人体	效应 LIDAR	可用☆☆☆
10	使用图像处理技术检测人体	效应 Photogrammetry	可用☆☆☆
11	使用超声波检测人体	效应 Radar	可用☆☆☆

最终解为:在探测人体时,降低传感器判定阈值电压①,提前检测到人体经过;在判定电动机是否驱动时,提高阈值电压②,保障系统稳定性。通过传感器信号变化强度,判定信号输出。如图 8－59 所示。

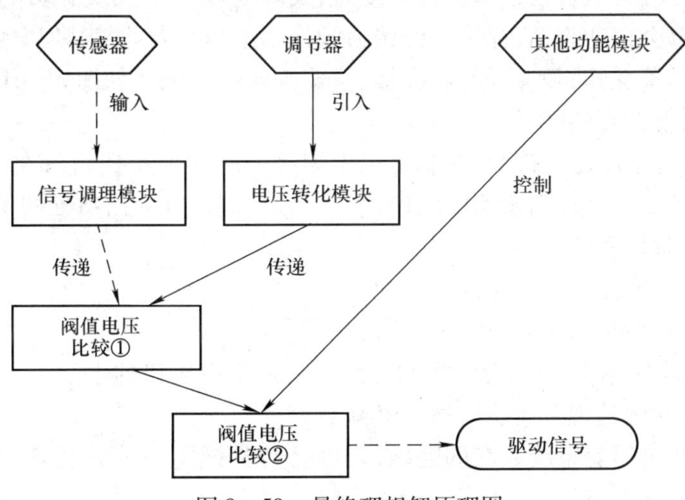

图 8－59　最终理想解原理图

8.4.5 取得成果与效益

预期专利名称：

(1)一种多传感器自动感应门控装置,实用新型,正在申请;

(2)一种能识别人体出入意图的智能门控系统,实用新型,正在申请。

8.5 如何解决盒尺划伤手问题

8.5.1 问题背景和描述

1. 问题的背景

图 8-60 盒尺

建筑施工领域用的盒尺(图 8-60),在实际使用中很容易划到手,主要原因如下:

(1)测量范围较长,尺带容易回折,方向难以预测;

(2)尺带的材质以金属为主;

(3)为了保证回卷的力量,发条弹簧的张力很大;

(4)金属材质质量大,边沿锋利。

2. 问题的描述

1)定义技术系统实现的功能

问题所在技术系统为:盒尺。

该技术系统的功能为:测量长度。

实现该功能的约束有:测量长度。成本 20 元,精度误差 1 mm,测量长度 5 m,周长 27 cm,厚度 4 cm。

2)现有技术系统的工作原理

盒尺里面装有发条弹簧,在拉出测量长度时,实际是拉长标尺及弹簧的长度,一旦测量完毕,卷尺里面的弹簧会自动收缩,标尺在弹簧力的作用下也跟着收缩,所以卷尺就会卷起来。

盒尺由外壳、尺条、制动开关、尺钩、提带、尺簧等构件构成。如图 8-61 所示。

3)当前技术系统存在的问题

盒尺由于测量的钢尺比较锋利,在右手拉出钢尺的时候左手握盒尺在钢尺出口处的手指容易被划伤;钢尺回缩的过程由于速度较快钢尺也容易划伤握在出口处的手指。

4)问题出现的条件和时间

依据上述当前系统存在的问题,需要说明以下内容:

(1)问题是否是在某一个特殊的条件下才发生;

(2)在测量过程中,在拉开或者回尺的时候容易划伤在出口的手。

5)问题或类似问题的现有解决方案及其缺点

在下面描述:针对当前系统存在的问题,是否已经尝试了一些方法来解决问题,这些方法有什么缺点。

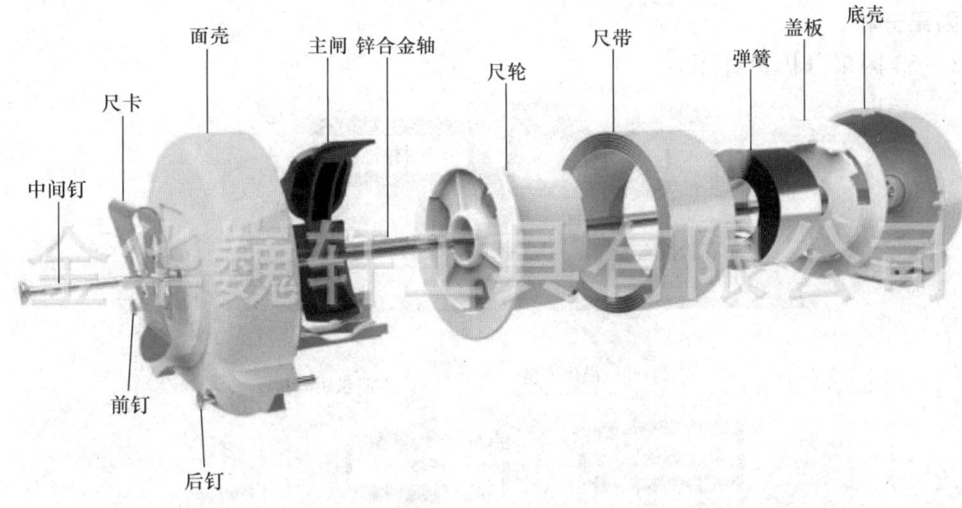

图 8-61　盒尺构成

(1)激光测量尺,误差在 ±3mm 误差,误差较大,体积较大携带不便;

(2)皮卷尺盒尺,体积较大,误差较大,尺带受温度影响,操作需两人共同完成。

6) 新系统的要求

(1)测量建筑物或房间或其他物体的长度、宽度或者高度,测量距离为 5m;

(2)在测量的过程不易划伤手;

(3)成本控制在 20 元以内;

(4)测量精度误差不超过 1mm;

(5)为携带方便,周长不超过 27cm,厚度不超过 4cm。

8.5.2　问题分析

1. 功能分析

系统分析见表 8-20。

表 8-20　系统分析

制品	被测量物
系统元件	钢尺带、回尺簧、空心轴、外壳、制动开关
超系统元件	人

建立已有系统的功能模型如图 8-62 所示。

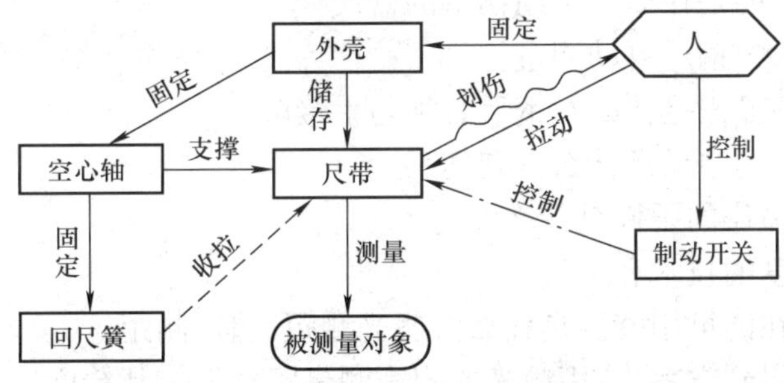

图 8-62　系统的功能模型

2. 因果分析

图 8－63 因果分析鱼骨图。

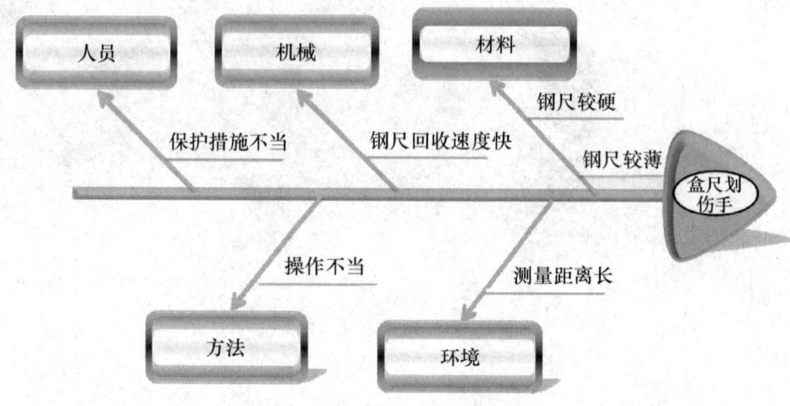

图 8－63　因果分析鱼骨图

应用因果链分析法确定产生问题的原因,如图 8－64 所示。

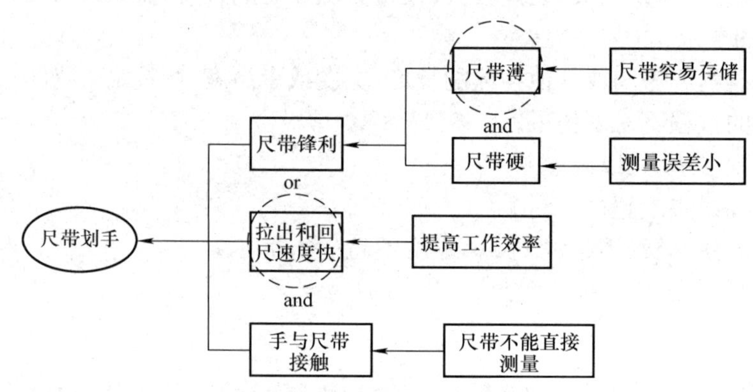

图 8－64　因果链分析

3. 冲突区域确定(问题关键点确定)

问题关键点 1:钢尺较薄。

问题关键点 2:拉伸和回尺速度快。

4. 理想解分析

(1)设计的最终目的是什么？不划伤手的盒尺。

(2)理想解是什么？钢尺自动测量。

(3)达到理想解的障碍是什么？钢尺必须与手接触。

(4)出现这种障碍的结果是什么？划伤手。

(5) 不出现这种障碍的条件是什么？

一种自动测量长度的技术和工具。

创造这些条件存在的可用资源是什么？激光测距,超声测距。

依据理想解分析得到方案为:用激光或超声测量距离但使其精度控制在 1 mm。

5. 可用资源分析

可用资源分析见表 8－21。

表 8－21　可用资源分析

类别		资源名称	可用性分析(初步方案)
内部资源	物质资源	回尺簧	
		尺带	
	场资源	外壳	
	其他资源	机械场	
外部资源	物质资源	柔性材料	
	场资源	机械场	
	其他资源		
超系统资源	物质资源		
	场资源		
	其他资源	人	

8.5.3　问题求解

1. 问题 1——以“钢尺较薄”为入手点解决问题

工具 1:冲突解决理论。

技术冲突解决过程如下。

(1)冲突描述:为了减小盒尺中尺带系统的“锋利性”,需要增加尺带厚度,但这样做会导致系统尺带的弯折不便,导致体积增大,成本增加。

(2)转换成 TRIZ 标准冲突。

改善的参数:物体产生的有害因素(No. 30)。

恶化的参数:静止物体体积(No. 8)、物质损失(No. 23)、可操作性(No. 33)。

(3)查找冲突矩阵,得到发明原理,见表 8－22。

表 8－22　问题 1 对应的发明原理

改善的参数	恶化的参数	对应的发明原理
物体产生的有害因素	物质损失	1
物体产生的有害因素	静止物体体积	4
物体产生的有害因素	物质损失	10
物体产生的有害因素	静止物体体积	18
物体产生的有害因素	静止物体体积	30
物体产生的有害因素	物质损失	34
物体产生的有害因素	静止物体体积	35

方案 1　依据“预操作”(No. 10)发明原理,在操作开始前,使物体局部或全部产生所需的变化;预先对物体进行特殊安排,使其在时间上有准备,或已处于易操作的位置。得到解为:制作专用手套用来保护手指,在测量前先戴上。

方案 2　依据“柔性壳体或薄膜”发明原理(No. 30)用柔性壳体或薄膜代替传统材料,得到解为:将钢尺材料改为PET聚酯材料,此材料耐疲劳性、耐摩擦性、尺寸稳定性都很好,可代替原钢尺带。如图8-65所示。

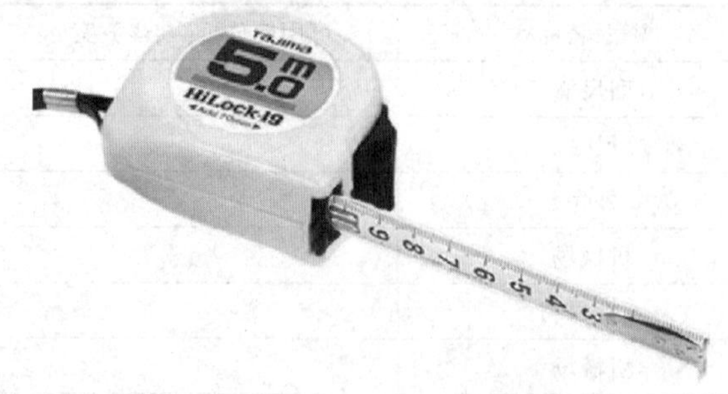

图8-65 包裹钢尺边缘改进

方案3 依据"柔性壳体或薄膜"发明原理(No.30),钢尺边缘包裹一层薄的柔性材料。

物理冲突解决过程如下。

(1)冲突描述:为了"避免划伤手",需要参数"卷尺厚度"为"厚",但又为了"携带方便",需要参数"卷尺的厚度"为"薄",即,卷尺的厚度某个参数既要"厚"又要"薄"。

(2)选用四条分离原理(空间分离、时间分离、基于条件的分离、整体与部分分离)当中的"基于条件的分离"原理,得到解决方案。

方案4 空间分离:元件的某一部分有特性 P,另一部分有特性 $-P$,在空间上分离这两部分。

解决方案:将尺带设计成边缘厚,中间薄,外壳也根据钢尺进行设计。

方案5 基于条件的分离:在某一条件,元件具有特性 P,在另外一条件,该元件具有特性 $-P$,按条件分离 P 与 $-P$。

解决方案:改造外壳,在钢尺拉出头的位置加一段悬挑出来的头。如图8-66所示。

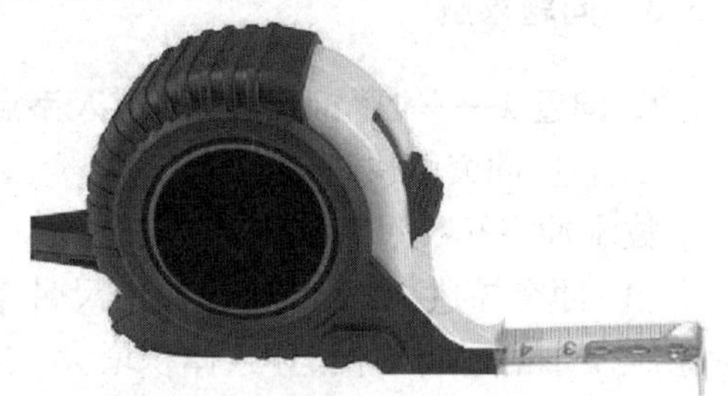
图8-66 外壳增加缓冲段

工具2:物质-场分析及76个标准解。

(1)建立问题的物质-场模型,如图8-67所示。

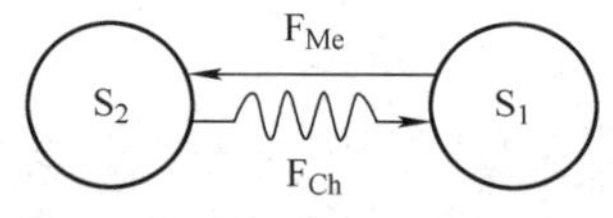

图8-67 物质-场模型

(2)根据所建问题的物质-场模型,应用标准解解决流程,得到标准解为:No.1.2.1,No.1.2.2,No.1.2.3,No.1.2.4。

(3)依据选定的标准解,得到问题的解决方案。

No.1.2.1标准解为:当前设计中同时存在有用和有害作用,S_1 和 S_2 不必直接接触,引入 S_3 消除有害作用。

方案6 依据No.9标准解,得到问题的解为:给钢尺带保护套(减小锐度)、拉出时会同时带出一截保护套,回收最后时此段保护套同时缩回。

改进之后的物质-场模型如图8-68所示。

2. 问题2——以"钢尺拉收速度快"为入手点解决问题

工具1:冲突解决理论。

物理冲突解决过程。

(1)冲突描述:为了"避免划伤手",需要参数"速度"为"慢",但又为了"提高工作效率",需要参数"速度"为"快",即卷尺的速度某个参数既要"快"又要"慢"。

(2)选用四条分离原理(空间分离、时间分离、基于条件的分离、整体与部分分离)当中的"基于条件的分离"原理,得到解决方案。

方案7 基于条件的分离:在某一条件下,元件具有特性 P,在另一条件,该元件具有特性 $-P$,按条件分离 P 与 $-P$。

解决方案:在钢尺的出口处加一个装置,使其在拉出时摩擦力小,速度快;在回尺时摩擦力大,速度慢。

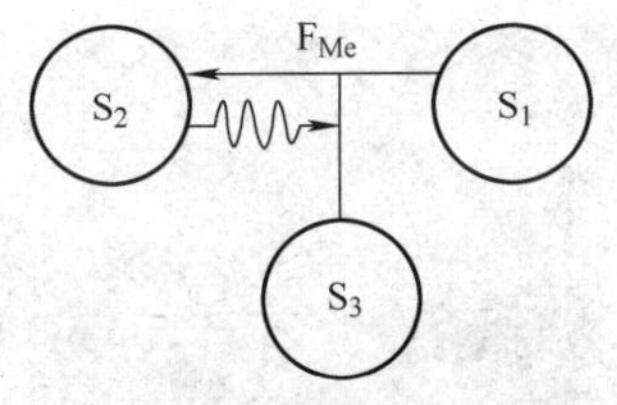

图8-68 改进之后的物质-场模型

S_2—尺带;S_1—手指;S_3—保护套

8.5.4 问题的解

上述方案汇总见表8-23。

表8-23 方案汇总

序号	方案	所用创新原理	可用性评估
1	制作专用手套用来保护手指,在测量前先戴上	发明原理 No. 10	
2	将钢尺材料改为PET聚酯材料,此材料耐疲劳性、耐摩擦性、尺寸稳定性都很好,可代替原钢尺带	发明原理 No. 30	
3	将钢尺边缘包裹一层薄的柔性材料	柔性壳体或薄膜发明原理 No. 30	
4	将尺带设计成边缘厚,中间薄,外壳也根据钢尺进行设计	空间分离	
5	改造外壳,在钢尺拉出头的位置加一段悬挑出来的头	基于条件的分离	
6	给钢尺带保护套(减小锐度)、拉出时会同时带出一截保护套,回收最后时此段保护套同时缩回	当前设计中同时存在有用和有害作用,S_1 和 S_2 不必直接接触,引入 S_3 消除有害作用	
7	在钢尺的出口处加一个装置,使其在拉出时摩擦力小,速度快;在回尺时摩擦力大,速度慢	基于条件的分离	

最终解为:在钢尺的出口处加一个装置,使其在拉出时摩擦力小,速度快;在回尺时摩擦力大,速度慢。

8.6 儿童书写姿势矫正装置

8.6.1 问题背景和描述

1. 问题的背景

儿童如果书写姿势不正确(图8-69)则直接影响书写的质量与速度,必然制约儿童今后写字水平的提高。4~8岁的儿童正处在学习写字初期,如果写字姿势不正确,容易造成脊椎弯曲,右手发育不良甚至畸形等后果;坐姿歪斜、弯腰曲背,会造成眼睛离书和作业本距离太近,眼睛斜视或视角不正,眼球长期调整过度,形成近视,这些不良习惯影响学生的身体发育,不及时矫治,还可能引发一系列负面影响。

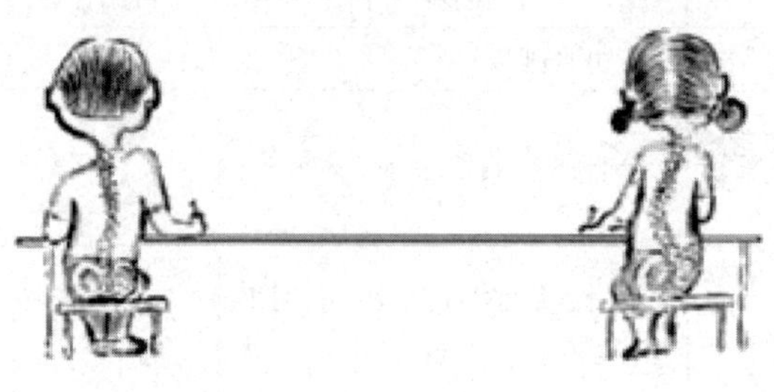

图 8 - 69　儿童不正确的书写姿势

2. 问题的描述

1)定义技术系统实现的功能

问题所在技术系统为:儿童书写姿势矫正装置。

该技术系统的功能为:预防、矫正。

实现该功能的约束有:儿童的身高(90 ~ 120 cm)、书桌高(60 ~ 90 cm)。

2)现有技术系统的工作原理

现有的书写姿势矫正器,不用托下巴,让孩子自然抬头,底部采用高精密防滑垫,不采用螺纹固定,桌子厚度,桌子有抽屉都不受影响,都可直接放上使用,用写字板上的夹子固定纸,写字板没有固定在桌上,容易移动;采用握笔器可以矫正握笔姿势,将握笔器套筒拿在手上,另一只手用旋转的方法将笔插入笔筒,将笔插入笔筒后,调整到合适位置。如图 8 - 70 所示。

3)当前技术系统存在的问题

技术问题 1:现有的握笔姿势矫正器只矫正手指与笔尖的距离,很多儿童写字时会把整个手腕扭转,笔朝向自己。

解决方案:设计一种阻止手腕扭转的装置,在不知不觉中起到矫正书写姿势的目的。

技术问题 2:现有的坐姿矫正器只矫正前胸、手臂、眼睛与书本的相对位置,如图 8 - 71 所示。有些孩子习惯写字时跷二郎腿,目前没有矫正腿部的装置

解决方案:设计一种书写时矫正腿部位置的装置。

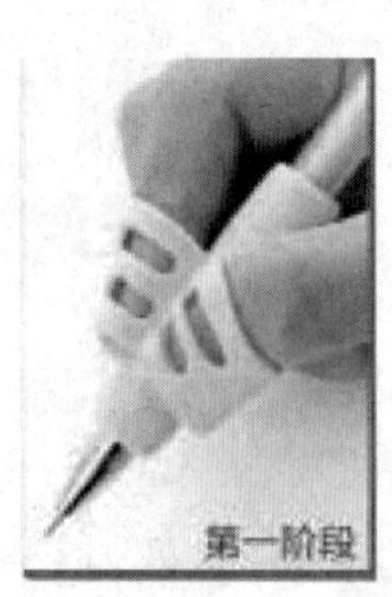

图 8 - 70　将手插入笔筒

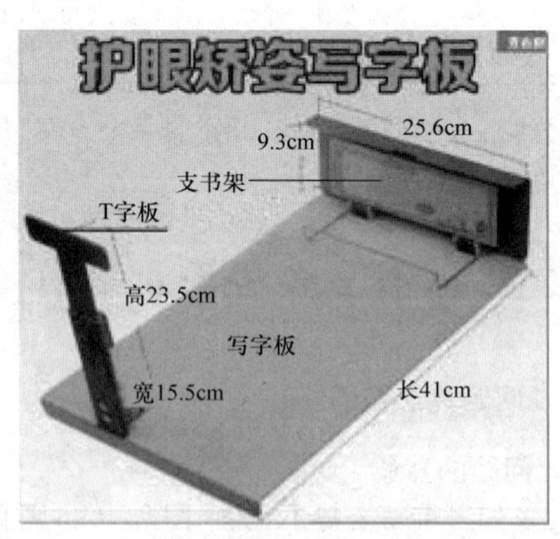

图 8 - 71　护眼矫姿写字板

技术问题 3:目前,大部分只是矫正握笔姿势的器具,针对纸张摆放位置的矫正装置极少,很多儿童写字时纸张总是倾斜向一边。

解决方案:设计一种矫正纸张摆放位置的装置。

4)问题出现的条件和时间

在教室里上课、在书桌上写作业的时候,在儿童读书、写字的时候。

5)问题或类似问题的现有解决方案及其缺点

将书写板的背面粘贴双面胶,固定在书桌上,使用一段时间后,双面胶黏度下降,无法固定在书桌上。

6)新系统的要求

手腕矫正装置根据儿童的手臂、手掌尺寸可调。纸张矫正装置根据书桌的尺寸可调,腿部矫正装置根据腿的长短可调。

8.6.2　问题分析

1. 功能分析

系统分析见表 8－24。

表 8－24　系统分析

制品	书桌、纸、书、笔
系统元件	握笔器、夹子、T 字板、支书架、平板
超系统元件	人、地面

建立已有系统的功能模型,如图 8－72 所示。

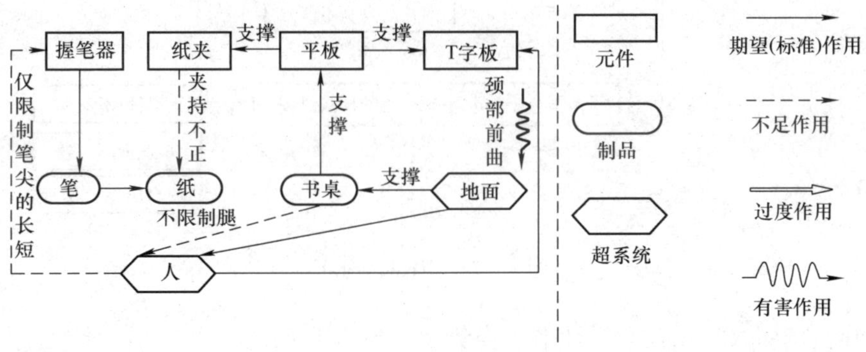

图 8－72　系统整体功能模型

2. 因果分析

见图 8－73 的因果分析鱼骨图。

应用因果链分析法确定产生问题的原因,如图 8－74 所示。

3. 冲突区域确定(问题关键点确定)

问题关键点 1:握笔器只能矫正笔尖距离手指的距离,手腕扭转时,无法调节。

问题关键点 2:纸夹只能夹持纸张,无法调节纸张相对于书桌的平行度和垂直度。

问题关键点 3:腿部位置无法调节。

4. 理想解分析

最终理想解:不使用矫正器,学生自发矫正书写姿势。

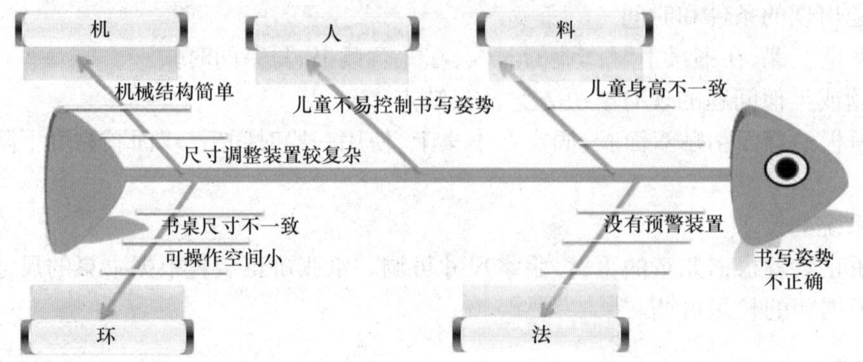

图 8－73　因果分析鱼骨图

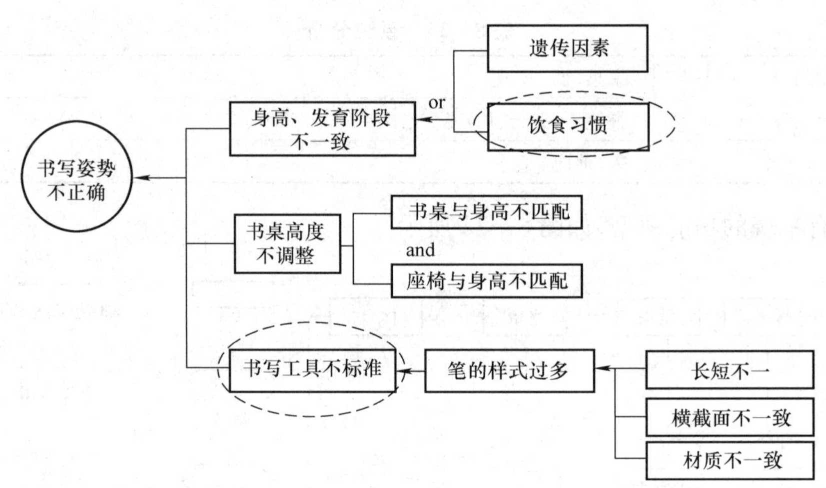

图 8－74　因果链分析

次理想解:按照人机工程学设计书写姿势矫正器。

(1)设计的最终目的是什么?矫正儿童不正确的书写姿势。

(2)理想解是什么?让儿童自发形成正确的书写姿势。

(3)达到理想解的障碍是什么?儿童身高、书桌尺寸不一致。

(4)出现这种障碍的结果是什么?不能按照标准矫正书写姿势。

(5)不出现这种障碍的条件是什么?创造这些条件存在的可用资源是什么?按照儿童身高划分系列,按照书桌大小划分系列。

依据理想解分析得到方案为:把矫正器设计成尺寸可调节的装置。

5. 可用资源分析

可用资源分析见表 8－24。

表 8－24　可用资源分析

	类别	资源名称	可用性分析(初步方案)
内部资源	物质资源	纸夹	将纸夹与平移机构设计成一体式结构
	场资源		
	其他资源	机械能	机构运动
外部资源	物质资源	书桌	书桌的高低适宜
		书本、纸张	与安装的夹子的大小匹配
	场资源	重力场	
	其他资源		
超系统资源	物质资源	人	使用矫正器
	场资源	地面(重力场)	地面支撑书桌
	其他资源		

8.6.3　问题求解

1. 问题 1——以“矫正写字姿势”为入手点解决问题

工具 1:冲突解决理论。

技术冲突解决过程如下。

(1)冲突描述:为了达到系统的“手腕矫正功能”,需要增加弯曲机构,但这样做会导致系统的约束过多。

(2)转换成 TRIZ 标准冲突。

改善的参数:形状(No. 12)。

恶化的参数:时间损失(No. 25)。

① 冲突描述:为了达到系统的“纸张矫正功能”,需要三连杆矫正机构,但这样做会导致系统的更加复杂,成本提高。

(2)转换成 TRIZ 标准冲突。

改善的参数:运动物体的长度(No. 3)。

恶化的参数:装置的复杂性(No. 36)。

(1)冲突描述:为了达到系统的“腿部矫正功能”,需要变更机构垂直方向的高度 ,但这样做会导致系统的更加复杂,成本提高。

(2)转换成 TRIZ 标准冲突。

改善的参数:力(No. 10)。

恶化的参数:能量损失(No. 22)。

(3)查找冲突矩阵,得到如下发明原理,见表 8－25。

表 8－25　问题 1 对应的发明原理

改善的参数	恶化的参数	对应的发明原理
形状	时间损失	14,10,34,35
运动物体的长度	装置的复杂性	1,19,26,24
力	能量损失	14,15

方案 1 依据"曲面化"发明原理(No. 14)的第(1)条,得到解:将约束部分换为球形。如图 8 - 75 所示。

方案 2 依据"中介物"发明原理 No. 24 的第(1)条"使用中介物传递某一物体或某一种中间过程,",得到解为:采用三连杆机构传递运动,如图 8 - 76 所示。

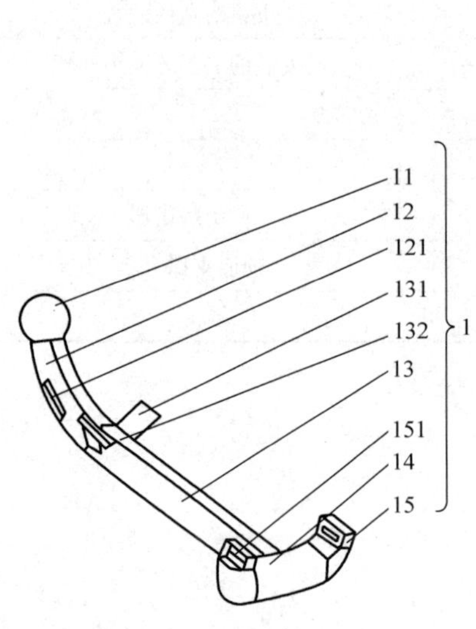

图 8 - 75 约束部分换为球形

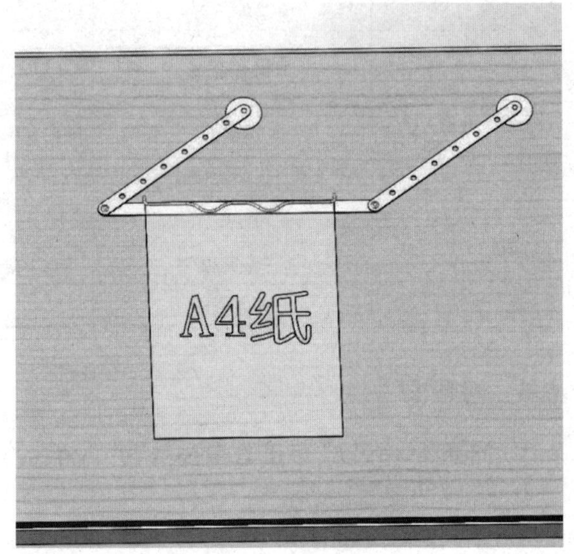

图 8 - 76 采用三连杆机构

方案 3 依据"动态化"发明原理(No. 15)的第(3)条"如果一个物体是静止的,使之变为可变的",得到解为:增加螺旋机构,使之可以调节尺寸,如图 8 - 77 所示。

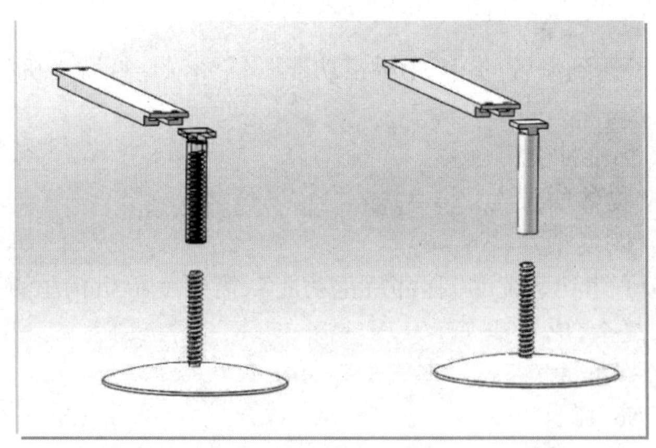

图 8 - 77 增加螺旋机构

方案 4 依据"曲面化"发明原理(No. 14),得到解为:将腿部约束机构变为圆盘形,如图 8 - 78 所示。

物理冲突解决过程如下。

(1)冲突描述:为了"有效矫正写字姿势",需要参数"形状"为"复杂",但又为了"容易操作",需要参数"形状"为"简单",即某个参数既要"复杂"又要"简单"。

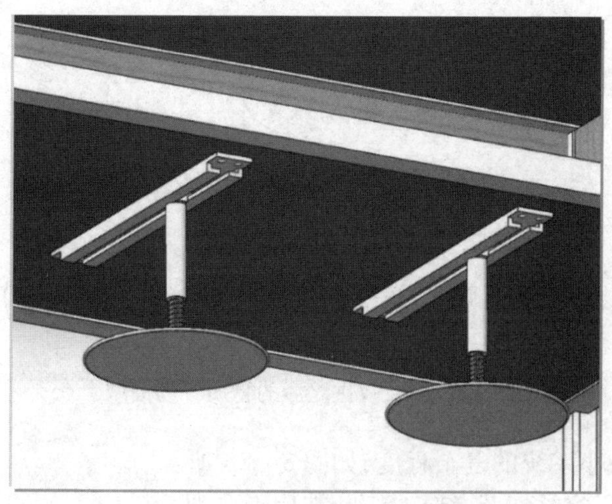

图8-78　腿部约束机构变为圆盘

(2)选用四条分离原理(空间分离、时间分离、基于条件的分离、整体与部分分离)当中的“基于条件的分离”原理,得到解决方案。

方案5　当需要矫正手腕姿势时,安装手腕矫正器

方案6　当需要矫正纸张位置时,安装纸张矫正器。

方案7　当需要矫正腿部姿势时,安装腿部矫正器

工具2:物质-场分析及76个标准解。

(1)建立问题的物质-场模型,如图8-79所示。

(2)根据所建问题的物质-场模型,应用标准解解决流程,得到标准解为:No.3(1.1.3)系统不能改变,但允许使用一个永久或暂时的外部附加成分S_3改变S_1或S_2。

(3)依据选定的标准解,得到问题的解决方案。

No.3(1.1.3)标准解为:系统不能改变,但允许使用一个永久或暂时的外部附加成分S_3改变S_1或S_2。

方案8　依据No.3(1.1.3)标准解,得到问题的解为:用手腕矫正器矫正书写时手腕的位置。

改进之后的物质-场模型如图8-80所示。

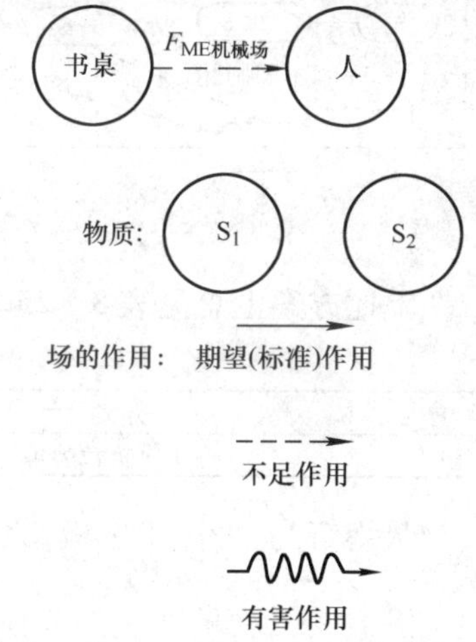

图8-79　物质-场模型

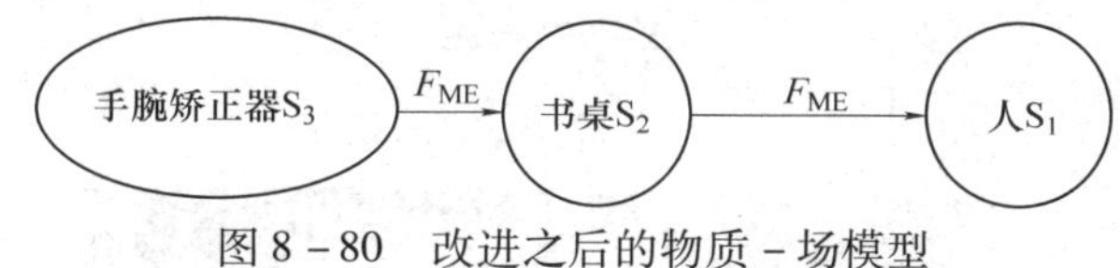

图8-80　改进之后的物质-场模型

方案9　依据No.3(1.1.3)标准解,得到问题的解为:用纸张矫正器矫正书写时纸张的正确位置。

改进之后的物质-场模型如图8-81所示。

方案10　依据No.3(1.1.3)标准解,得到问题的解为:用腿部矫正器矫正书写时腿的正确的位置。改进之后的物质-场模型如图8-82所示。

工具3:裁剪。

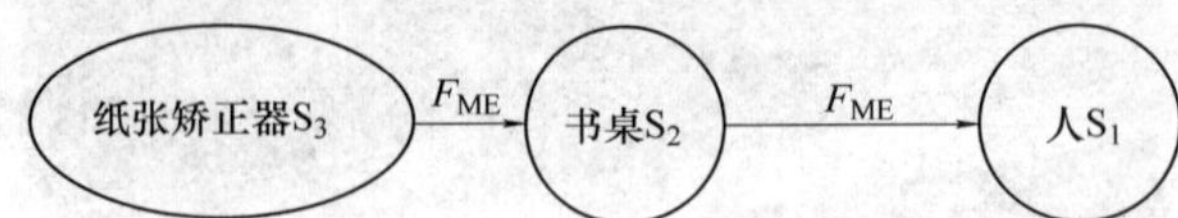

图 8－81　改进之后的物质－场模型

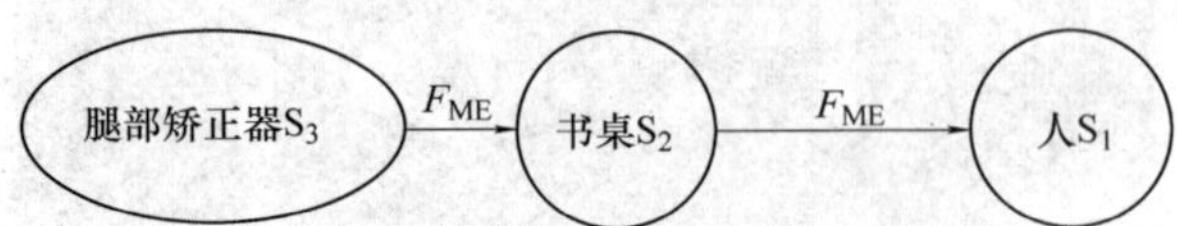

图 8－82　改进之后的物质－场模型

将丁字板剪裁，减小系统的复杂程度，如图 8－83 所示。

理由：长时间书写，容易疲劳，结构复杂，结构不合理。

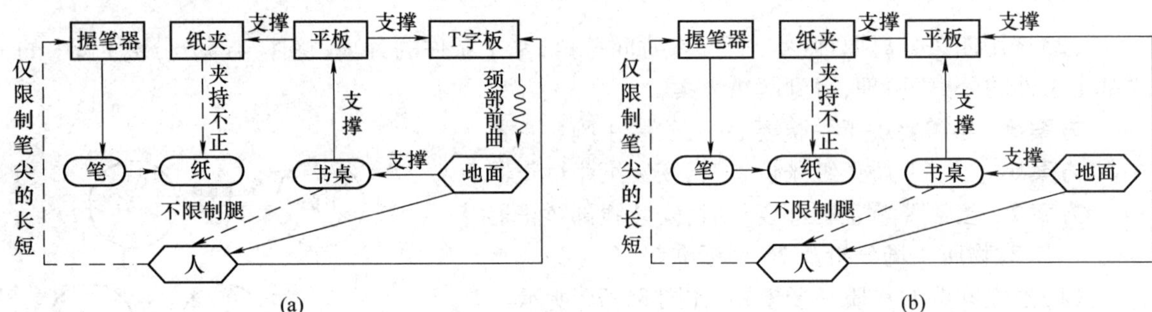

图 8－83　将 T 字板剪裁

上述方案汇总见表 8－25。

表 8－25　步骤汇总

序号	方案	所用创新原理	可用性评估
1	将 T 字板裁剪掉	发明原理 No. 28	

最终解为：去掉 T 字板，完善手腕、纸张、腿部矫正装置。如图 8－84 所示。

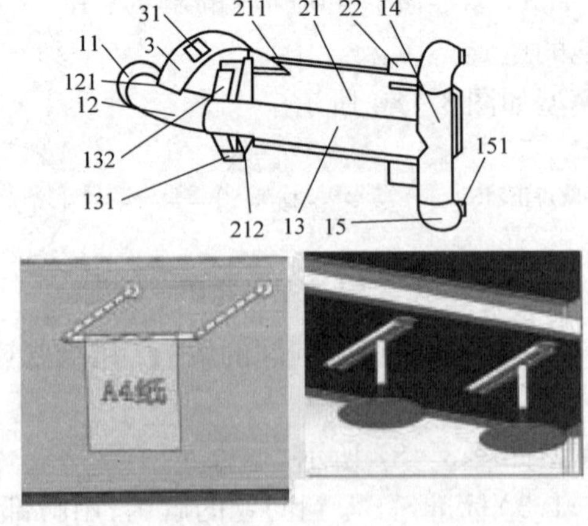

图 8－84　去掉 T 字板

8.6.5 取得成果与效益

专利名称:拟报两种实用新型专利(一种儿童书写纸张矫正器、一种儿童书写腿部矫正器)。

其他成果:无。

已取得效益或实施情况:已申报实用新型专业一项(一种儿童书写手腕矫正器)。

预期效益:专利转化为产品。

8.6.6 创新课题与创新成果

已完成创新课题汇总见表8-26。

表8-26 已完成创新课题汇总

序号	课题名称	技术创新方法	课题简介	取得成果
1	儿童书写姿势矫正装置	TRIZ理论:物理冲突、技术冲突、裁剪	结构完善,性能优化	实用新型专利一项

8.7 提高乙酰水杨酸的产量

8.7.1 问题背景和描述

1. 问题的背景

乙酰水杨酸即阿司匹林(Aspirin),为一种解热止痛药物,有报道表明,人们正在发现它的某些新功能。

阿司匹林是由水杨酸(邻羟基苯甲酸)与乙酸酐进行酯化反应而得的。水杨酸分子中的羧基与酚羟基之间形成分子内氢键,阻碍了酚羟基的酰化。为了使酰化反应顺利进行,常加入浓硫酸或磷酸将氢键破坏,如图8-85所示。

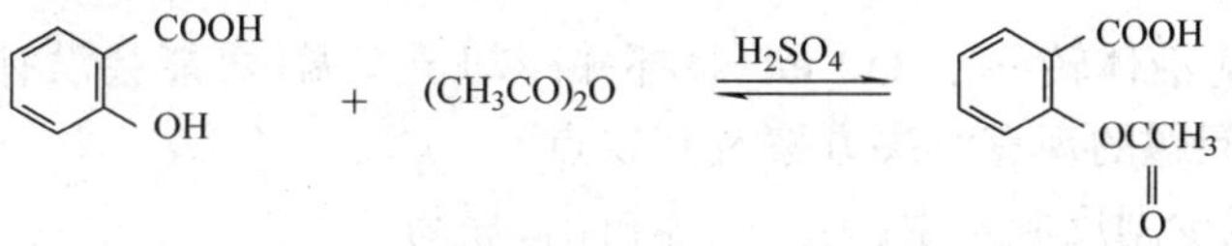

$$C_6H_4(COOH)(OH) + (CH_3CO)_2O \xrightleftharpoons{H_2SO_4} C_6H_4(COOH)(OCOCH_3)$$

图8-85 反应式

2. 问题的描述

1)定义技术系统实现的功能。

问题所在技术系统为:乙酰水杨酸制备实验。

该技术系统的功能为:制备乙酰水杨酸。

实现该功能的约束有:催化剂、水浴加热、药品的量取。

2)现有技术系统的工作原理

水杨酸是一个双官能团化合物,它既是酚又是羧酸,因此它能进行两种不同的酯化反应,它可与醇反应,乙酸酐存在下,形成乙酰水杨酸(阿司匹林),而在过量甲醇存在下,产品则是

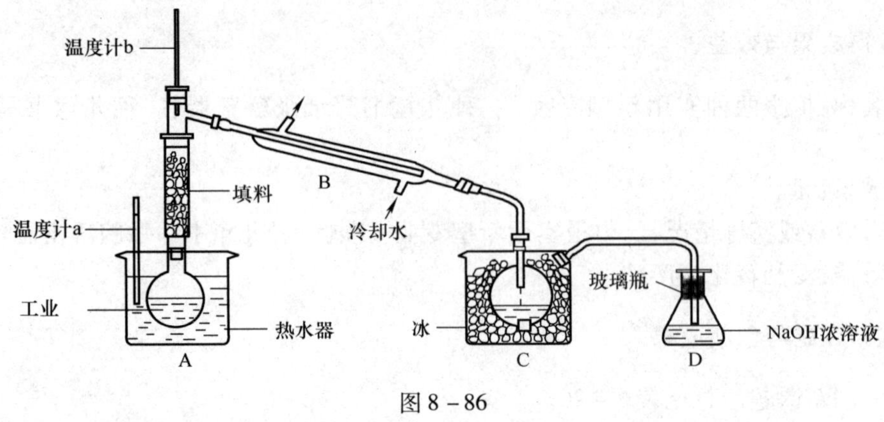

图 8－86

水杨酸甲酯(冬青油)。用水杨酸与乙酸酐反应制备乙酰水杨酸，图 8－87 所示。

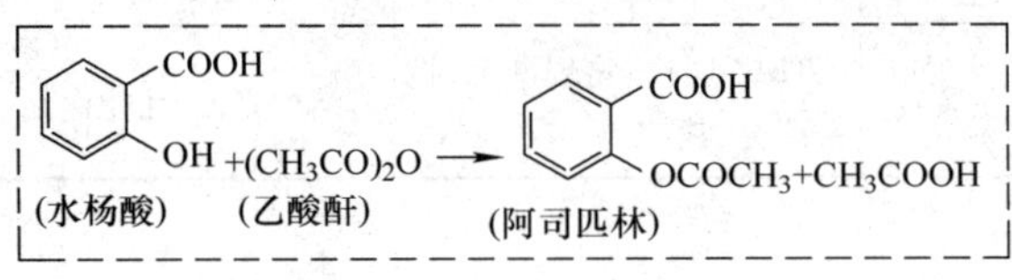

图 8－87　制备乙酰水杨酸

3)当前技术系统存在的问题

药品的量取存在实验浪费和误差问题。

浓硫酸作为催化剂，存在健康危害、环境危害及燃爆危险。

水浴加热，温度不易掌握，易造成产率低。

4)问题出现的条件和时间

称取水杨酸 1.98 g 于锥形瓶(150 mL)；在通风条件下用吸量管取乙酸酐 5 mL，加入锥形瓶进行反应。

滴入 5 滴浓硫酸，摇动使固体全部溶解，盖上带玻璃管的胶塞，在事先预热的水浴中加热约 10～15 min。

水浴装置将反应液体转移至 250 mL 烧杯并冷却至室温(可能会没有晶体析出)。

5)问题或类似问题的现有解决方案及其缺点

若用 3 mL 可减少副反应发生，易于晶体析出，提高产率。

n(水杨酸)：n(乙酸酐)＝1：(2～3)较为合适。

浓硫酸用量要控制($V<0.2$ mL)，浓硫酸作用在于破坏水杨酸分子内氢键，降低反应温度(150～160 ℃)到 85～90 ℃，避免高温副反应发生，提高产品纯度、产率。

冷却时搅拌要激烈，否则会析出块状物，影响后续实验。

6)新系统的要求

控制好反应温度(85～90 ℃)，否则温度过高将增加副产物的生成。

8.7.2　问题分析

1. 功能分析

系统分析见表 8－27。

表 8－27　系统分析

制品	乙酰水杨酸
系统元件	水杨酸、乙酸酐、浓硫酸、圆底烧瓶、结晶物、冰水、抽滤瓶、移液管、天平
超系统元件	烧杯、温度计、酒精灯、烘箱、玻璃棒

建立已有系统的功能模型，如图 8－88 所示。

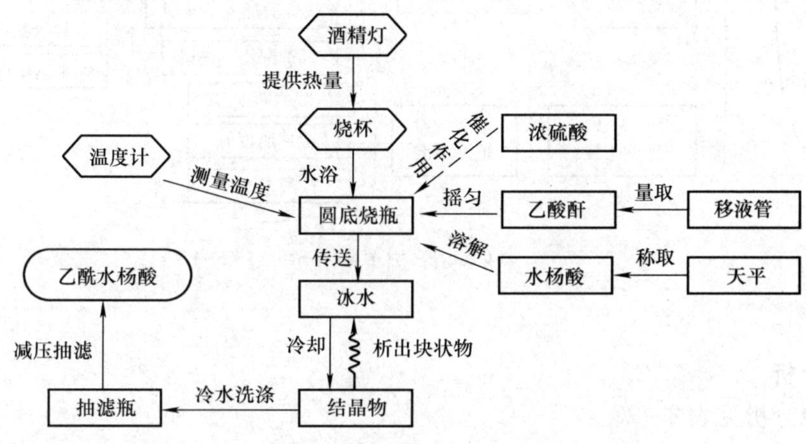

图 8－88　系统整体功能模型

2. 因果分析

图 8－89 为因果分析鱼骨图。

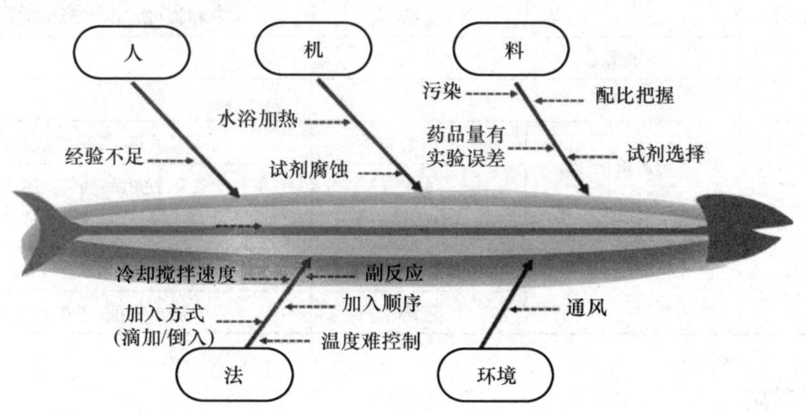

图 8－89　因果分析鱼骨图

应用因果链分析法确定产生问题的原因，如图 8－90 所示。

3. 冲突区域确定（问题关键点确定）

问题关键点 1：实验试剂用量的准确性。

问题关键点 2：反应温度的控制。

4. 理想解分析

最终理想解：增加产率、减产副产物。

次理想解：减少药品浪费、实验过程安全环保。

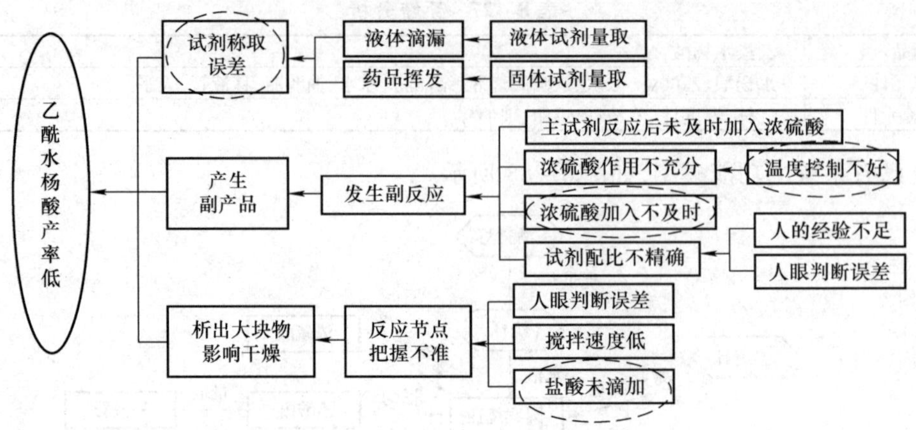

图 8－90　因果链分析

（5）

用资源分析

可用资源分析见表 8－28。

表 8－28　可用资源分析

	类别	资源名称	可用性分析（初步方案）
内部资源	物质资源	水杨酸、乙酸酐	发生酰化反应，形成酯
		浓硫酸	催化剂（破坏水杨酸分子内氢键）
		盐酸	中和提纯乙酰水杨酸时的碳酸氢钠
	场资源		
	其他资源		
外部资源	物质资源	水浴装置	预热、加热到反应温度
		冰水	使粗品晶体完全析出
超系统资源	物质资源	抽滤装置	提纯粗品
		干燥装置	干燥产品
		乙醇	增加水杨酸、乙酰水杨酸溶解度

8.7.3　问题求解

1. 问题 1——以“实验试剂用量的准确性”为入手点解决问题

工具 1：冲突解决理论。

技术冲突解决过程如下。

（1）冲突描述：为了提高乙酰水杨酸制备系统的“产率”，需要精确实验试剂用量，但这样做会导致系统的常规称量方式难以应用。

（2）转换成 TRIZ 标准冲突。

改善的参数：物质损耗（No. 23）、测试精准（No. 28）。

恶化的参数：适用性及多用性（No. 35）、可靠性（No. 27）

（3）查找冲突矩阵，得到如下发明原理，见表 8－29。

表8-29　问题1对应的发明原理

改善的参数	恶化的参数	对应的发明原理
物质损耗	易用性	15,35,5
称取精准	可靠性	5,11,1,23,29

方案1　依据“动态化”发明原理(No.15)第(3)条“如果一个物体是刚性的,使之变成可活动的或可改变的”,得到解如下:

方案描述:利用真空气体将盛放挥发性液体水杨酸的容器调整为可压式压出,既可以预防挥发,又能防止与空气反应发生变质。

方案2　依据“参数改变”发明原理(No.35)第(5)条“改变压力”,得到解如下:

方案描述:利用真空气体将盛放挥发性液体水杨酸的容器调整为可压式压出,既可以预防挥发,又能防止与空气反应发生变质。

方案3　依据“合并”发明原理(No.5)第(2)条“在时间上合并相似或相连的操作”,得到解如下:

方案描述:将试剂瓶与量筒的功能进行结合,使其既可以存放试剂又可以直接量取体积。

2. 问题2—以“反应温度的控制”为入手点解决问题

工具1:冲突解决理论。

技术冲突解决过程如下。

(1)冲突描述:为了提高乙酰水杨酸制备系统的“产率”,需要控制好实验反应过程中的温度,但这样做会导致系统的副产物产生,降低产率。

(2)转换成TRIZ标准冲突。

改善的参数:可操作性(No.33)。

恶化的参数:装置的复杂性(No.36)。

(3)查找冲突矩阵,得到如下发明原理,见表8-30。

表8-30　问题2对应的发明原理

改善的参数	恶化的参数	对应的发明原理
控制复杂性	设计复杂性	15,10,37,24

方案4　依据“动态化”发明原理(No.15)第(1)条“使一个物体或环境在操作的每一个阶段自动调整,以达到优化的性能”,得到解如下:

方案描述:利用水浴加热,水的沸点是100 ℃,反应温度要求80~90 ℃,可将水浴加热中的水换为水与异丙醇的二元共沸物。

方案5　依据“预操作”发明原理(No.10)第(1)在操作开始前,使物体局部或全部产生所需的变化,得到解如下:

方案描述:将从共沸物中取出的含内容物的锥形瓶慢慢加入3~5 mL冰水,此时反应放热,甚至沸腾,待反应平稳后再加入一定量水,用冰水浴冷却,并不断搅拌,待结晶析出后抽滤。

方案6　依据“热膨胀”发明原理(No.37),利用材料的热膨胀或热收缩性质,得到解如下:

方案描述:当水杨酸与乙酸酐混合后,及时加入浓硫酸并加热,预防副反应的发生。

方案7　依据“中介物”发明原理(No.24)第(5)条“使用中介物传递某一物体或某一中间

过程”,得到解如下:

方案描述:利用杂多酸代替浓硫酸进行催化。

物理冲突解决过程如下。

(1)冲突描述:为了“提高产率,需要控制好反应温度”,需要参数“温度区间”为“高(80 ~ 90 ℃)”,但又为了“避免浓硫酸高温危险性”,需要参数“温度”为“低(25 ℃)”,即某个参数既要“高”又要“低”。

(2)选用四条分离原理(空间分离、时间分离、基于条件的分离、整体与部分分离)当中的“时间分离”原理,得到解决方案。

方案 8 依据“未达到或超过”的作用发明原理(No. 16),得到解为:

如果 100% 达到所希望的效果是困难的,稍微未达到或稍微超过预期的效果将大大简化问题。

方案描述:利用杂多酸的绿色催化剂性能,代替浓硫酸,稳定性高,无污染,减小对仪器的腐蚀性,如图 8 – 91所示。

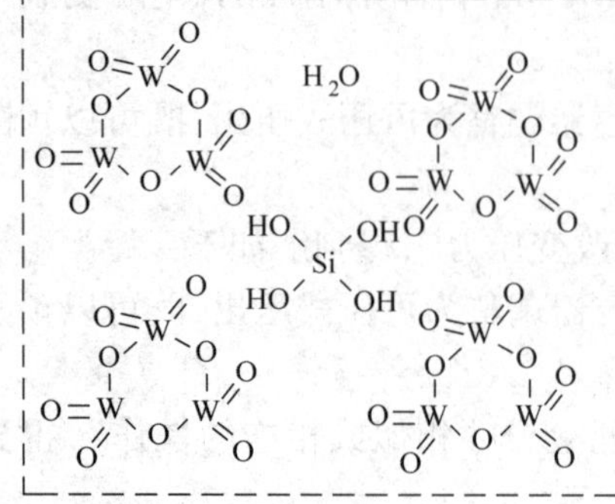

图 8 – 91 杂多酸绿色催化剂性能

8.8 改善竖炉向气化炉输送矿石受阻问题

8.8.1 问题背景和描述

1. 问题的背景

COREX 竖炉内含铁炉料的黏结一直是 COREX 工艺的一个重大难题。印度 VJSL 公司 1 号和 2 号预还原竖炉因炉料黏结而进行清空处理,到 2004 年,因炉料黏结产生的清炉次数达到 3 次/年。南非 COREX – 2000 预还原竖炉的运行情况比印度稍好,但每年需要清空作业的次数仍大于 2 次。宝钢 C – 3000 投产截至 2014 年,因竖炉内炉料黏结,已进行了 8 次清空作业,竖炉清空不仅需要长时间的休风,而且还要消耗大量的物料和人力,严重影响着 COREX 工艺铁水的竞争力。

预还原竖炉内炉料粉化,容易黏结成块,累积到一定的程度后,使得竖炉下部的螺旋排料器排料困难,而被迫进行清炉作业,严重影响预还原竖炉的顺行,降低了设备使用效率,增高了炼铁成本。

2. 问题的描述

1)定义技术系统实现的功能

问题所在技术系统为:COREX 预还原竖炉。

该技术系统的功能为:为气化炉输送矿石。

实现该功能的约束有:进入竖炉的还原气温度低于 850 ℃,矿石金属化率不低于 60% ~ 70%,作业率不低于 8 400 h/a,黏结指数低于 25%。

2)现有技术系统的工作原理

竖炉、块矿/球团矿/熔剂、还原煤气、电机、螺旋叶片、螺旋轴、套筒、输料管道;图 8 – 92 为

COREX 流柱示意图,块矿/球团矿/熔剂加入竖炉,经还原煤气还原后形成一定金属化率的 DRI,套筒焊接在竖炉侧壁,旋转轴上焊接有螺旋叶片,电动机带动旋转轴从而带动螺旋叶片转动,进而将 DRI 送至输料管道,加入气化炉中,图 8－93 为 COREX 竖炉排料示意图。

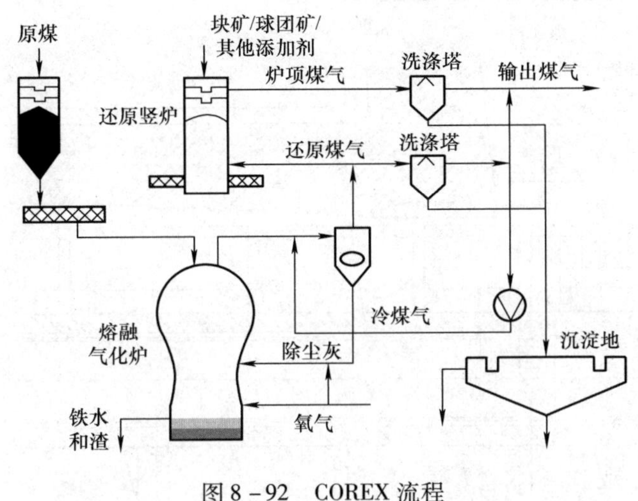

图 8－92　COREX 流程

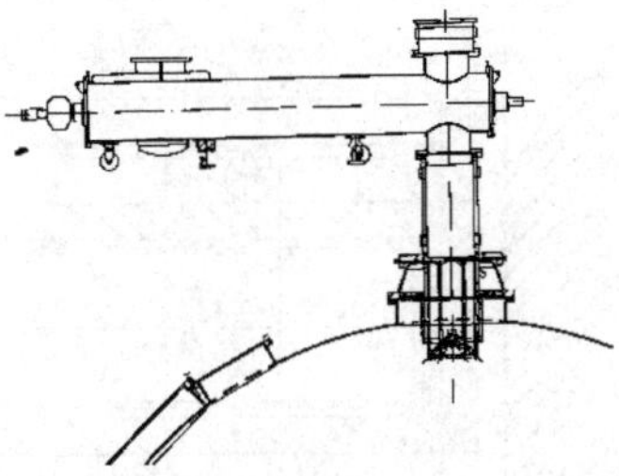

图 8－93　COREX 竖炉排料示意

3)当前技术系统存在的问题

竖炉炉料黏结、竖炉炉料金属化率低、竖炉下降管煤气反窜、竖炉压差高、竖炉工作不均匀、布料过程的粉尘偏析。

4)问题出现的条件和时间

当进入竖炉中煤气温度过高时,造成炉料黏结,超过螺旋排料器螺距,排料困难,影响顺行。

当气化炉内约 1 050 ℃高温的未经过除尘的高粉尘煤气通过矿石下降管直接反窜进入竖炉,煤气反窜严重则引起竖炉内矿石黏结,尺寸变大,导致螺旋排料器不能正常排料。

当入炉矿粉化严重时,易造成固相黏结,导致炉料尺寸增加,以致螺旋排料器发生堵塞,不能正常向气化炉输料。

5)问题或类似问题的现有解决方案及其缺点

(1)对入炉矿添加涂层,会降低生产率。

(2)改进螺旋叶片尺寸及螺距分布,竖炉悬料时,此改进不起作用。

(3)螺旋排料器上方某位置添加破碎装置,不适于大规模工业生产。

螺旋叶片直径及螺距(mm),如图 8－94 所示。

6. 新系统的要求

目前已知,企业竖炉清空周期为 130 天左右,通过对新技术系统的改造,使清空周期延长至 180 天或不再需要休风清炉。

8.8.2　问题分析

1. 功能分析

系统分析见表 8－31。

项　目	第一段	第二段	第三段
改造前叶片直径	900	1 000	1 100
改造后叶片直径	750	850	1 100
螺　距	394	460	315.5

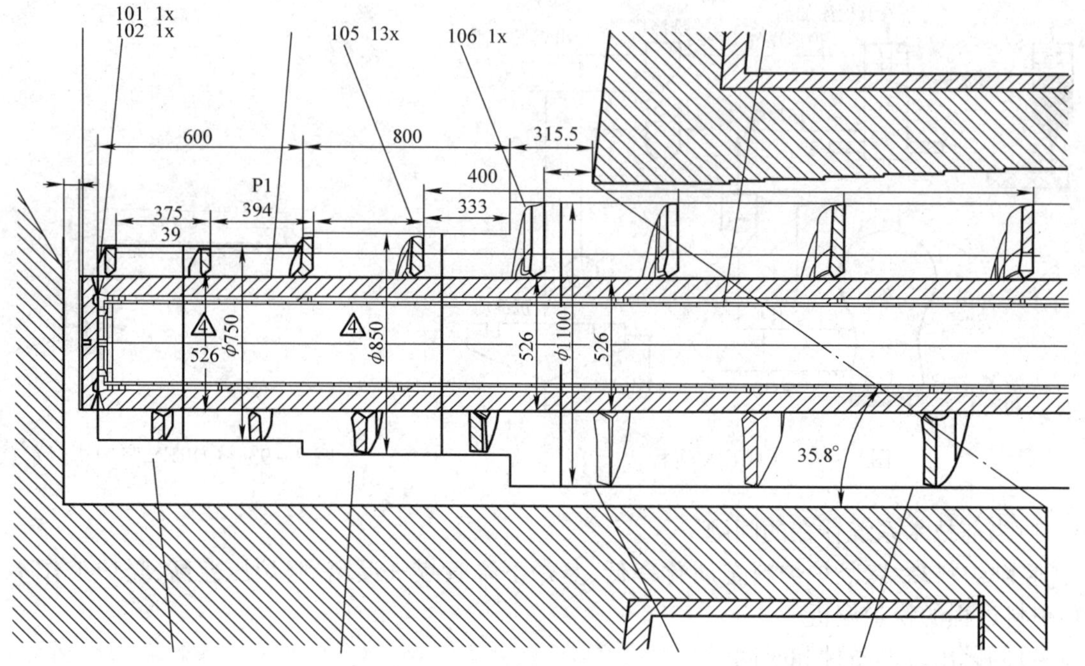

图 8－94　螺旋叶片直径及螺距

表 8－31　系统分析

制品	矿石
系统元件	竖炉、气化炉、螺旋叶片、套筒、电动机、输料管道、粉尘、旋转轴、高温煤气、还原煤气、冷却水、块矿/球团矿/熔剂
超系统元件	电能

建立已有系统的功能模型，如图 8－95 所示。

2. 因果分析

应用因果链分析法确定产生问题的原因，如图 8－96 所示。

3. 冲突区域确定(问题关键点确定)

问题关键点 1：叶片尺寸。

问题关键点 2：螺距分布。

问题关键点 3：煤气反窜。

4. 理想解分析

最终理想解：螺旋排料器不再发生堵塞。

次理想解：螺旋排料器清空周期延长至 180 天左右。

(1)设计的最终目的是什么？延长螺旋排料器清空周期。

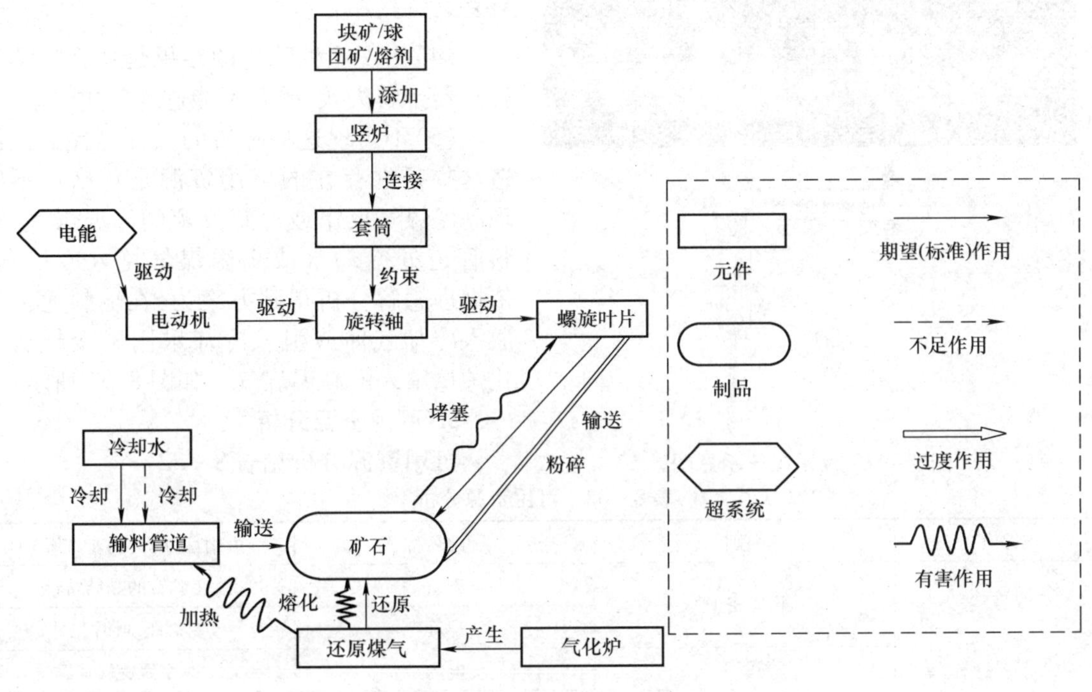

图8-95 系统整体功能模型

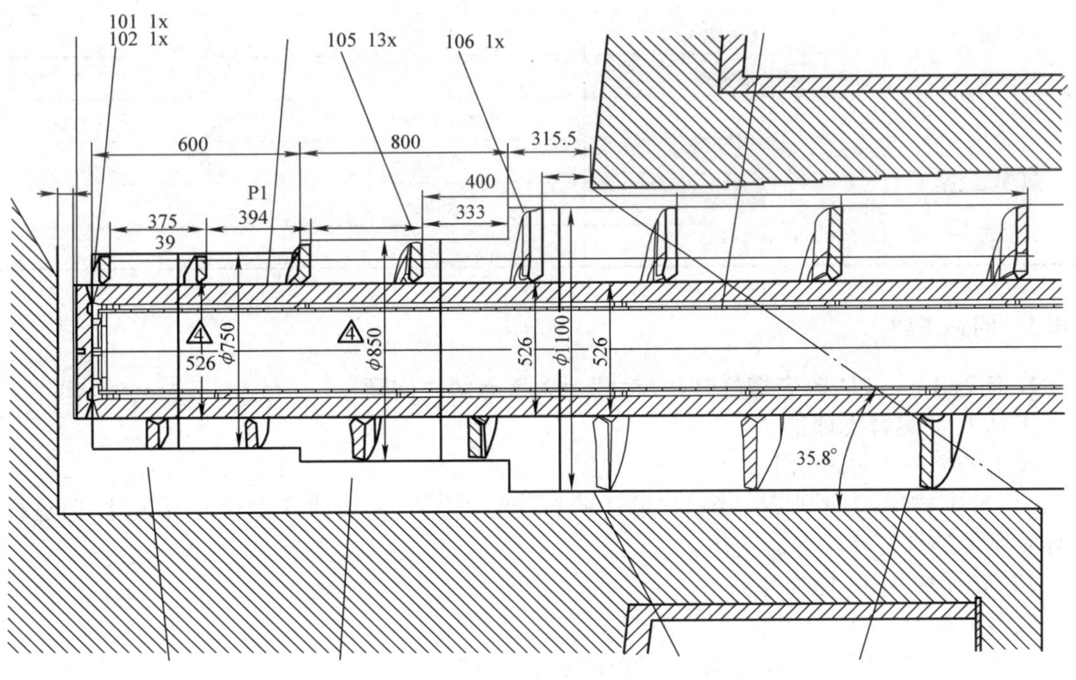

图8-96 因果链分析

(2)理想解是什么？竖炉向气化炉输送矿石过程不再发生堵塞。

(3)达到理想解的障碍是什么？气化炉中会有高温煤气反窜至输料通道、竖炉中矿石

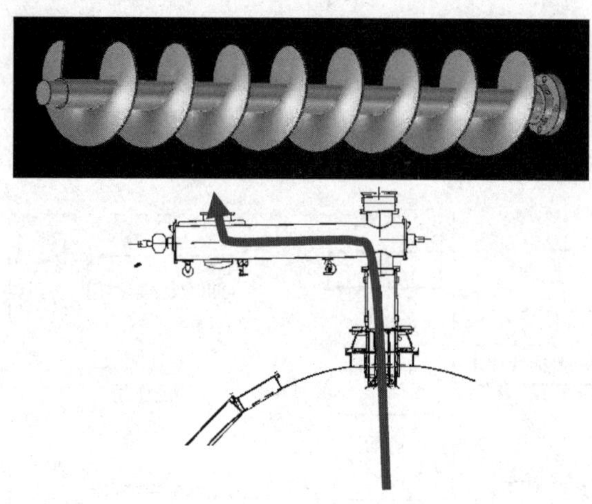
图 8－97 反窜煤气示意图

黏结。

(4)出现这种障碍的结果是什么？螺旋排料器排料失效，矿石不能进入气化炉。

(5)不出现这种障碍的条件是什么？创造这些条件存在的可用资源是什么？不出现高温煤气反窜或冷却反窜的高温煤气，输料管道处冷却水或高温煤气兑入冷煤气。依据理想解分析得到方案为：在输料通道处通入冷却气体或引入冷却水用于冷却从气化炉反窜来的高温煤气。如图 8-97 所示。

5. 可用资源分析

可用资源分析见表 8－32。

表 8－32 可用资源分析

内部资源	类别	资源名称	可用性分析(初步方案)
	物质资源	矿石	改变矿石的黏结特性
		螺旋	改变螺距、叶片尺寸
	场资源	电场	改变螺旋转速
	其他资源		
外部资源	物质资源	高温煤气	冷却
	场资源	热能	
	其他资源		
超系统资源	物质资源	冷却气体	
		冷却水	
	场资源	热能	
	其他资源		

8.8.3 问题求解

1. 问题 1——以“改变螺旋叶片尺寸”为入手点解决问题

工具 1：冲突解决理论。

技术冲突解决过程如下。

(1)冲突描述：为了改善系统的“输送矿石受阻问题”，需要改变螺旋叶片尺寸，但这样做会导致系统的螺旋叶片寿命变化。

(3)转换成 TRIZ 标准冲突。

改善的参数：运动物体的面积(No. 5)。

恶化的参数：强度(叶片与螺旋轴的连接)(No. 14)。

(3)查找冲突矩阵，得到如下发明原理，见表 8－33。

问题 1 对应的发明原理

改善的参数	恶化的参数	对应的发明原理
运动物体的面积	强度	3,15,40,14

发明原理 3:局部质量 - 1 将物体或环境的均匀结构变成不均匀结构对螺旋叶片表面进行热处理增加其使用强度、添加涂层或使其具自清洁处理功能。

发明原理 15:动态化 - 3 如果一个物体是静止的,使之变为运动的或可改变的参照电磁振动给料器,使螺旋排料器具振动功能,改善不能向气化炉输料问题。

方案 1　依据"局部质量"发明原理(No. 3),得到解为:对螺旋叶片表面进行热处理增加其使用强度、添加涂层或使其具自清洁处理功能,如图 8 - 98 所示。

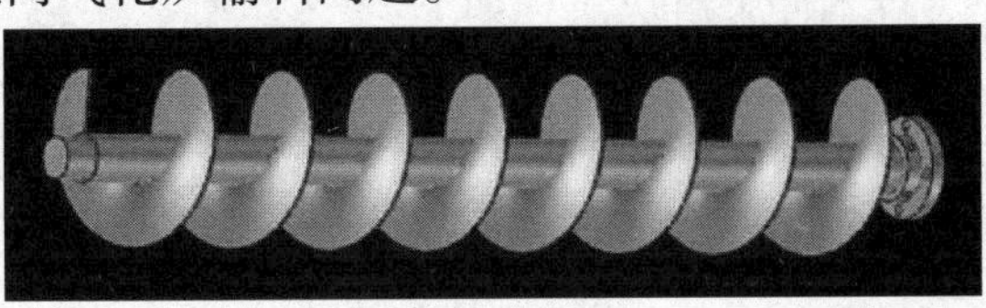

图 8 - 98

方案 2　依据"动态化"发明原理(No. 15),得到解为:参照电磁振动给料器,使螺旋排料器具有振动功能,改善不能向气化炉输料问题。

物理冲突解决过程如下。

(1)冲突描述:为了"改善竖炉向气化炉输送矿石受阻问题",需要参数"螺旋叶片尺寸"为"正",但又为了"改善螺旋排料叶片寿命",需要参数"螺旋叶片尺寸"为"负",即某个参数既要"正"又要"负"。

(2)选用四条分离原理(空间分离、时间分离、基于条件的分离、整体与部分分离)当中的"空间分离"原理(No. 3 局部质量),得到解决方案。

方案 3　在螺旋叶片上添加涂层或使其具自清洁功能,即使矿石发生黏结,也不会与螺旋叶片出现黏附现象。

2. 问题 2——以"改变螺距分布"为入手点解决问题

(1)冲突描述:为了改善系统的"输送矿石受阻问题",需要改变螺距分布,但这样做会导致系统的螺旋排料器可制造性难度增加 。

(2)转换成 TRIZ 标准冲突。

改善的参数:形状(No. 12)。

恶化的参数:可制造性(No. 32)。

(3)查找冲突矩阵,得到如下发明原理,见表 8 - 34。

表 8 - 34　问题 2 对应的发明原理

改善的参数	恶化的参数	对应的发明原理
形状	可制造性	17,32,1,28

方案 4　依据"分割"发明原理(No. 1),得到解为:将螺旋叶片分成容易组装及拆卸的部分(连接性)。

工具 3:效应。

(1)确定问题要实现的功能为:"Move Solid"(动词 + 名词)。

(2) 查找效应知识库,得到可用的效应为"Vibration"(可以有多个效应,依据该效应得到问题的解决方案)。

"Vibration"效应:Mechanical oscillations about an equilibrium point. The oscillations may be periodic such as the motion of a pendulum or random such as the movement of a tire on a gravel road.

方案 5　依据“Vibration”效应，得到如下解。

3. 问题 3——以“煤气反窜”为入手点解决问题

工具 1：冲突解决理论。

技术冲突解决过程如下。

(1) 冲突描述：为改善系统的“输送矿石受阻问题”，需要改变输料管道，但这样做会导致系统的生产率变化。

(2) 转换成 TRIZ 标准冲突。

改善的参数：静止物体的面积(No. 6)。

恶化的参数：生产率(No. 39)。

(3) 查找冲突矩阵，得到如下发明原理，见表 8 – 35。

表 8 – 35　问题 3 对应的发明原理

改善的参数	恶化的参数	对应的发明原理
静止物体的面积	生产率	10,15,17,7

方案 6　依据“动态化”发明原理(No. 15)，得到解为：使输料管道在输料过程中能够根据进入其内的煤气量自动调整尺寸，以最大程度抑制煤气反窜。

方案 7　依据“套装”发明原理(No. 7)，得到解为：将输料管道采取套装的形式，与气化炉连接处采用小口径管道(抑制煤气反窜量)，与螺旋排料器连接处采用大口径管道(使矿石易于进入管道，提高生产率)。

工具 2：物质 – 场分析及 76 个标准解。

(1) 建立问题的物质 – 场模型，如图 8 – 99 所示。

(2) 依据选定的标准解，得到问题的解决方案。

No. 11 标准解为：有害作用是由一个场引起的，引入要素 S_3 吸收有害效应。

方案 8　依据 No. 11 标准解，得到问题的解为：在输料管道处安装抽气装置，吸收反窜入输料管道的还原煤气。

改进之后的物质 – 场模型如图 8 – 100 所示。

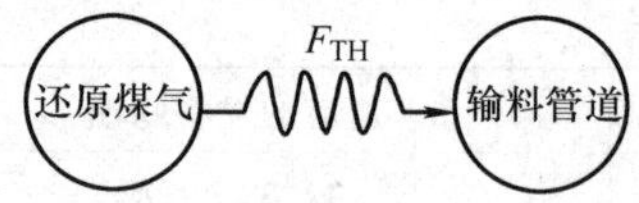

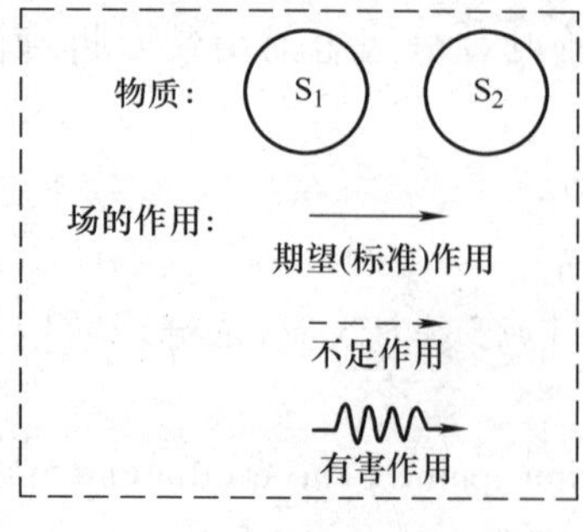

图 8 – 99　物质 – 场模型

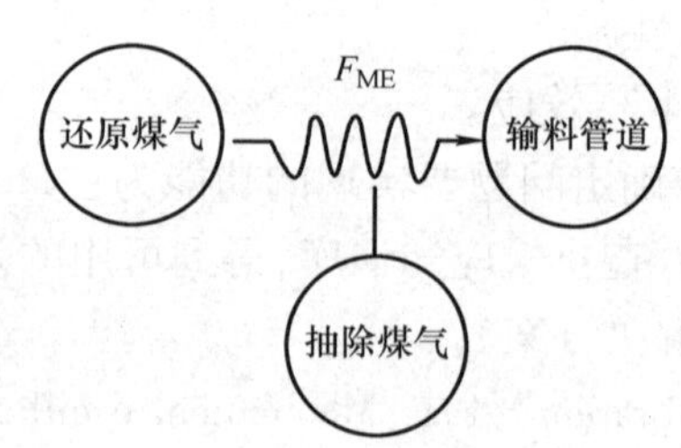

图 8 – 100　改进之后的物质 – 场模型

工具 3:效应。

方案 9　依据“Vacuum”效应,得到解为:在输料管道处安装一真空泵装置,抽除反窜至输料管道的还原煤气。如图 8 - 101 所示。

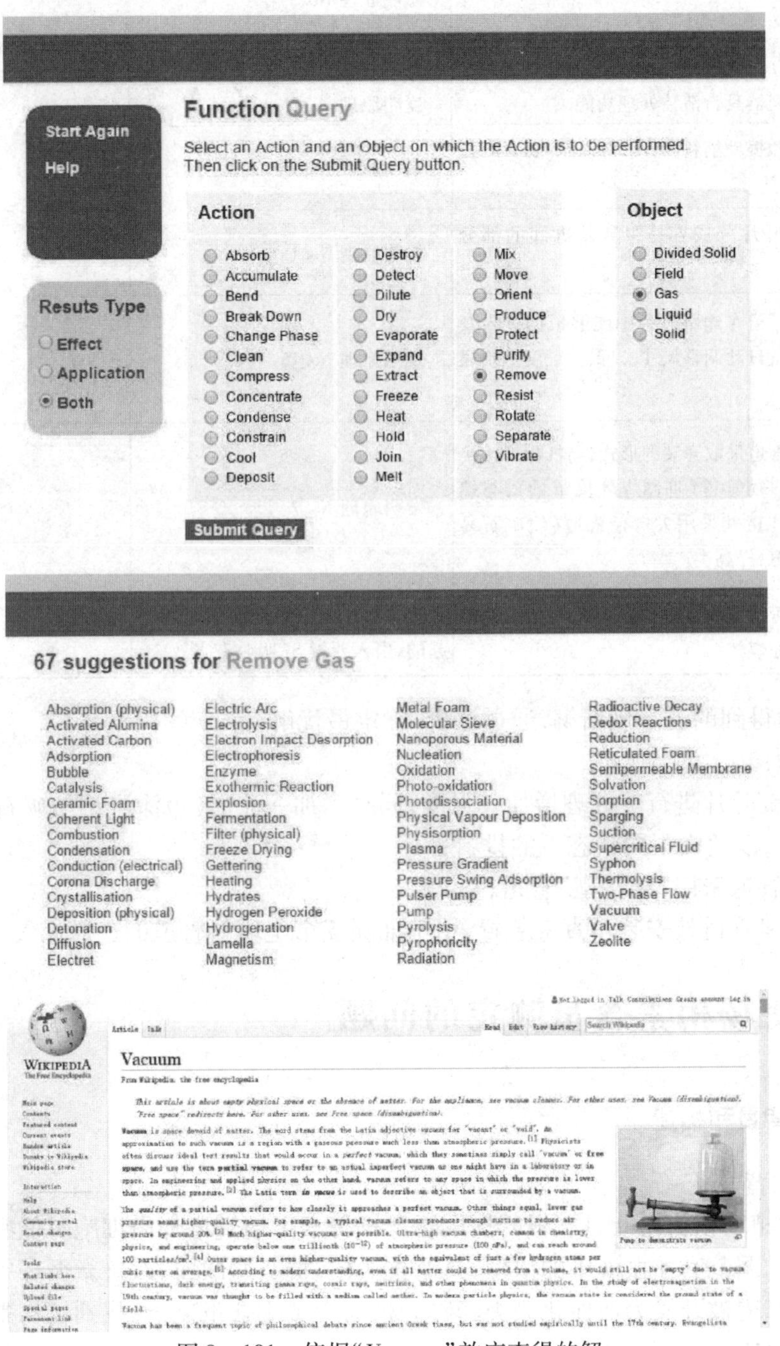

图 8 - 101　依据“Vacuum”效应查得的解

8.8.4　问题的解

上述方案汇总见表 8 - 35。

表 8－35　方案汇总

序号	方案	所用创新原理	可用性评估
1	对螺旋叶片表面进行热处理增加其使用强度	发明原理 No. 3	
3	螺旋叶片添加涂层	发明原理 No. 3	
3	螺旋排料器具自清洁处理功能	发明原理 No. 3	
4	参照电磁振动给料器，使螺旋排料器具有振动功能	发明原理 No. 15	
5	将螺旋叶片分成容易组装及拆卸的部分（连接性）	发明原理 No. 1	
6	使输料管道在输料过程中能够根据进入其内的煤气量自动调整尺寸，以最大程度抑制煤气反窜	发明原理 No. 15	
7	将输料管道采取套装的形式，与气化炉连接处采用小口径管道（抑制煤气反窜量），与螺旋排料器连接处采用大口径管道（使矿石易于进入管道，提高生产率）	发明原理 No. 7	
9	在输料管道处安装真空泵，吸收反窜入输料管道的还原煤气	No. 11 有害作用是由一个场引起的，引入要素 S_3 吸收有害效应	

依据上面得到的若干创新解，通过评价，确定最优解。

最终解为：

（1）对螺旋叶片进行热处理增加其强度，同时添加一涂层（该涂层不与矿石润湿），并使螺旋叶片可拆分，以适应不同状态下的排料；

（2）输料管道采用“漏斗型”管道；

（3）在输料管道处安装一真空装置，用于抽除反窜至输料管道的还原煤气。

8.9　解决杨梅素含量测定的问题

8.9.1　问题背景和描述

1. 问题的背景

杨梅素为植物杨梅树叶、皮、根的提取物。杨梅素可通过增加白细胞对低密度脂蛋白胆固醇的清除作用，调节其在血液中的浓度，具有抗血栓、抗心肌缺血、改善微循环等多方面的心血管药理作用，有望被开发为活血化瘀类药物。杨梅中黄酮含量复杂，找到杨梅素的特异检测方法，进行定量分析。

2. 问题的描述

1）定义技术系统实现的功能

问题所在技术系统为：杨梅素在一定的 pH 值条件下，利用荧光法定量测定杨梅中杨梅素的含量。

该技术系统的功能为:定量测定杨梅素。

实现该功能的约束有:pH 为 9－10 之间,中的含量为 10%－20%,配置 1 小时后测定。

2)现有技术系统的工作原理

杨梅中含有杨梅素,杨梅素具有酚羟基,在弱碱性条件下,生成荧光型体,采用外标法,用荧光色谱定量分析杨梅中杨梅素的含量,如图 8－102 所示。

杨梅素溶液中,加入一定的三酸溶液和氢氧化钠,使杨梅素 7－OH 电离发荧光,利用荧光性质进行定量分析,如图 8－103 所示。

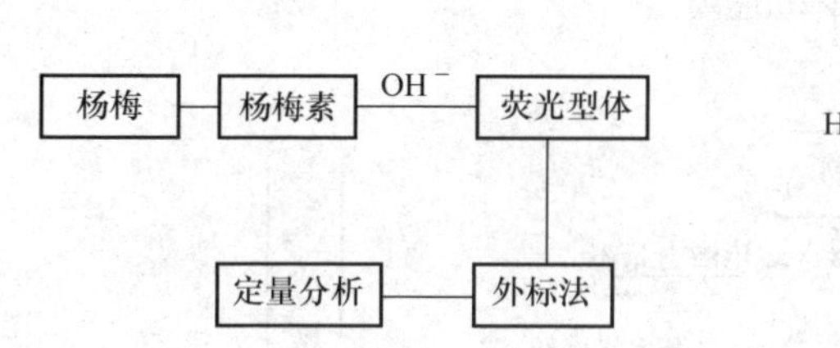

图 8－102　现有技术系统的工作原理

无荧光型体　　荧光型体

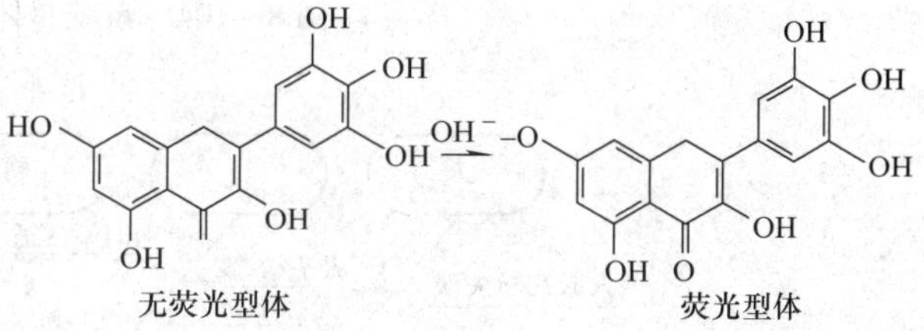

图 8－103　杨梅素发光机理

3)当前技术系统存在的问题

杨梅素在弱碱性条件下产生的荧光型体荧光不强并且不稳定,导致用外标法测定时灵敏度低。

4)问题出现的条件和时间

(1)荧光强度与溶液的 pH 有关。

(2)荧光强度与溶液配制后放置的时间有关。

(3)荧光强度与光照时间有关。

5)问题或类似问题的现有解决方案及其缺点

调节溶液的 pH;调节放置的时间,杨梅素的荧光增强;

加入配位金属离子,杨梅素的荧光强度大大增强。

6)新系统的要求

增加杨梅素的荧光强度,使其荧光量子产率能达到 0.05 以上。

8.9.2　问题分析

1. 功能分析

系统分析见表 8－36。

表 8－36　系统分析

制品	杨梅素
系统元件	荧光仪、移液管、容量瓶、三酸溶液、CH_3OH、H_2O、氢氧化钠溶液
超系统元件	供电、温控、光照

建立已有系统的功能模型,如图 8－104 所示。

2. 因果分析

图 8－105 为因果分析鱼骨图。

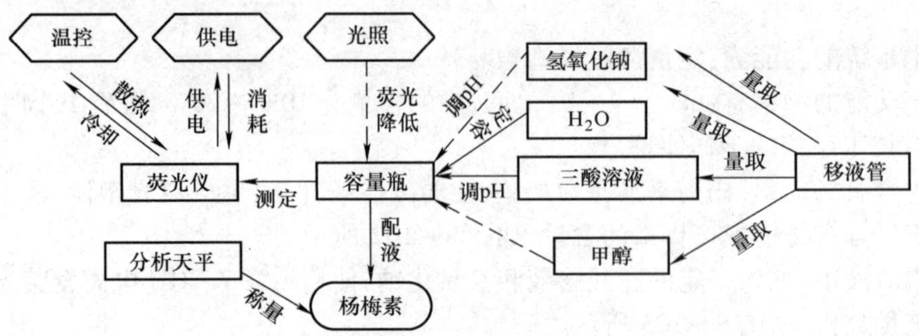

图 8－104 系统整体功能模型

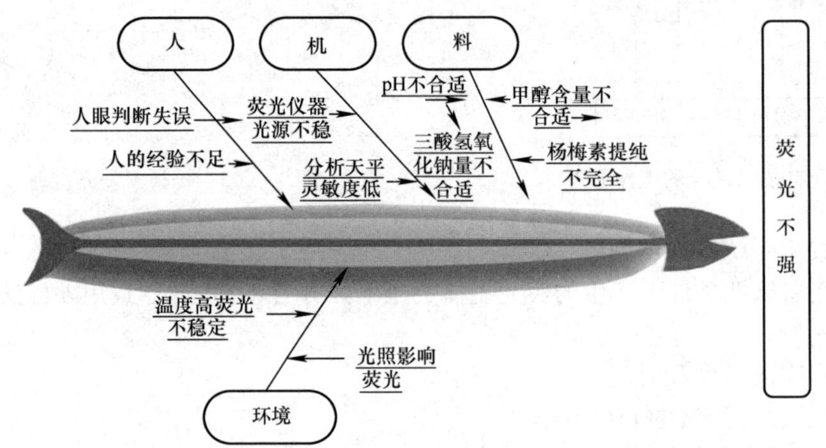

图 8－105 因果分析鱼骨图

应用因果链分析法确定产生问题的原因,如图 8－106 所示。

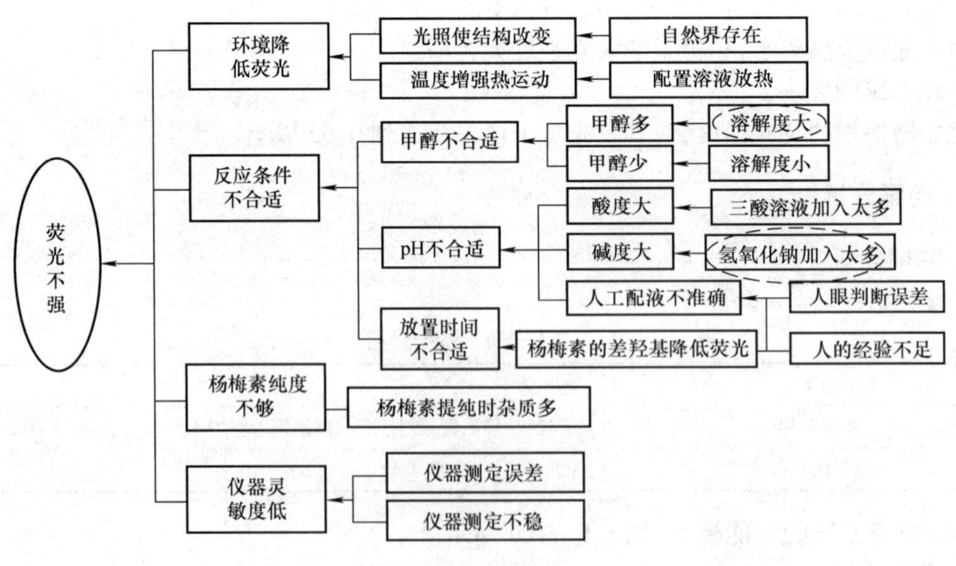

图 8－106 因果键分析

3. 冲突区域确定(问题关键点确定)

问题关键点1:杨梅素产生荧光的pH条件选择。如图8－107所示

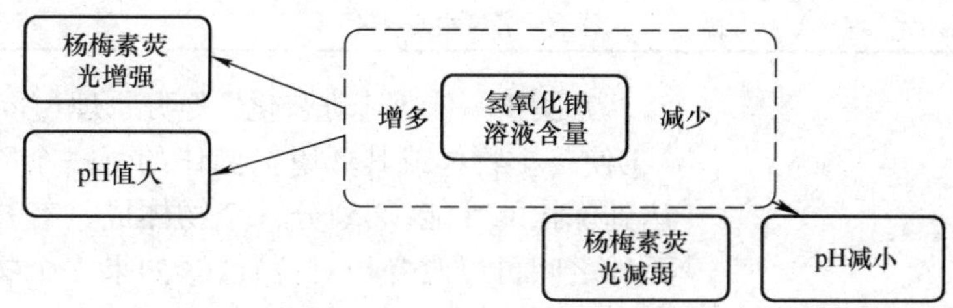

图8－107　影响杨梅素荧光的因素

问题关键点2:杨梅素产生荧光的甲醇含量的选择。

4. 理想解分析

最终理想解:杨梅素自身便具有强荧光。

次理想解:改变pH,使杨梅素产生强荧光。

5. 可用资源分析

可用资源分析见表8－37。

表8－37　可用资源分析

	类别	资源名称	可用性分析(初步方案)
内部资源	物质资源	甲醇	溶解杨梅素
		三酸	维持溶液一定的酸碱度
	场资源		
	其他资源		
超系统资源	物质资源	杨梅	尽可能地提取杨梅中含有的杨梅素
	场资源		
	其他资源		

8.9.3　问题求解

1. 问题1——以"调节溶液pH"为入手点解决问题

工具1:冲突解决理论。

说明:如果有多个冲突,分别应用下面的过程来解决;请严格按照技术冲突描述格式来描述冲突。

技术冲突解决过程如下。

(1)冲突描述:为了解决杨梅素系统的"荧光不足的问题",需要改变甲醇的体积,但这样做会导致系统的pH值发生改变 。

(2)转换成TRIZ标准冲突。

改善的参数:结构的稳定性(No. 13)。

恶化的参数:物质或者事物的数量(No. 26)。

(3)查找冲突矩阵,得到如下发明原理,见表8－38。

表 8－38　问题 1 对应的发明原理

改善的参数	恶化的参数	对应的发明原理
结构的稳定性	物质或者事物的数量	15,32,35

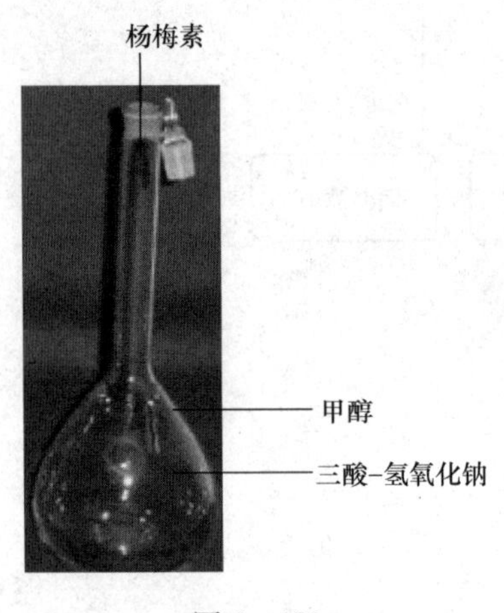

图 8－108

方案 1　依据“动态化”发明原理（No.15）的第（2）条“①使一个物体或其环境在操作的每一个阶段自动调整，以达到优化的性能，②划分一个物体成具有相互关系的元件，元件之间可以改变相对位置，③如果一个物体是刚性的，使之变为可活动的或可改变的。”得到解为：配置杨梅素溶液时，加入一定量的甲醇溶液，使其充分溶解，再加入三酸溶液，然后加入氢氧化钠溶液调节溶液的 pH，然后再充分混合均匀后，进行荧光测定如图 8－108 所示。

方案 2　依据“动态化”发明原理（No.15）第（1）条“①使一个物体或其环境在操作的每一个阶段自动调整，以达到优化的性能，②划分一个物体成具有相互关系的元件，元件之间可以改变相对位置；③如果一个物体是静止的，使之变为运动的或可改变的。”得到解为：在棕色容量瓶（图 8－109）中配置杨梅素溶液时，避免光照对荧光的影响，充分混合均匀后，再进行荧光测定。

方案 3　依据“改变颜色”发明原理（No.32）第（3）条，采用有颜色的添加物，使不易被观察到的物体或过程被观察到，得到解为：加入金属离子锆，使之生成有颜色的络合产物，产生新的荧光型体。

方案 4　依据“参数变化”发明原理（No.35）第（4）条，改变温度，得到解为：在棕色容量瓶中配置杨梅素溶液，定容后，降低被测液体的温度测定荧光，如图 8－110 所示。

图 8－109　棕色容量瓶

图 8－110　降低被测液体的温度

方案5　依据“参数变化”发明原理(No. 35),第(2)条,改变物体的浓度或黏度,得到解为:在棕色容量瓶中配置杨梅素溶液,最后加入表面活性剂β-CD,增加结构的稳定性,定容后,测定荧光,如图8-111所示。

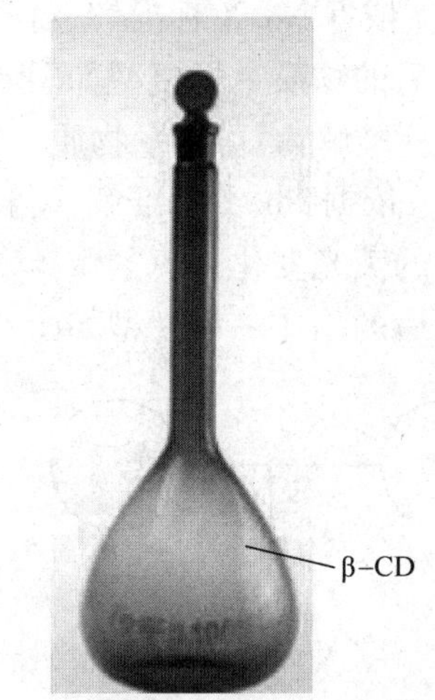

图8-111　加入表面活化剂β-CD

物理冲突解决过程如下。

(1)冲突描述:为了“增加杨梅素的荧光强度”,需要参数“甲醇含量”为“多”,但又为了“pH维持一定范围”,需要参数“甲醇含量”为“少”,即某个参数既要“多”又要“少”。

(2)选用四条分离原理(空间分离、时间分离、基于条件的分离、整体与部分分离)当中的“基于条件的分离”原理,得到解决方案,见表8-39。

表8-39

分离原理	发明原理
空间分离	1,2,3,4,7,13,14,17,24,26,30
时间分离	1,7,9,10,11,15,16,18,19,20,21,24,26,27,29,34,37
条件分离	28,29,31,32,35,36,38,39
整体与部分分离	1,3,5,6,8,12,13,22,23,25,27,33,40

(3)查找与该分离原理对应的发明原理有“No. 28,29,31,32,35,36,38,39”。根据选定的发明原理,得到解决方案。

方案6　依据“参数变化”发明原理(No. 35),得到解为:在棕色容量瓶中配置杨梅素溶液,最后加入表面活性剂β-CD,增加结构的稳定性,定容后,测定荧光。

方案7　依据“参数变化”发明原理(No. 35),得到解为:在棕色容量瓶中配置杨梅素溶液,定容后,降低被测液体的温度测定荧光。

工具2:物质-场分析及76个标准解。

(1)建立问题的物质-场模型,如图8-112所示。

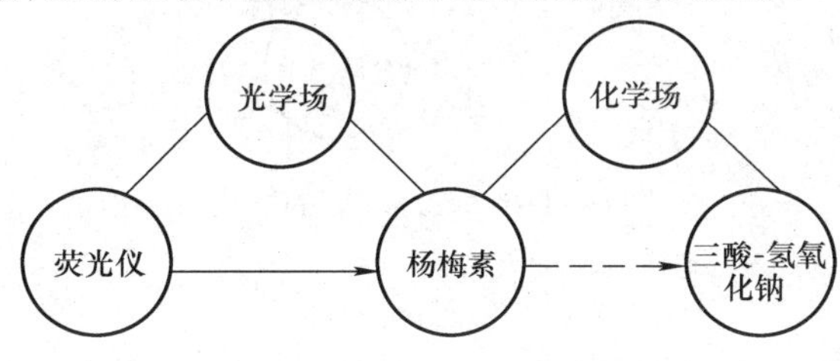

图8-112　物质-场模型

(2)根据所建问题的物质-场模型,应用标准解解决流程,得到标准解如下。

No. 46 假如一个不完整物质-场系统不能被检测或者测量,增加单一或者双物质-场,且一个场作为输出。

No. 47 测量一引入的附加物。引入附加物在系统中发生变化,测量附加物的变化。

No. 49 假如附加物不能引入到环境中去,分解或者改变反应中已存在的物质,使其产生某种效应,测量这种效应。

(3)依据选定的标准解,得到问题的解决方案。

No. 46 标准解为:产生可测量物质-场。

方案 8 依据 No. X 标准解,得到问题的解为:加入表面活性剂 β – CD。

改进之后的物质 – 场模型如图 8 – 113 所示。

No. 47 标准解为:可测量物质 – 场复杂化。

方案 9 依据 No. Y 标准解,得到问题的解为:引入生物蛋白质,让其与杨梅素发生反应,测量蛋白质的荧光变化。

改进之后的物质 – 场模型如图 8 – 114 所示。

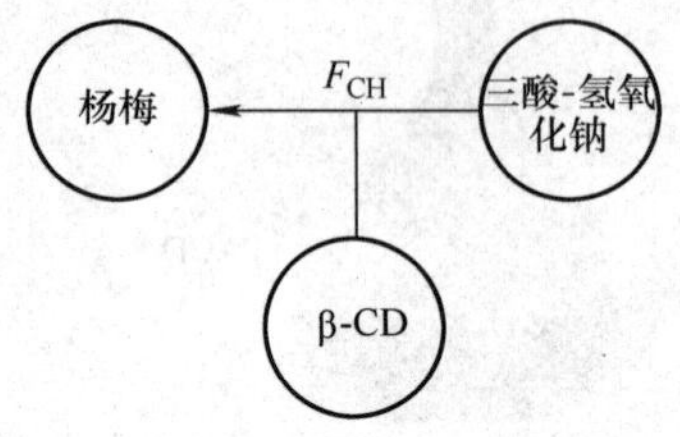

图 8 – 113 改进之后的物质 – 场模型

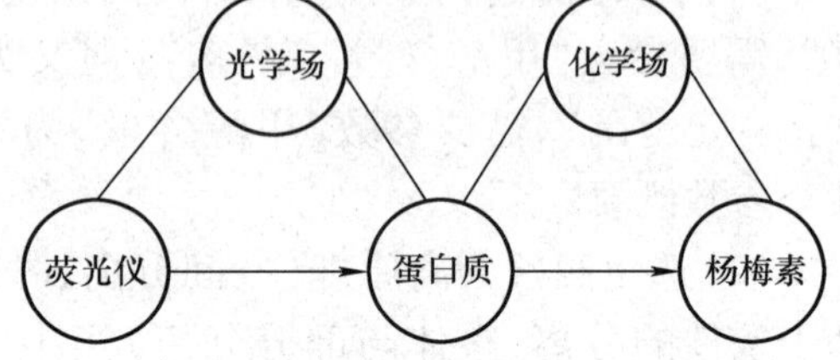

图 8 – 114 改进之后的物质 – 场模型

No. 49 标准解为:环境添加物。

方案 10 依据 No. 49 标准解,得到问题的解为:引入强碱环境,破坏杨梅素的结构,使之产生强荧光。

改进之后的物质 – 场模型如图 8 – 115 所示。

No. 49 标准解为:环境添加物。

方案 11 依据 No. 49 标准解,得到问题的解为:加入金属离子,使之生成金属络合物,测定络合物产生的荧光。

改进之后的物质 – 场模型如图 8 – 116 所示。

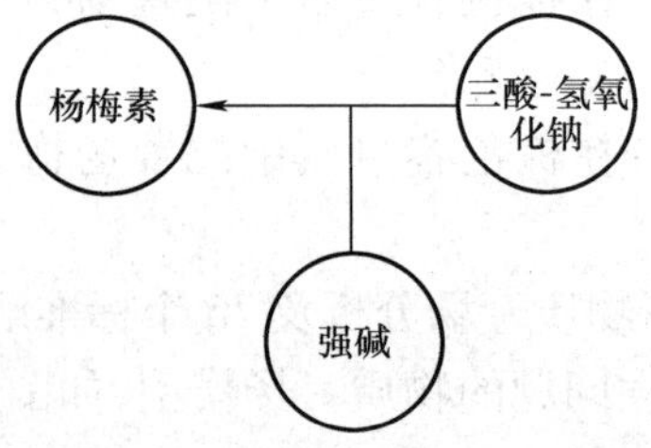

图 8 – 115 改进之后的物质 – 场模型

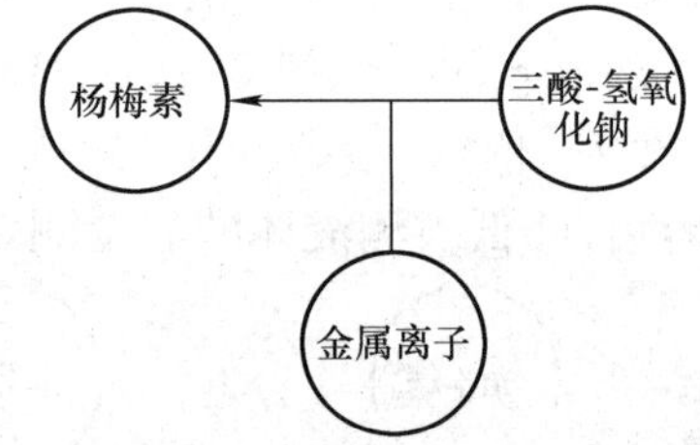

图 8 – 116 改进之后的物质 – 场模型

工具 4:裁剪。

(1)控制 pH 的条件不好:换了缓冲溶液为氨 – 氯化铵溶液。

(2)在弱碱性条件下,杨梅素产生荧光不好,应用配合离子使其产生强荧光。

裁剪前功能模型如图 8 – 117 所示。

工具 4:裁剪。

按照功能裁剪过程,得到解决方案如下。

方案 12 缓冲溶液改为氨 – 氯化铵溶液,如图 8 – 118 所示。

工具 4:裁剪。

按照功能裁剪过程,得到解决方案如下。

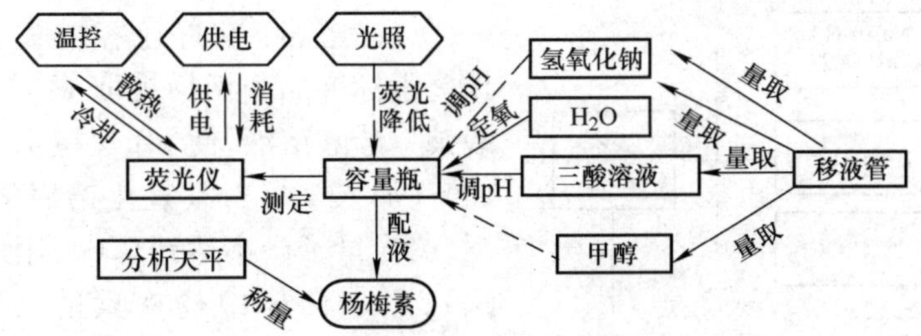

图 8－117　裁剪前功能模型

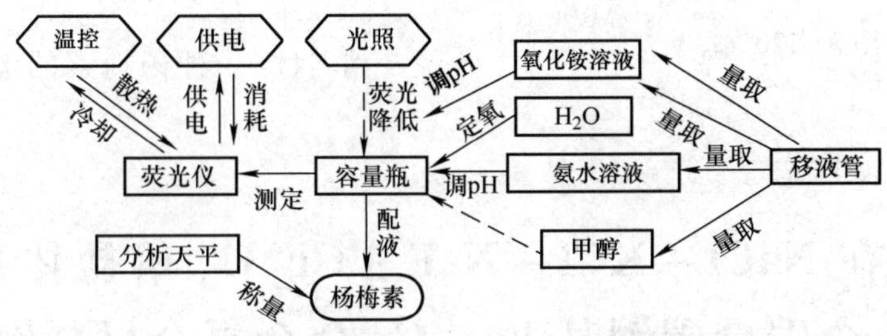

图 8－118　裁剪后功能模型

方案 13　加入金属离子锆，用醋酸钠和醋酸调节 pH，测定荧光，如图 8－119 所示。

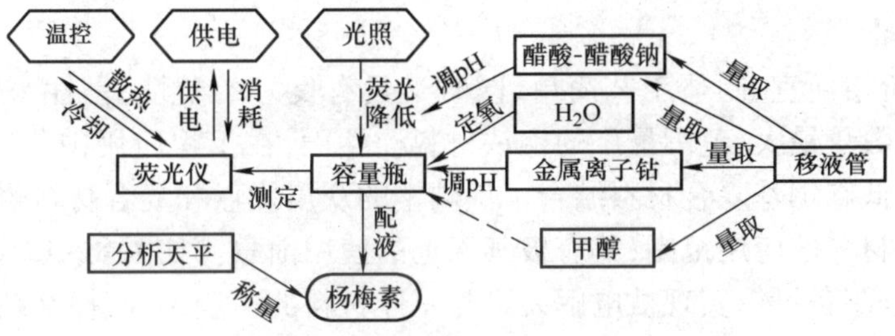

图 8－119　裁剪后功能模型

8.9.4　问题的解

上述方案汇总见表 8－40。

表 8－40　方案汇总

序号	方案	所用创新原理	可用性评估
1	调整加入药品的顺序	矛盾冲突	可用
2	避光测试	矛盾冲突	可用
3	降低温度测试	矛盾冲突	不可用，不稳定
4	加入表面活性剂	矛盾冲突	可用
5	加入表面活性剂	物质－场分析	可用
6	引入生物蛋白	物质－场分析	可用，有人做过
7	加入强碱，加入金属离子	物质－场分析	不可用，荧光没有
8	加入金属离子锆	剪切原理	可用
9	改变缓冲溶液	剪切原理	不可用

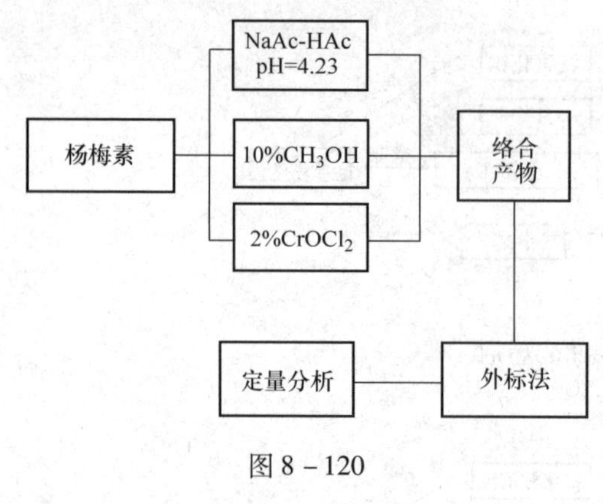

图 8 - 120

最终解为：在棕色容量瓶中，配置一系列的杨梅素标准品和杨梅提取液，在容量瓶中加入醋酸钠 - 醋酸溶液，使 pH 保持 4.23，甲醇的含量为 10%，加入 2% 二氯氧化锆甲醇溶液，在该条件下，荧光量子产率达到 0.04，用外标法（标准曲线法），测定杨梅中杨梅素的含量，如图 8 - 120 所示。

8.9.5 取得成果与效益

专利名称：一种杨梅素的荧光分析方法（准备申报）。

其他成果：论文 1 篇。

8.10 提高在 NaCl - KCl - NaF - Cr_2O_3 熔盐体系中制备的 0.2% 含碳量碳钢基 Fe - Cr 合金复合材料镀层铬含量

8.10.1 问题背景和描述

1. 问题的背景

低碳钢材料价格便宜、制造工艺简单，同时又具有良好的塑性、韧性、易加工性等综合性能，是工程中应用数量最大、范围最广的钢铁材料。然而，在工程应用中普遍存在一个致命的弱点，即易腐蚀。低碳钢基复合材料结合了低碳钢的众多优点和复合材料耐腐蚀的优点，实现优势互补，扩大了材料的应用范围，具有极其深远的使用前景。如图 8 - 121 所示。

熔盐电沉积法制备可以实现被电解元素与基体材料的冶金结合，提高结合力。

项目首次提出采用 NaCl - KCl - NaF - Cr_2O_3 熔盐体系在 0.2% 碳钢基体表面电解沉积制备 Fe - Cr 合金复合材料，旨在提高碳钢的耐腐蚀性能，扩大应用范围。目前已经制备出 10% 左右铬含量 Fe - Cr 合金复合材料，无法实现铬含量的继续提高。

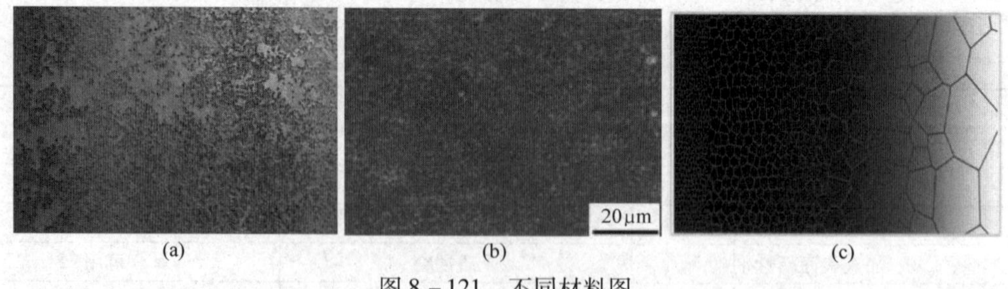

图 8 - 121 不同材料图

（a）生锈的低碳钢表面 （b）致密的耐腐蚀材料表面 （c）复合材料断面

2. 问题的描述

1）定义技术系统实现的功能

问题所在技术系统为：高温电解沉积系统。

该技术系统的功能为:制备碳钢基 Fe – Cr 合金复合材料。

实现该功能的约束有:铬源、电沉积参数、基体材料。

2)现有技术系统的工作原理

将 NaCl、KCl、NaF 和 Cr2O3 按一定的比例(2:2:1,Cr_2O_3 占总质量5%)称量并混合均匀,在200 ℃干燥箱中保温12 h 去除结晶水,放入高纯石墨坩埚,再将坩埚放入加热炉内加热升温,同时通入氩气进行保护。升至800 ℃后以铬板作阳极,0.2%碳钢板作阴极,设置一定的参数进行熔盐电沉积实验制备复合材料。熔盐中 Cr^{3+} 在电极电压的作用下移动至阴极表面得到电子而被还原成 Cr 原子,Cr 原子以低碳钢基体表面的为附着点沉积到阴极表面,并在高温的作用下逐渐扩散到阴极基体内部,实现冶金结合,形成 Fe – Cr 合金复合材料。如图 8 – 122 所示。

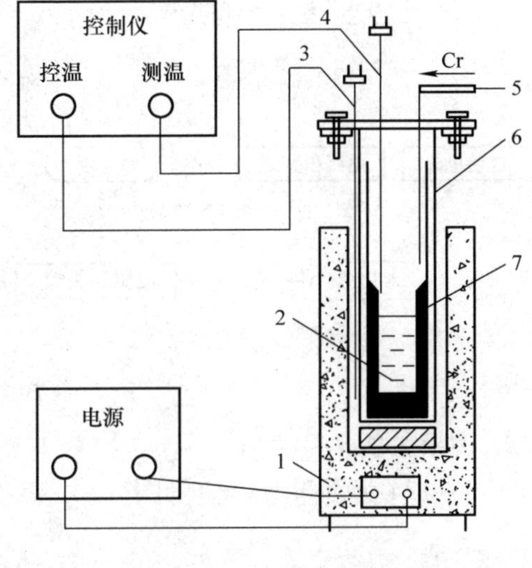

图 8 – 122 熔盐电沉积示意

1—电炉;2—熔盐;3—控温仪热电偶;4—测温仪热电偶;5—氩气入口;6—不锈钢套筒;7—石墨坩埚

坩埚:盛放熔盐,形成熔池。

电源:提供电能,加热熔盐,促使熔盐熔化。

电镀电源:提供各种形式的电流,使 Cr^{3+} 在电压的作用下向阴极移动,并获得电子,还原成 Cr 原子。

3)当前技术系统存在的问题

虽然已经制备出10%左右铬含量 Fe – Cr 合金复合材料,但是无法实现铬含量的继续提高,且表面质量较好的镀层的铬含量还要低。另外,表面质量较好的镀层的铬含量反而降低。

4)问题或类似问题的现有解决方案及其缺点

实验对电流波形、电流密度、电沉积时间、温度都进行了一定范围的尝试,所获得的结果均不一致。虽然个别条件下铬含量有所提高,但是镀层的表面质量会下降。

5)新系统的要求

对新技术系统的要求:快速进行电沉积,能够提高沉积层的表面质量,一定程度地提高沉积层的铬含量达到11.5%以上。

8.10.2 问题分析

1. 功能分析

系统分析见表 8 – 41。

表 8 – 41 系统分析

制品	0.2%含碳量碳钢基 Fe – Cr 合金复合材料镀层
系统元件	熔盐体系(石墨坩埚、NaCl、KCl、NaF、Cr_2O_3) 氩气保护系统(气瓶、压力表、气管、接头、透气砖) 电沉积系统(电镀电源、接头、导线、导电连杆、试样连接) 电阻加热炉(电源、接头、导线、控温器)
超系统元件	大气、总电源

建立已有系统的功能模型,如图 8－123 所示。

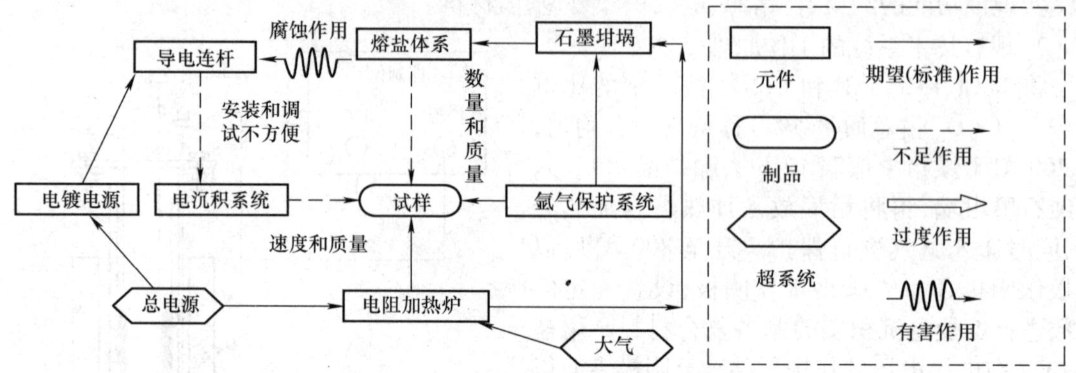

图 8－123　系统整体功能模型

2. 因果分析

图 8－124 为因果分析鱼骨图。

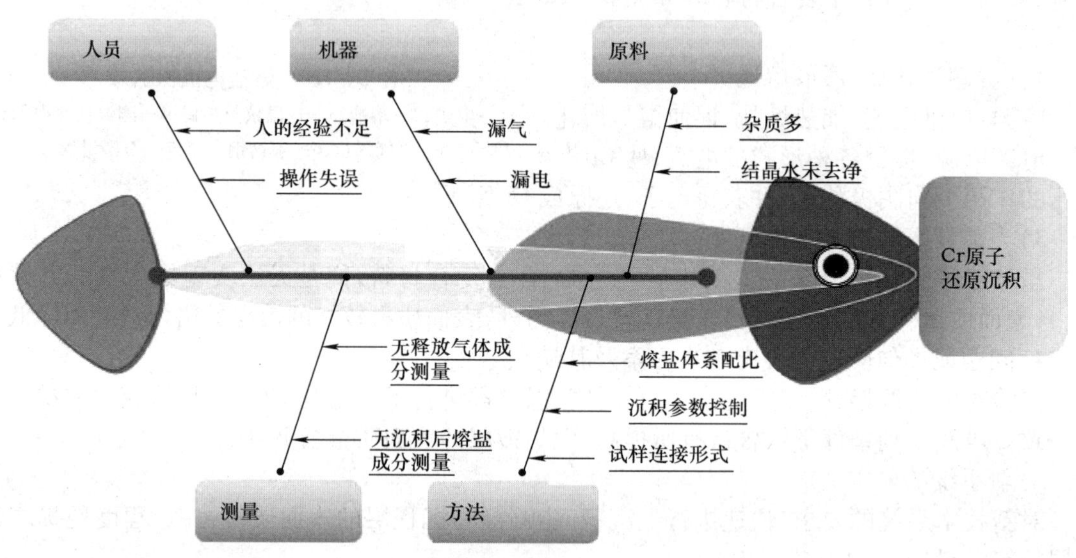

图 8－124　因果分析鱼骨图

应用因果链分析法确定产生问题的原因,如图 8－125 所示。

3. 冲突区域确定(问题关键点确定)

问题关键点 1:基体表面处理不当。

问题关键点 2:电流密度、波形选择不当。

问题关键点 3:沉积时间短。

4. 理想解分析

最终理想解:快速提高复合材料表面铬含量,达到 11.5% 以上,且表面质量均匀、细致、光滑。

次理想解:快速提高复合材料表面铬含量,达到 11.5% 以上

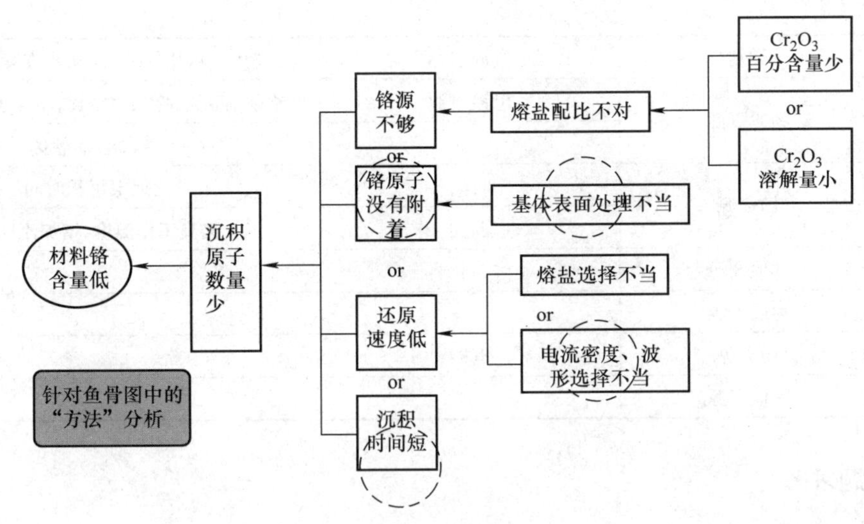

图 8－125　因果链分析

(1)设计的最终目的是什么？制备高铬含量的复合材料，提高材料耐腐蚀性。

(2)理想解是什么？提高铬的还原沉积速度，并使含量达到 11.5% 以上。

(3)达到理想解的障碍是什么？在指定时间内铬原子在基体表面沉积数量少。

(4)出现这种障碍的结果是什么？铬含量达到 10% 之后很难提高。

(5)不出现这种障碍的条件是什么？创造这些条件存在的可用资源是什么？Cr^{3+} 快速被还原并沉积到阴极片表面；阴极片、电镀电源、时间。

依据理想解分析得到方案为：提高基体表面光洁度和活度；改变电流波形和电流密度，延长正向电流时间比例，增加电流密度；延迟电沉积时间。如图 8－126 所示。

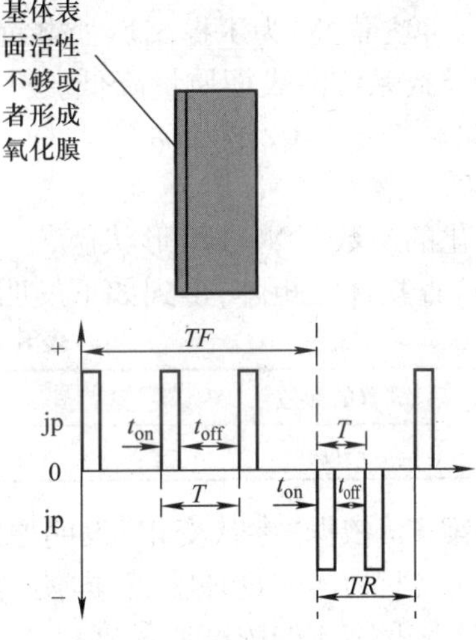

图 8－126　电流波形示意图

5. 可用资源分析

可用资源分析见表 8－42。

表 8－42　可用资源分析

	类别	资源名称	可用性分析(初步方案)
内部资源	物质资源	阴极片	重新制定阴极片处理方法，改善表面活性
		NaCl、KCl、NaF、Cr_2O_3	增加铬源的溶解度
		阳极板	惰性阳极排除氧，或者牺牲阳极增加铬源含量
	场资源	氩气氛围	
	其他资源		

续表

	类别	资源名称	可用性分析(初步方案)
外部资源	物质资源	电镀电源	选择脉冲电流,增大占空比,增加正向作用比例
			增大电流密度
	场资源	时间	延迟电沉积时间
		温度	提高工作温度,增加流动性
	其他资源		
超系统资源	物质资源		
	场资源	电能	
	其他资源		

8.10.3 问题求解

以“复合材料镀层铬含量低”为入手点解决问题。

工具1:冲突解决理论。

技术冲突解决过程如下。

(1)冲突描述:为了提高熔盐电沉积系统的“Cr^{3+}还原速度”,需要加大电流密度,但这样做了会导致系统的表面质量降低。

(2)转换成TRIZ标准冲突。

改善的参数:(No.9)速度。

恶化的参数:(No.12)形状。

(3)查找冲突矩阵,得到如下发明原理,见表8-43。

表8-43 问题对应的发明原理

改善的参数	恶化的参数	对应的发明原理
速度	形状	35,15,18,34

方案1 依据“参数变化”发明原理(No.35):

(1)改变物体的物理状态,即使物体在气态、液态、固态之间变化;

(2)改变物体的浓度或黏度;

(3)改变物体的柔性;

(4)改变温度;

(5)改变压力。

根据第(2)条得到解为:增加Cr_2O_3物质的量到10%以提高铬源浓度;提高温度到900 ℃以降低熔盐黏度。

方案2 依据“动态化”发明原理(No.15):

(1)使一个物体或其环境在操作的每一个阶段自动调整,以达到优化的性能;

(2)划分一个物体成具有相互关系的元件,元件之间可以改变相对位置;

(3)如果一个物体是静止的,使之变为运动的或可改变的。

根据第(2)条得到解为:改变电流波形为正向+反向电流作用,提高占空比到9:1。

方案3 依据“振动”发明原理(No.18):

(1)使物体处于振动状态;

（2）如果振动存在，增加其频率，甚至可以增加到超声；

（3）使用共振频率；

（4）使压电振动代替机械振动；

（5）使超声振动与电磁场耦合。

根据第（5）条得到解为：提高温度到 900 ℃，增加熔盐流动性和熔盐搅拌效果。

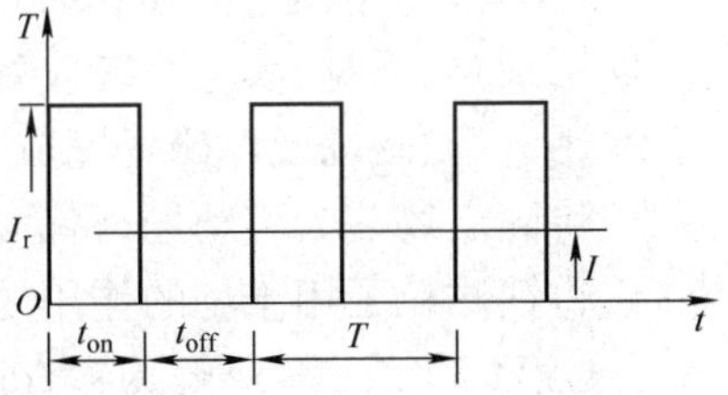

图 8－127　数字脉冲电源参数

方案 4　依据“抛弃与修复”发明原理（No. 34）：

（1）当一个物体完成了其功能或变得无用时，抛弃或修改该物体中的一个元件；

（2）立即修复一个物体中所损耗的部分。

根据第（2）条得到解为：增加 Cr_2O_3 物质的量到 10%，维持熔盐中 Cr^{3+} 浓度，保证足够铬源。

物理冲突解决过程如下。

（1）冲突描述：为了“提高 Cr^{3+} 还原速度”，需要参数“电流密度”为“增加”，但又为了“提高表面质量”，需要参数“电流密度”为“减小”，即某个参数既要“增加”又要“减小”。

（2）选用 4 条分离原理（空间分离、时间分离、基于条件的分离、整体与部分分离）当中的“条件分离”原理，得到解决方案。

分离原理	发明原理
空间分离	1，2，3，4，7，13，14，17，24，26，30
时间分离	1，7，9，10，11，15，16，18，19，20，21，24，26，27，29，34，37
条件分离	28，29，31，32，35，36，38，39
整体与部分分离	1，3，5，6，8，12，13，22，23，25，27，33，40

（3）方案 1　适量增加电流密度，在保证不降低表面质量的基础上提高铬还原速度，提高铬含量。

查找与该分离原理对应的发明原理有“No. 28，29，31，32，35，36，38，39”。根据选定的发明原理，得到解决方案。

（4）方案二　依据“机械系统的替代”发明原理（No. 28）：

① 用视觉、听觉、嗅觉系统代替部分机械系统；

② 用电场、磁场及电磁场完成与物体的相互作用；

③ 将固定场变为移动场，将静态场变为动态场，将随机场变为确定场；

④ 将铁磁粒子用于场的作用之中。

根据第（2）条，得到解为：在电沉积系统外增加磁场或电磁场，提高铬源在阴极的聚集量，保证足够的铬源可以被还原。见图 8－128。

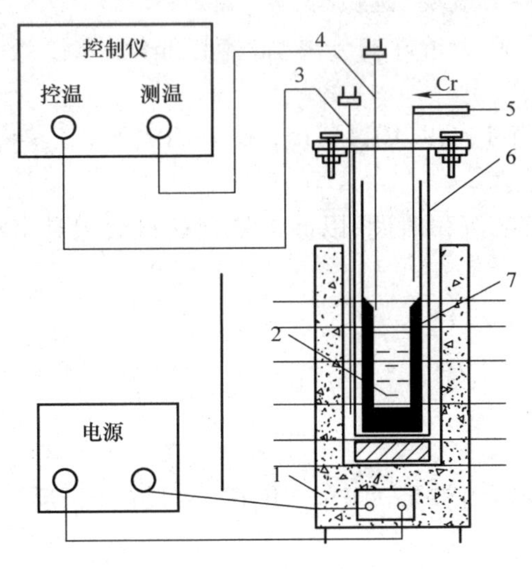

图 8－128　电沉积系统示意图

1—电炉；2—熔盐；3—控制仪热电偶；4—测温仪热电偶；5—氩气入口；6—不锈钢套筒；7—石墨钳埚；8—电磁场系统

(5)**方案三** 依据“机械系统的整代”发明原理(No. 28):

① 用视觉、听觉、嗅觉系统代替部分机械系统;

② 用电场、磁场及电磁场完成与物体的相互作用;

③ 将固定场变为移动场,将静态场变为动态场,将随机场变为确定场;

④ 将铁磁粒子用于场的作用之中。

根据第(3)条,得到解为:增加 Cr_2O_3 物质的量到 10% 以提高铬源浓度;提高温度到 900 ℃以降低熔盐黏度。

物理冲突解决过程二如下:

(1)冲突描述:为了提高复合材料系统的“Cr 含量”,需要延长时间,但这样做会导致系统的增加时间、热量和电量成本。

(2)转换成 TRIZ 标准冲突。

改善的参数:自服务(No. 25)。

恶化的参数:变有害为有益(No. 22)。

恶化的参数:惰性环境(No. 39)。

(3)查找冲突矩阵,得到如下发明原理,见表 8-45。

表 8-45 冲突矩阵对应发明原理表

改善的参数	恶化的参数	对应的发明原理
自服务	变有害为有益	10,5,18,32
自服务	惰性环境	无

物理冲突解决过程三如下:

(1)冲突描述:为了“提高复合材料镀层铬含量”,需要参数“时间”为“延长”,但又为了“降低成本”,需要参数“时间”为“缩短”,即某个参数既要“延长”又要“缩短”。

(2)选用四条分离原理(空间分离、时间分离、基于条件的分离、整体与部分分离)当中的“时间分离”原理,得到解决方案。

(3)查找与该分离原理对应的发明原理有“No. 1,7,9,10,11,15,16,18,19,20,21,24,26,27,29,34,37”。根据选定的发明原理,得到解决方案。

(3)**方案一** 在较高的生产效率范围内,延长电沉积时间,以促进复合材料镀层具有更高的铬含量。

(4)**方案二** 依据“周期性作用”发明原理(No. 19):

(1)用周期性运动或脉动代替连续运动;

(2)对周期性的运动改变其运动频率;

(3)在两个无脉动的运动之间增加脉动。

根据第(2)条,得到解为:改变电流频率,改变电流波形为正向(Ir 正)+反向(Ir 反)电流作用,提高占空比到 9:1。

工具二:物质-场分析及 76 个标准解。

(1)建立问题的物质-场模型,如图 8-129 所示。

(2)根据所建问题的物质-场模型,应用标准解解决流程,得到标准解为:No. 7。

(3)依据选定的标准解,得到问题的解决方案。

No. 7 标准解为:一个系统中场强度不够,增加场强度又会损坏系统,强度足够大的一个场

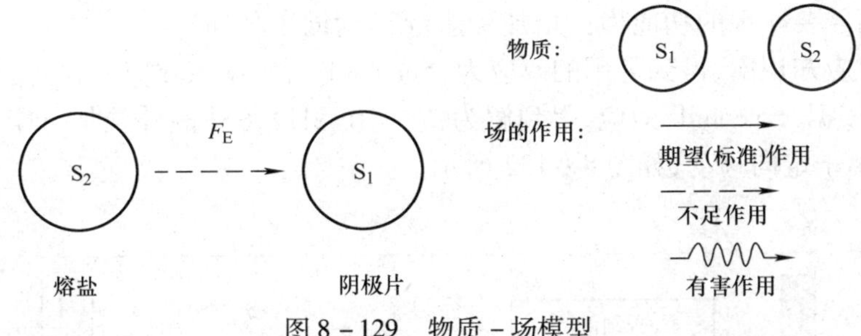

图8-129　物质-场模型

施加到另一个元件上，该元件连接到原来系统上。同理，一种物质不能很好地发挥作用，但连接到另一种可用物质上则能发挥作用。

方案10　依据No.7标准解，得到问题的解为：在电沉积系统外部额外施加一个促进离子向阴极移动的电场。

改进之后的物质-场模型如图8-130所示。

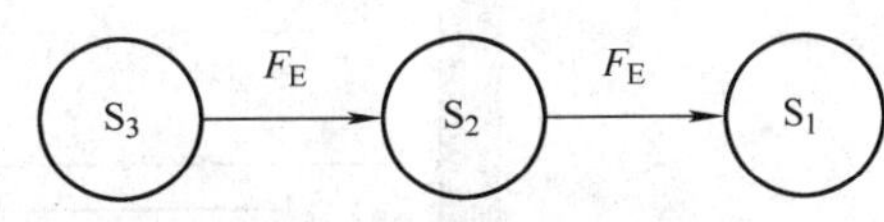

图8-130　改进之后的物质-场

(4)依据选定的标准解，得到问题的解决方案。

No.7标准解为：施加额外电场，促进离子运动，保证阴极附近有足够的铬源进行还原沉积。

工具3：效应。

(1)确定问题要实现的功能为："增加+能量"(动词+名词)。

(2)查找效应知识库，得到可用的效应为"Magnetic Field"，依据该效应得到问题的解决方案。

方案11　依据"Magnetic Field"效应，得到解为：在电沉积设备外额外施加一个磁场，使磁场中运动的带电离子定向移动，如图8-131所示。

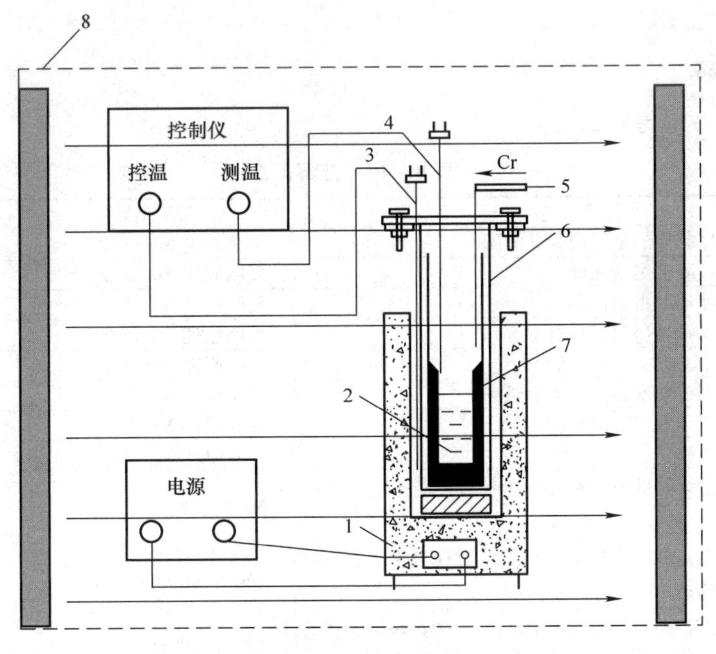

图8-131　新熔盐电沉积系统示意图

1—电炉　2—熔盐　3—控温自热电偶　4—测温仪热电偶　5—氩气入口　6—不锈钢套筒　7—石墨坩埚　8—永磁铁

(1)确定问题要实现的功能为:“增加 + 能量”(动词 + 名词)。

(2)查找效应知识库,得到可用的效应为“Solenoid”,依据该效应得到问题的解决方案。

方案 12 依据“Solenoid”效应,得到解为:在电沉积设备外额外施加一个电磁场,使磁场中运动的带电离子定向移动,如图 8-132 所示。

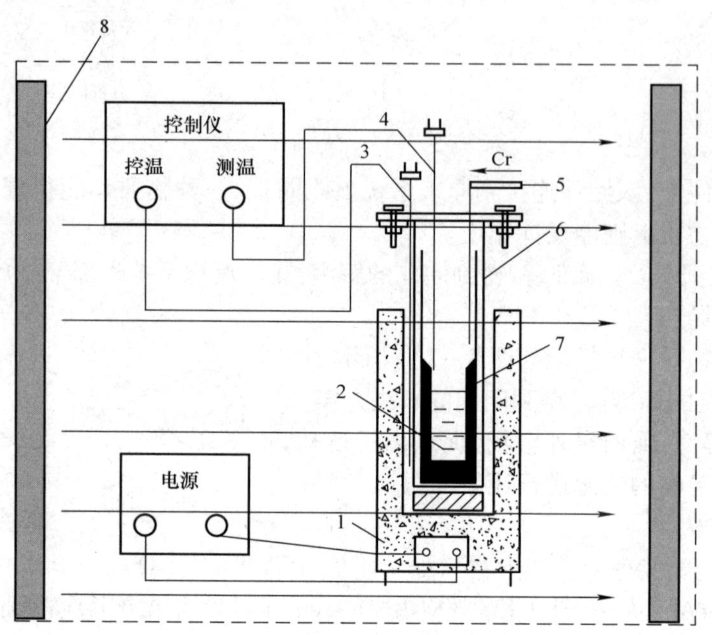

图 8-132　新熔盐电沉积系统

1—7　同前　8—通电线圈

8.10.4　问题的解

上述方案汇总见表 8-46。

表 8-46　方案汇总

序号	方案	所用创新原理	可用性评估
1	增加 Cr_2O_3 物质的量以提高其浓度	发明原理 No. 35(2)	可用
2	提高温度以降低熔盐黏度	发明原理 No. 35(2)	可用
2	改变电流波形及占空比	发明原理 No. 15(2)	可用
3	增加熔盐流动性(温度、搅拌)	发明原理 No. 18(5)	可用
4	维持熔盐中 Cr^{3+} 浓度	发明原理 No. 34(2)	可用
6	在电沉积系统外增加磁场或电磁场	发明原理 No. 28(2)	可用
7	提高熔盐流动性(提高温度或者搅拌)	发明原理 No. 28(3)	可用
9	改变电流频率	发明原理 No. 19(2)	可用
10	在电沉积系统外部额外施加一个促进正离子向阴极移动的电场或磁场	No. 7 标准解	可用
11	在电沉积设备外额外施加一个磁场,使磁场中运动的带电离子定向移动	“Magnetic Field ”效应	可用
12	在电沉积设备外额外施加一个电磁场,使磁场中运动的带电离子定向移动	“Solenoid”效应	可用

最终解为:在电沉积系统外部施加一个磁场或者电磁场,提高带电粒子的定向移动,如图

8 - 133 所示。

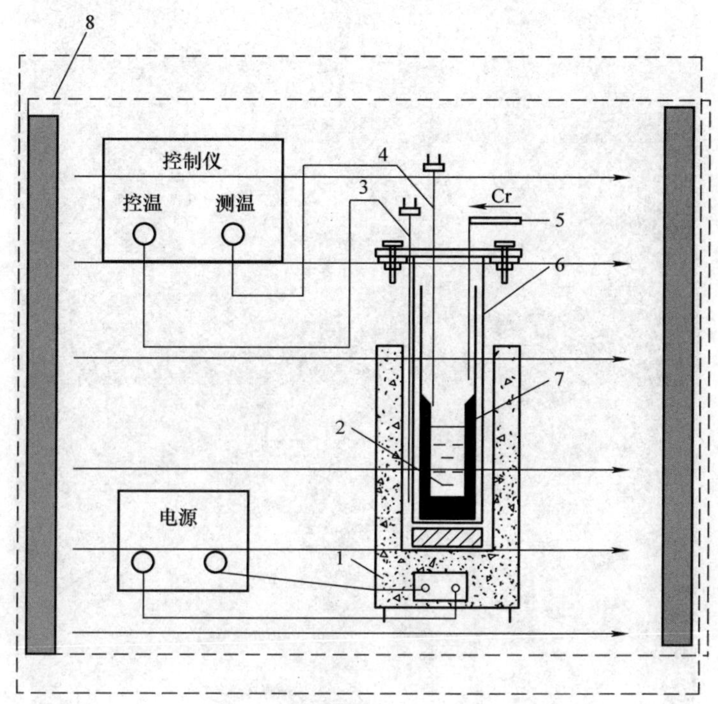

图 8 - 133　最终熔盐电沉积系统

1—7　同前　8—磁场或电磁场

8.10.5　取得成果与效益

专利名称:一种快速电沉积设备。

8.11　降低焦炉煤气中硫的含量

8.11.1　问题背景和描述

1. 问题的背景

焦炉煤气中的 H_2S 及其燃烧产物 SO_2 对大气环境的污染日益突出,产生的雾霾和酸雨问题已成为制约我国经济和社会持续发展的一个重要因素。H_2S 存在危害较大,在生产和输送过程中会腐蚀设备和管道;使用其炼钢会降低钢的质量;用于合成氨生产则会使催化剂中毒和设备腐蚀;H_2S 及 SO_2 均有毒,破坏周围环境,危害人体健康。因此,对焦炉煤气进行脱硫净化处理达标使用已势在必行,如图 8 - 134 所示。

2. 问题的描述

1)定义技术系统实现的功能

问题所在技术系统为:HPF 工艺的脱硫塔。

该技术系统的功能为:用氨水吸收焦炉煤气中的 H_2S。

实现该功能的约束有:脱硫反应的温度、压力,氨水浓度,液气比,再生液中的副盐离子,煤

图 8－134　焦炉煤气中的硫排放严重污染大气环境

气中的杂质，吸收塔结构。

2）现有技术系统的工作原理

HPF 催化氧化脱硫工艺如图 8－135 所示，以氨水为碱源，在脱硫塔内吸收焦炉煤气中的 H_2S。吸收富液收集至反应槽中加入复合催化剂，在再生塔中被氧气氧化为单质硫进泡沫槽，脱硫液再生后循环返回脱硫塔。

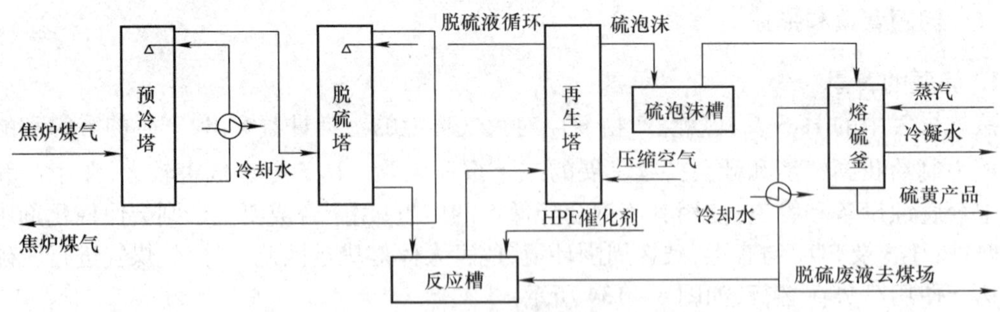

图 8－135　HPF 法脱硫的工艺流程

3）当前技术系统存在的问题

（1）脱硫指标达不到新环保标准，要求 H_2 的浓度小于 10 mg/m^3。

（2）脱硫效率不稳定，使得净煤气中含硫量波动较大。

(3)脱硫再生尾气、废液和硫泡沫三废排放污染问题。

4)问题出现的条件和时间

脱硫塔的工艺流程如图 8－136 所示,依据上述当前系统存在的问题,需要说明以下内容:

(1)化学反应促进吸收过程进行;

(2)反应受温度、压力、反应物浓度、产物浓度影响;

(3)脱硫塔中反应复杂,副产物较多。

$$NH_3 + H_2O \longleftrightarrow NH_4OH$$

$$NH_4OH + H_2S \longleftrightarrow NH_4HS + H_2O$$

$$NH_4OH + HCN \longleftrightarrow NH_4CN + H_2O$$

$$NH_4CN + NH_4HS \longleftrightarrow NH_4CNS$$

5)问题或类似问题的现有解决方案及其缺点

(1)在两塔并联基础上再增设一台脱硫塔如图 8－137 所示,按两并一串操作,通过增加脱硫传质面积和脱硫液循环量提高脱硫效率。

缺点:效果相对较差,成本增加,没有彻底解决实质问题。

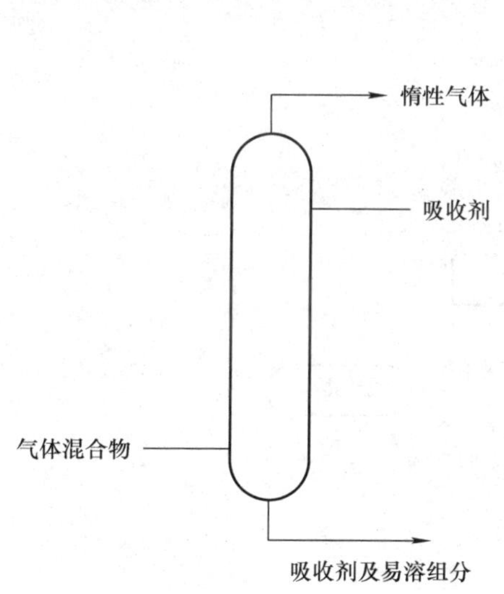

图 8－136　脱硫塔的工艺流程

图 8－137　脱硫塔设备

(2)在现有工艺基础上,分别于回炉加热和外送煤气管线上各增加一套以碳酸钠为碱源的湿法脱硫,正常生产时三套硫装置同时运行。

缺点:运行成本高,投资费用高,增加三废排放。

(3)采用连续提盐方法,减少再生液中副盐离子的含量,避免离子累计。

缺点:提盐设备增加投资,提盐产品纯度较差影响市场销售。

6)新系统的要求

(1)焦炉煤气中 H_2S 的浓度小于 10 mg/m^3。

(2)降低脱硫再生液中副盐离子含量,消除脱硫过程中的三废排放。

8.11.2 问题分析

1. 功能分析

系统分析见表 8－47。

表 8－47 系统分析

制品	焦炉煤气、脱硫富液
系统元件	脱硫塔外罩、填料、液体分布器、液体收集及再分布装置、气体分布器、除沫装置、填料支撑板
超系统元件	焦炉煤气、脱硫液

建立已有系统的功能模型，如图 8－138 所示。

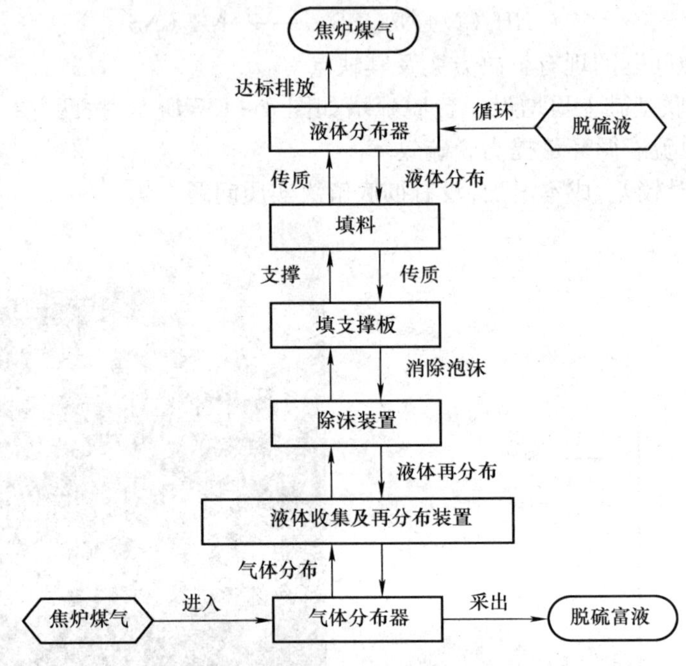

图 8－138 系统整体功能模型

2. 因果分析

图 8－139 为因果分析鱼骨图。

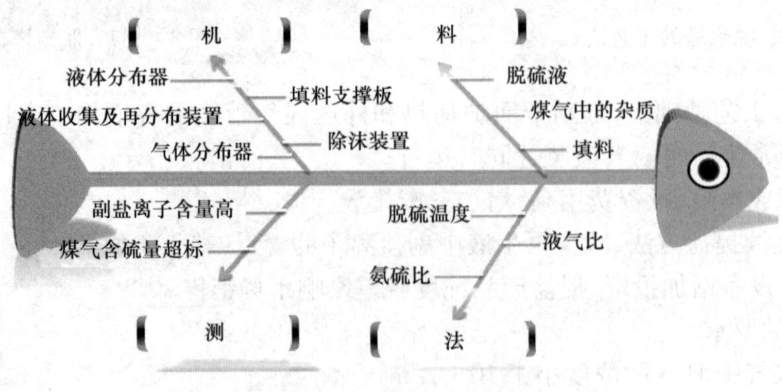

图 8－139 因果分析鱼骨图

应用因果链分析法确定产生问题的原因，如图 8－140 所示。

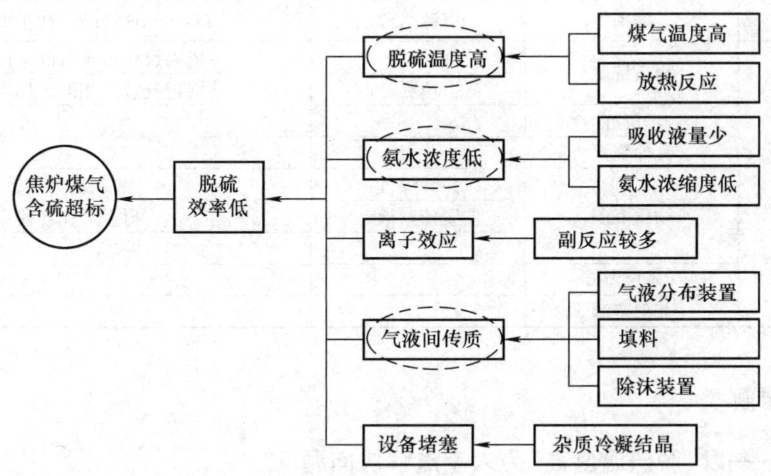

图 8－140　因果键分析

3. 冲突区域确定（问题关键点确定）

问题关键点 1：脱硫温度高。

问题关键点 2：吸收液氨水浓度低。

问题关键点 3：气液间传质过程。

4. 理想解分析

最终理想解：焦炉煤气零含硫排放。

次理想解：焦炉煤气中 H_2S 低于 10 mg/m^3。

（1）设计的最终目的是什么？焦炉煤气达标排放。

（2）理想解是什么？煤气中 H_2S 的浓度小于 10 mg/m^3。

（3）达到理想解的障碍是什么？氨水对 H_2S 吸收量少。

（4）出现这种障碍的结果是什么？H_2S 含量超标。

（5）不出现这种障碍的条件是什么？创造这些条件存在的可用资源是什么？

可通过控制工艺条件减少障碍发生，存在的可用资源有：脱硫温度、氨水浓度、脱硫设备等。

依据理想解分析得到方案为：控制温度低于 24 ℃，提高氨水浓度增加氨硫比，进行设备改造改善传质效果。

5. 可用资源分析

可用资源分析见表 8－48。

表 8－48　可用资源分析

	类别	资源名称	可用性分析（初步方案）
内部资源	物质资源	焦炉煤气	用化学吸收降低 H_2S 含量
		氨水	用作脱硫液吸收 H_2S
	场资源	化学	化学反应促进吸收过程进行
		热	吸收为放热过程
	其他资源		

续表

	类别	资源名称	可用性分析(初步方案)
外部资源	物质资源	脱硫塔	塔内设备可进行改造促进传质
		填料	促进气液两相间的传质和传热
	场资源		
	其他资源		
超系统资源	物质资源	焦炉煤气	脱硫后可达标
		脱硫富液	再生后循环使用
	场资源		
	其他资源		

8.11.3 问题求解

1. 问题1——以“脱硫温度高”为入手点解决问题

工具1:冲突解决理论。

技术冲突解决过程如下。

(1)冲突描述:为了减少系统的“含硫量”,需要增加脱硫量,但这样做会导致系统的脱硫温度升高 。

(2)转换成 TRIZ 标准冲突。

改善的参数:物质或事物的数量(No. 26)。

恶化的参数:温度(No. 17)。

查找冲突矩阵,得到如下发明原理,见表8-49。

表8-49 问题1对应的发明原理

改善的参数	恶化的参数	对应的发明原理
物质或事物的数量	温度	3,17,39

方案1 依据“维数变化”发明原理(No. 17)第(2)条,将物体用多层排列代替单层排列,得到解为:将塔内填料用多层排列代替单层排列,如图8-141所示,将填料层分段,填料层下面为支撑板,上面为填料压板及液体分布装置,分割的多层塔板上保证其横截面积上的吸收速率达到最大。

工具2:物质-场分析及76个标准解。

(1)建立问题的物质-场模型,如图8-142所示。

(2)根据所建问题的物质-场模型,应用标准解解决流程,得到标准解为:No. 18 、No. 12。

(3)依据选定的标准解,得到问题的解决方案。

No. 18 标准解为:改变 S_2 成为多孔物质或毛细材料,允许气体或液体通过。

方案2 依据 No. 18 标准解,得到问题的解为:塔内传质填料选用通量大、阻力小、不易挂料堵塞的垂直网,如图8-143所示,可避免堵塞、偏流、接触不良,促进传质传热过程进行。

改进之后的物质-场模型如图8-144所示。

No. 12 标准解为:在一个系统中有用及有害效应同时存在,且必须处于接触状态。增加 F_2 抵消 F_1 的有害效应,或获得一个有用的附加效应。

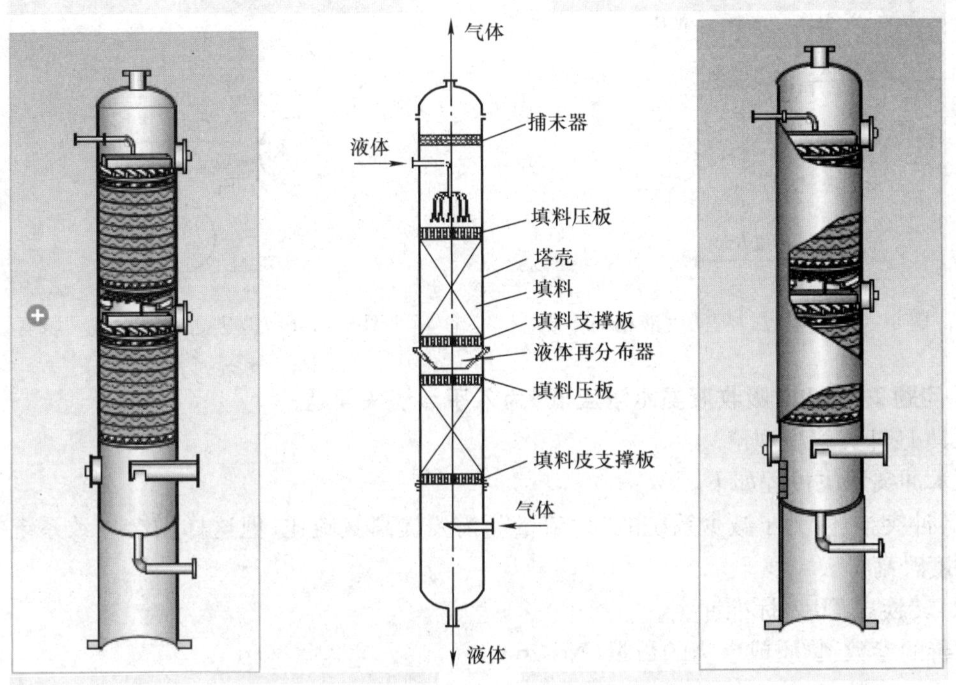

图 8－141　脱硫塔内单层填料改为多层填料

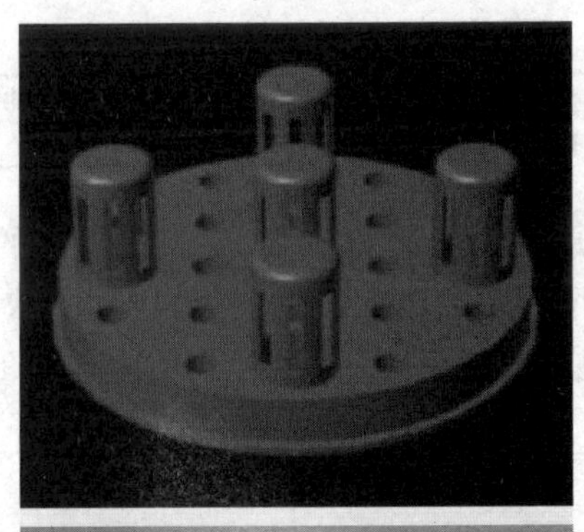

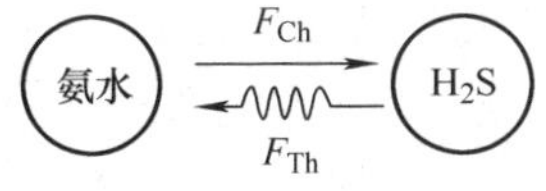

图 8－142　物质－场模型　　图 8－143　垂直网多孔填料　　图 8－144　改进之后的物质－场模型

方案 3　依据 No. 12 标准解，得到问题的解为：吸收过程放热，温度升高不利于吸收，增大气液相接触面积可以促进传质过程进行和热量及时交换，抵消有害效应如图 8－145 所示。

改进之后的物质－场模型如图 8－146 所示。

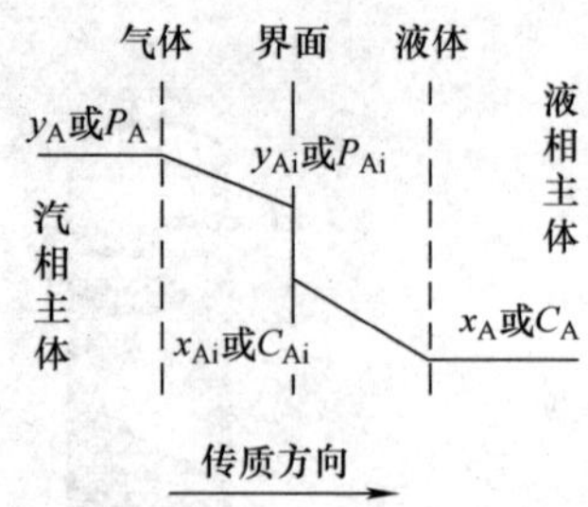

图 8－145　吸收过程的气液相间传质

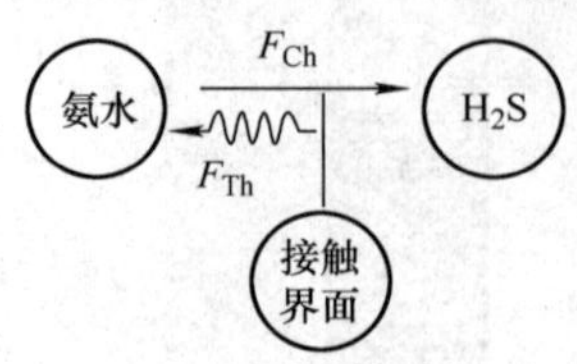

图 8－146　改进之后的物质－场模型

2. 问题 2——以“吸收液氨水浓度低”为入手点解决问题

工具 1:冲突解决理论。

技术冲突解决过程如下。

(1)冲突描述:为了减少系统的“含硫量”,需要提高氨硫比,但这样做会导致系统的 副盐离子浓度升高 。

(2)转换成 TRIZ 标准冲突。

改善的参数:物质或事物的数量(No. 26)。

恶化的参数:物体产生的有害因素(No. 31)。

(3)查找冲突矩阵,得到如下发明原理,见表 8－49。

表 8－49　问题 2 对应的发明原理

改善的参数	恶化的参数	对应的发明原理
物质或事物的数量	物体产生的有害因素	3,35,40,39

方案 4　依据“局部质量”发明原理(No. 3)第 3 条,使组成物体的每一个部分都最大限度地发挥作用,得到解为:在再生塔后增设一台洗氨塔,蒸氨后得到的浓氨蒸气补充到脱硫塔内,会明显增加氨水的浓度,提高吸收过程的氨硫比,促进吸收反应更快地进行,提高脱硫效率,如图 8－147 所示。

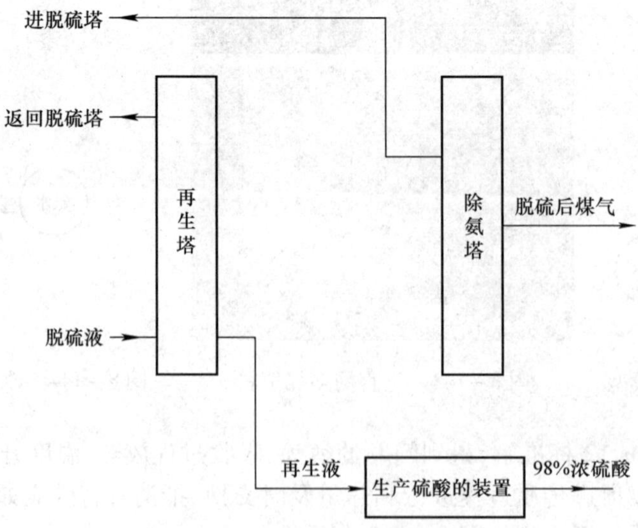

图 8－147　增加洗氨塔的工艺流程

方案 5　依据“参数变化”发明原理(No. 35)第 2 条,改变物体的浓度或黏度,得到解为:利用适量剩余氨水先对脱硫煤气洗氨和预冷洗涤;富含游离氨的剩余氨水再进行蒸氨脱酚处理,浓氨气最终返回脱硫,通过调整剩余氨水循环量,使煤气中的氨硫比控制在较佳状态,如图 8 - 148 所示。

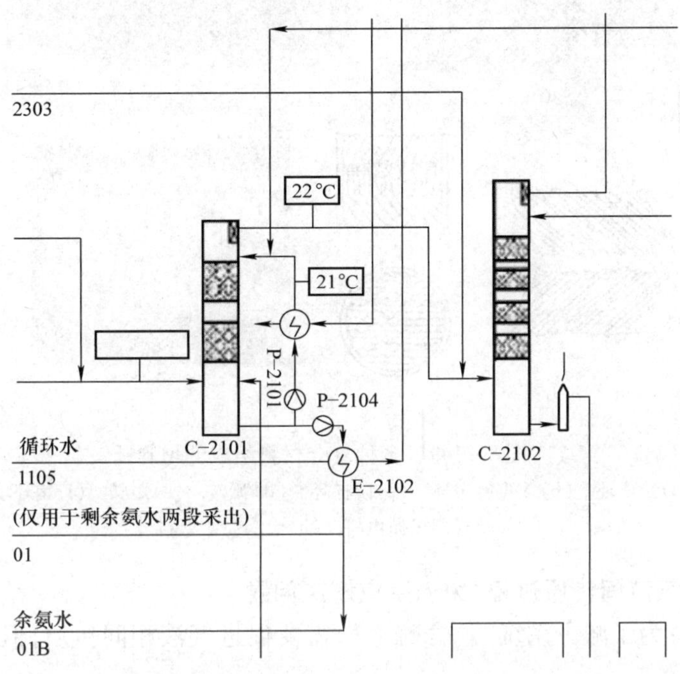

图 8 - 148　调整氨水循环量控制氨硫比在最佳状态

方案 6　依据“复合材料”发明原理(No. 40)第 1 条,将材质单一的材料改为复合材料,得到解为:将单一填料改为多种复合材料的填料,根据每层塔板的传质传热情况选择不同尺寸、材质、比表面积、空隙率、堆积密度和机械强度的填料 ,使每层塔板上的气液相传质达到最充分,如图 8 - 149 所示。

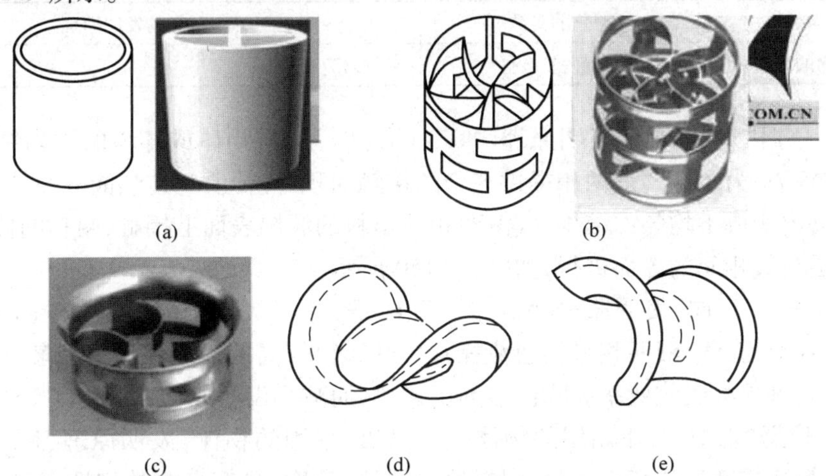

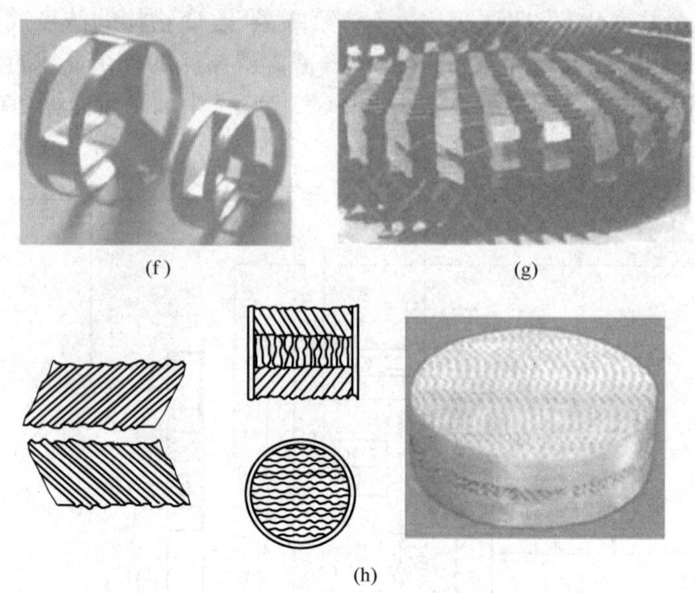

(f) (g)

(h)

图 8－149　多种复合材料组成的填料

(a)拉西环　(b)改型鲍尔环　(c)阶梯环　(d)弧鞍　(e)矩鞍　(f)扁环填料

(g)蜂窝格栅填料　(h)金属波纹填料

3. 问题 3——以“气液间传质过程”为入手点解决问题

(1)冲突描述:为了减少系统的“含硫量”,需要促进气液相间传质,但这样做了会导致系统的 设备改进。

(2)转换成 TRIZ 标准冲突。

改善的参数:物质或事物的数量(No. 26)。

恶化的参数:装置的复杂性(No. 36)。

(3)查找冲突矩阵,得到如下发明原理,见表 8－50。

表 8－50　问题 3 对应的发明原理

改善的参数	恶化的参数	对应的发明原理
物质或事物的数量	装置的复杂性	3,13,27,10

方案 7　依据“局部质量”发明原理(No. 3)第(1)条,将物体或环境的均匀结构变成不均匀结构,得到解为:为了给气液两相提供充分的接触面积,使传质与传热能够充分有效进行,采用填料塔将塔内变成不均匀的结构,气液两相在填料的润湿表面上接触,两相的传质通过填料表面上的液层与气相间的界面进行,如图 8－150 所示。

方案 8　依据“反向”发明原理(No. 13)第(1)条,将一个问题说明中所规定的操作改为相反的操作,得到解为:气、液两相采用逆流操作 ,可获得较高的吸收液浓度及较大的吸收推动力,即逆流吸收可提高吸收效率和降低溶剂用量,从而减小设备尺寸,如图 8－151 所示。

方案 9　依据“低成本、不耐用的物体代替昂贵、耐用的物体”发明原理(No. 27),得到解为:将塔内填料换成新型的塑料填料,塑料填料质轻、价廉,具有良好的韧性,耐冲击、不易碎,它的通量大、压降低,缺点是表面润湿性能差,可通过适当的表面处理来改善,如图 8－152

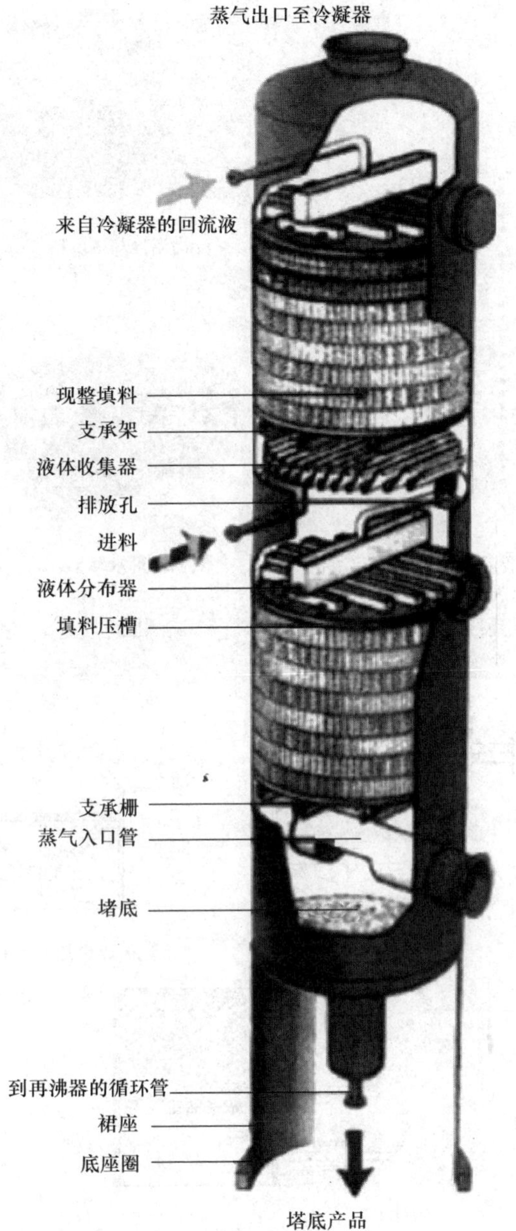

图 8－150　不均匀结构的多层填料塔

所示。

方案 10　依据“预操作”发明原理(No. 10)第(2)条,预先对物体进行特殊安排,使其在时间上有准备,或已处于易操作的位置,得到解为:对吸收液和气体都进行预操作;塔顶采用液体分布器,使吸收液均匀分布在填料层上;中间有液体收集及再分布装置,将上段填料层流下的液体收集充分混合后,重新分布在下段填料层上。塔底有气体分布器,使气体能够均匀分布,具体如图 8－153 所示。

图 8－151　逆流操作提高吸收效率

图 8－152　新型的塑料填料

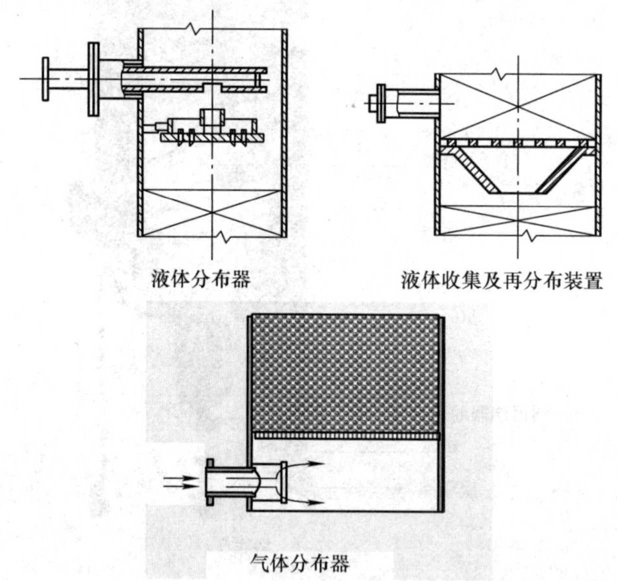

图 8－153　吸收液和气体的预操作装置

8.11.4　问题的解

上述方案汇总见表 8－51。

表 8－51　方案汇总

序号	方案	所用创新原理	可用性评估
1	采用分段多层填料	发明原理 No. 17	
2	填料选用通量大、阻力小、不易挂料堵塞的垂直网	物质－场分析 No. 18	

续表

序号	方案	所用创新原理	可用性评估
3	增大气液相接触面积	物质－场分析 No. 12	
4	增设一台洗氨塔来提高氨水浓度	发明原理 No. 3	
5	调整氨水循环量来提高氨水浓度	发明原理 No. 35	
6	不同塔板采用不同材质、规格的填料	发明原理 No. 40	
7	改板式塔为填料塔	发明原理 No. 3	
8	填料塔吸收采用逆流操作	发明原理 No. 13	
9	塔内部分填料可更换为塑料填料	发明原理 No. 27	
10	通过液体分布器、再分布装置、气体分布器进行预分布	发明原理 No. 10	

依据上面得到的若干创新解，通过评价，确定最优解。

工艺改进如图 8－154 所示，主要包括：

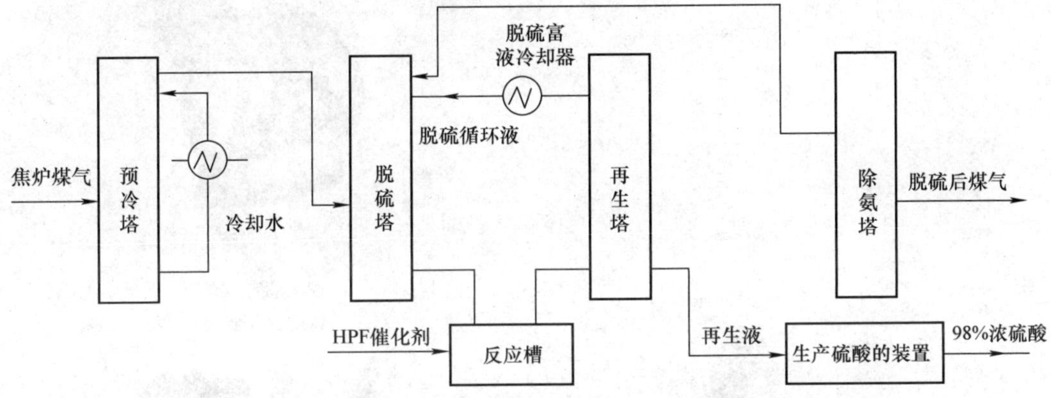

图 8－154　改进后的脱硫工艺流程

(1)增加换热面积；

(2)增设脱硫富液冷却器；

(3)增设洗氨塔；

(4)增设硫酸生产装置。

脱硫塔设备：

(1)采用分段填料塔。

(2)逆流操作。

(3)分段选用不同材质填料。

(4)塔顶：液体分布器。

(5)中间：再分布装置。

(6)塔底：气体分布器。

8.12　降低多孔钛人体骨骼的制备成本

8.12.1　问题背景和描述

1. 问题的背景

利用了凝胶注模制备多孔材料的优势，同时结合了 3D 打印产品的高精度及人体骨骼扫描技术,如图 8 - 155。首先,将人体骨骼进行三维扫描,采用 3D 打印机制备出薄皮空心的人体骨骼模型,然后采用凝胶注模的方法制备浆料直接注入 3D 打印的塑料模具成形,然后连同模具一起真空下高温烧结,烧结过程中,塑料模具在高温下汽化消失,钛合金的金属坯体在高温下烧结成形,最终制备出需要的多孔钛合金人体骨骼。在凝胶注模干燥与烧结过程中坯体都要收缩,能够准确通过控制工艺参数来控制制品整个过程的收缩率是该工程的实施关键。

2. 问题的描述

问题所在技术系统为:多孔钛骨骼。

该技术系统的功能为:作为人体坏死骨骼替换。

实现该功能的约束有:尺寸精度、孔隙率、强度、生物活性。

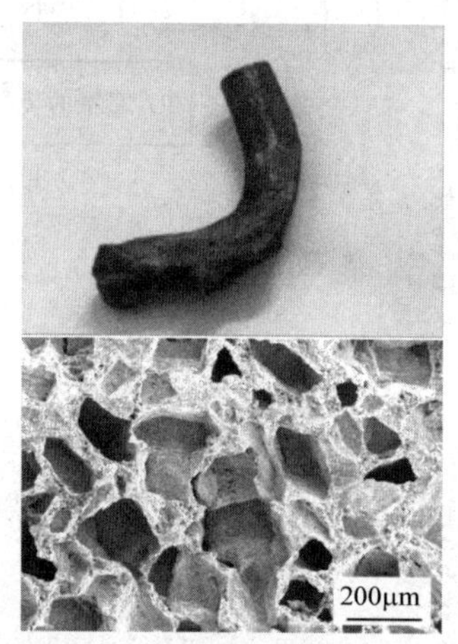

图 8 - 155　多孔钛形貌与组织照片

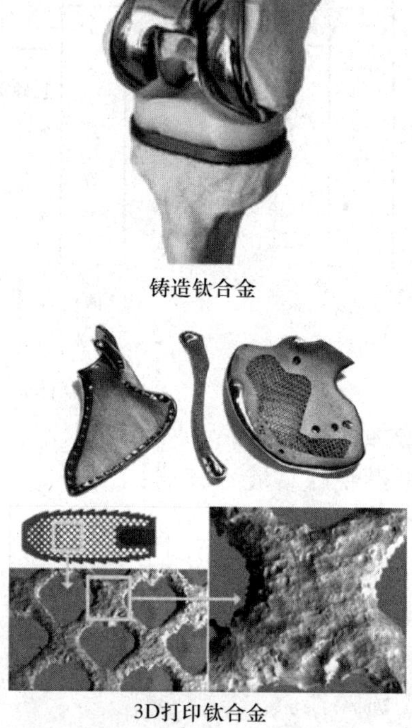

图 8 - 156　人体钛合金骨骼照片

3. 当前技术系统存在的问题

3D 打印钛合金成本太高,强度不够,微孔结构难以制备。

4. 问题出现的条件和时间

(1)3D 打印用进口钛粉价格昂贵。

(2)3D 打印设备价格昂贵。

(3)烧结不足的时候出现强度不够。

(4)3D 打印过程中无法加入造孔剂,微孔难以制备。

5. 问题或类似问题的现有解决方案及其缺点

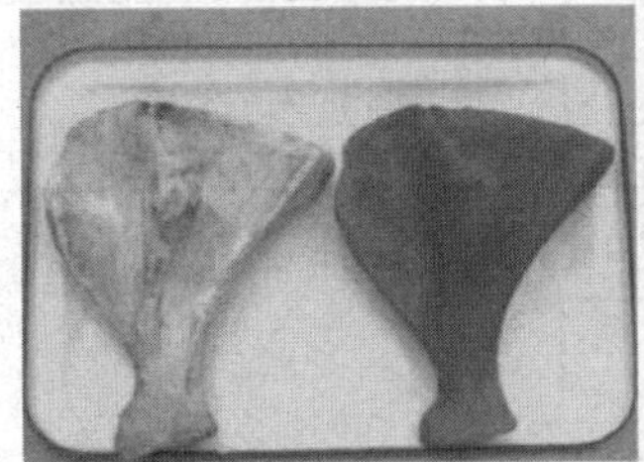
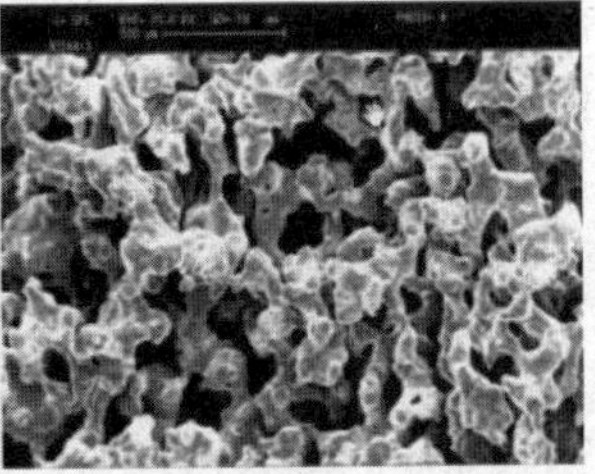

图 8－157　凝胶注膜成形医用孔钛

1)烧结收缩率不一致问题

(1)浆料稳定性差。

解决方案:适当提高黏度。

缺点:导致流动性差,浇注不方便。

(2)固化过程不完全。

2)烧结孔隙率与强度冲突问题

(1)孔隙分布不均匀。

(2)孔隙尺寸差别大。

6. 新系统的要求如图 8－158 所示

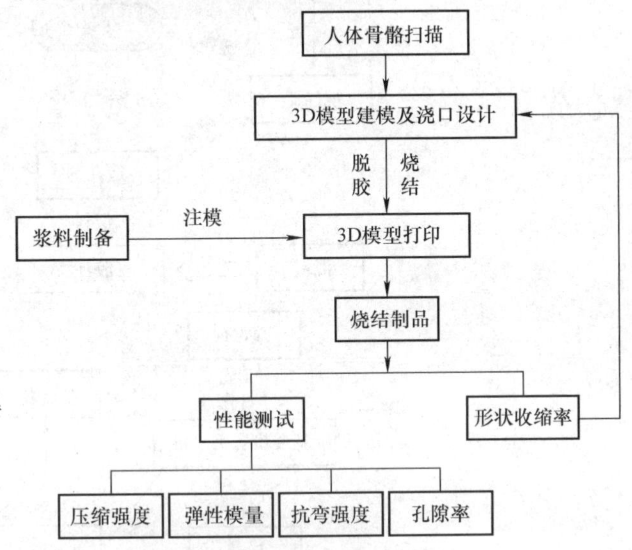

图 8－158　功能模型图

图 8－159 为从患者光片采集数据得到的制备钛合金的模具。

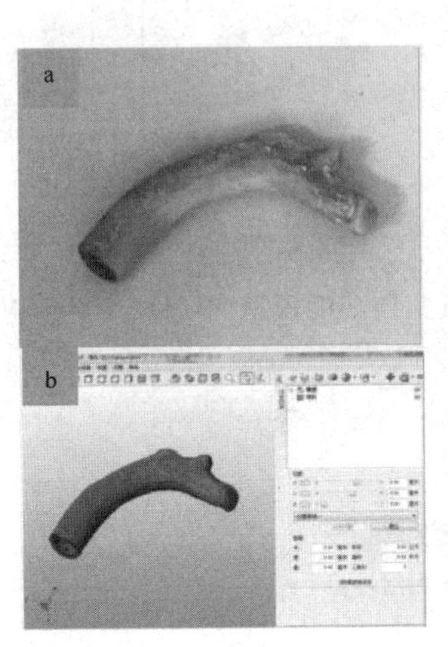

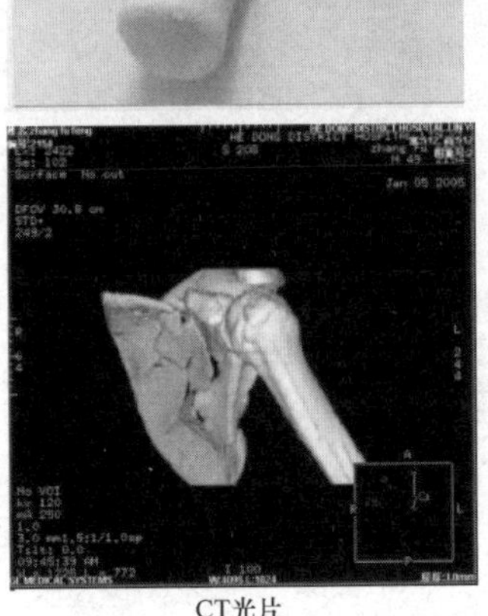

CT光片

图 8－159　钛合金骨骼制备过程

8.12.2　问题分析

1. 功能分析

系统分析见表 8－52。

表 8－52　系统分析

制品	多孔钛骨骼
系统元件	钛粉、造孔剂、凝胶溶液
超系统元件	混料机、3D 打印模具、真空烧结炉

建立已有系统的功能模型，如图 8－160 所示。

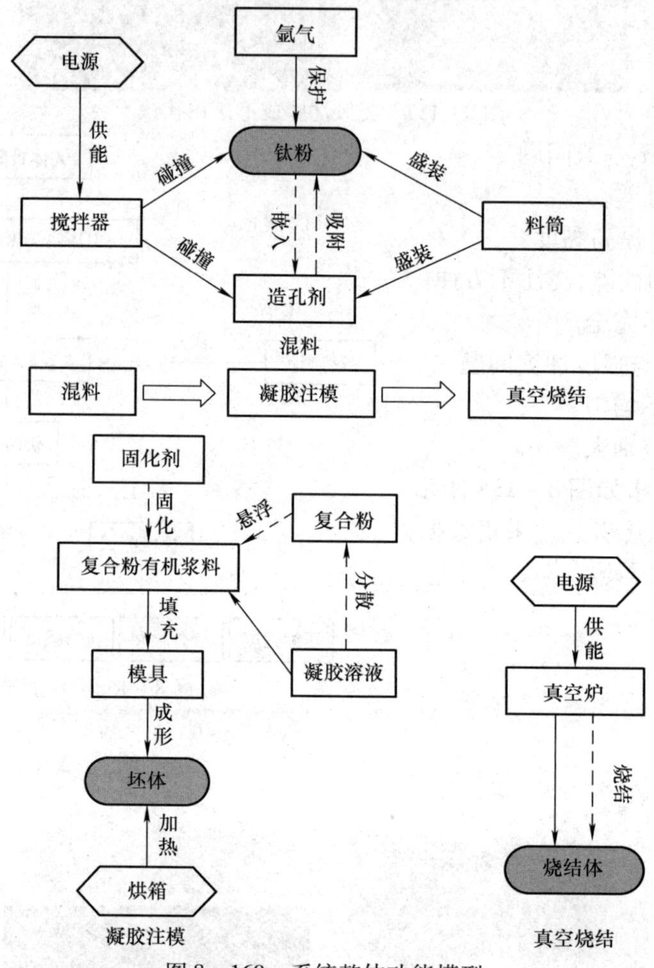

图 8－160　系统整体功能模型

2. 因果分析

因果分析鱼骨图如图 8－161 所示。

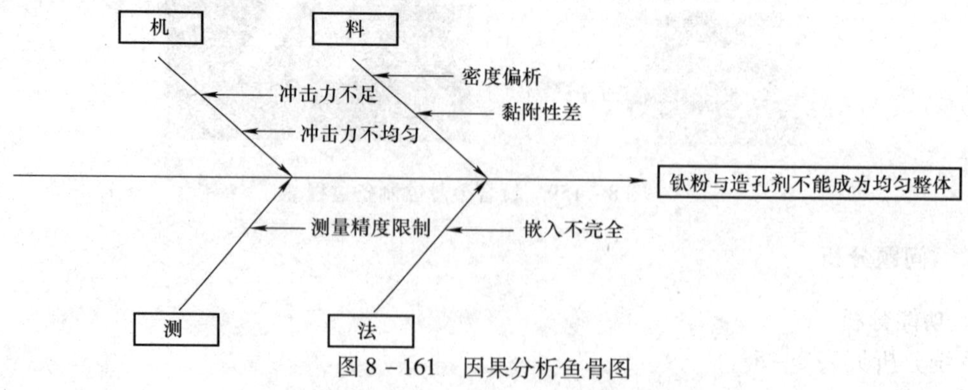

图 8－161　因果分析鱼骨图

应用因果链分析法确定产生问题的原因,如图 8-162 所示。

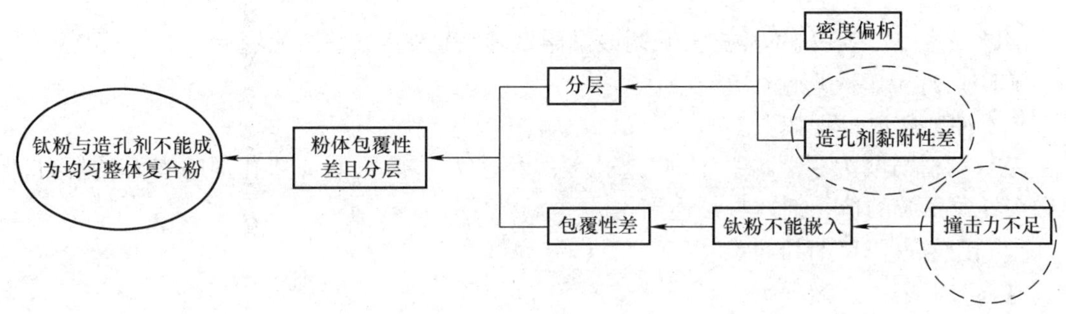

图 8-162　因果链分析

3. 冲突区域确定(问题关键点确定)

问题关键点 1:造孔剂不能充分吸附或黏附钛粉。

问题关键点 2:换料机的搅拌撞击力不能够使钛粉机械嵌入造孔剂。

4. 理想解分析

最终理想解:所有钛粉完全嵌入或黏附在造孔剂表面形成芯-壳结构。

次理想解:大部分钛粉嵌入或黏附在造孔剂表面形成芯-壳结构。

(1)设计的最终目的是什么?钛粉能包覆造孔剂。

(2)理想解是什么?所有钛粉完全嵌入或黏附在造孔剂表面形成芯-壳结构。

(3)达到理想解的障碍是什么?钛粉不能嵌入或黏附在造孔剂上。

(4)出现这种障碍的结果是什么?造孔剂与钛粉出现密度偏聚。

(5)不出现这种障碍的条件是什么?造孔剂有吸附性、透孔剂有黏性、能黏结钛粉。

依据理想解分析得到方案为:采用具有吸附性的造孔剂和有黏性的透孔剂,充分黏结钛粉。

5. 可用资源分析

可用资源分析见表 8-53。

表 8-53　可用资源分析

	类别	资源名称	可用性分析(初步方案)
内部资源	物质资源	钛粉	
		造孔剂	
		搅拌器	
		料筒	
	场资源	冲击势能(机械能)	
	其他资源		
外部资源	物质资源	氩气	
	场资源	温度	
	其他资源		
超系统资源	物质资源		
	场资源	电能	
	其他资源		

8.12.3 问题求解

问题——以“造孔剂不能充分吸附或黏附钛粉”为入手点解决问题

工具 1：冲突解决理论。

技术冲突解决过程如下。

（1）冲突描述：为了混料系统的“造孔剂的黏附力”，需要增加造孔剂的表面黏附力，但这样做会导致系统的造孔剂本身粘连聚集。

（2）转换成 TRIZ 标准冲突。

改善的参数：力（No. 10）。

恶化的参数：可靠性（No. 27）。

（3）查找冲突矩阵，得到如下发明原理，见表 8－54。

表 8－54　问题对应的发明原理

改善的参数	恶化的参数	对应的发明原理
力	可靠性	3，35，13，21

方案 1　依据“局部质量”发明原理（No. 3），得到解。

方案描述：采用聚乙烯醇颗粒作为造孔剂，常温下没有黏性，在搅拌过程中加热，使得聚乙烯醇颗粒表面局部呈现出融化状态，将钛粉黏附在聚乙烯醇颗粒表面形成包覆粉，如图 8－163 所示。

方案 2　依据“参数变化”发明原理（No. 35），得到解。

方案描述：采用叶轮搅拌的方式混料，改变造孔剂的加入方法，在搅拌过程中逐渐加入造孔剂，加入前在造孔剂表面喷洒黏性溶液，如图 8－164 所示。

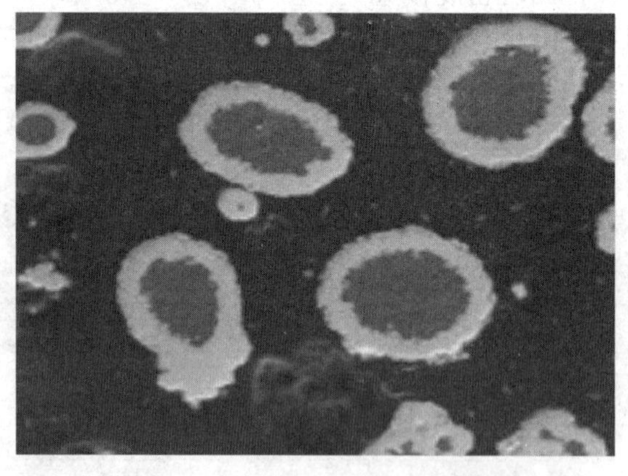

图 8－163　聚乙烯醇黏附钛粉的组织照片

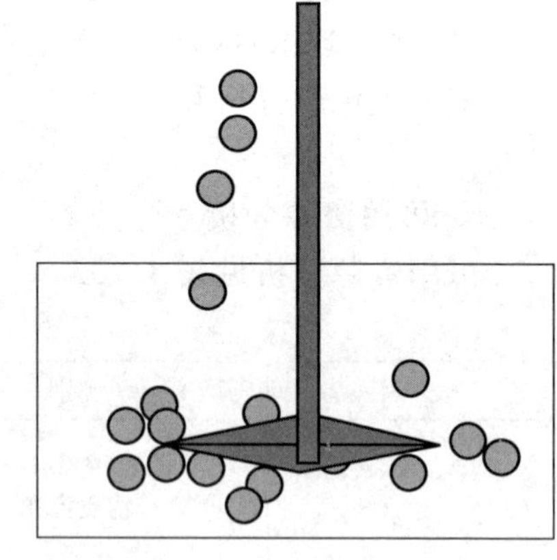

图 8－164　叶轮搅拌示意图

（1）冲突描述：为了“得到包覆粉”，需要参数“造孔剂表面黏度”为“正”，但又为了“防止造孔剂本身粘连”，需要参数“造孔剂表面黏度”为“负”，即某个参数既要“正”又要“负”。

（2）选用四条分离原理（空间分离、时间分离、基于条件的分离、整体与部分分离）当中的“整体与部分分离原理 6、40”原理，得到解决方案。

方案 3　40 复合材料。

采用电镀或化学镀的方法在造孔剂表面镀钛，然后将镀有钛的复合粉与外加钛粉混合作为后续的复合粉，如图 8－165 所示。

图 8－165　造孔剂表面镀 Ti 的形貌照片

方案 4　6 多用性。

采用粗的糖颗粒，自身可以提供黏性，加入钛粉后加热，使糖的表面融化，钛粉黏附上去，形成包覆粉，如图 8－166 所示。

工具 2：物质－场分析及 76 个标准解。

（1）建立问题的物质－场模型，如图 8－167 所示。功能模型如图 8－168 所示。

图 8－166　粗糖的形貌照片

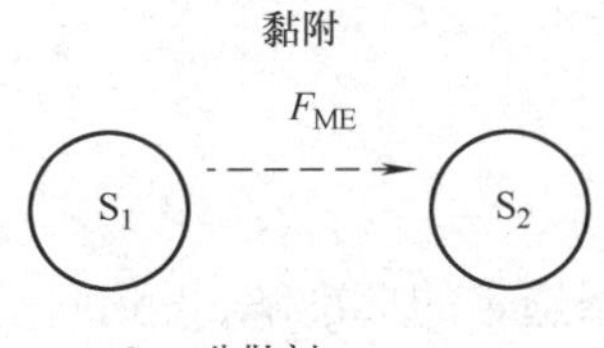

图 8－167　物质－场模型

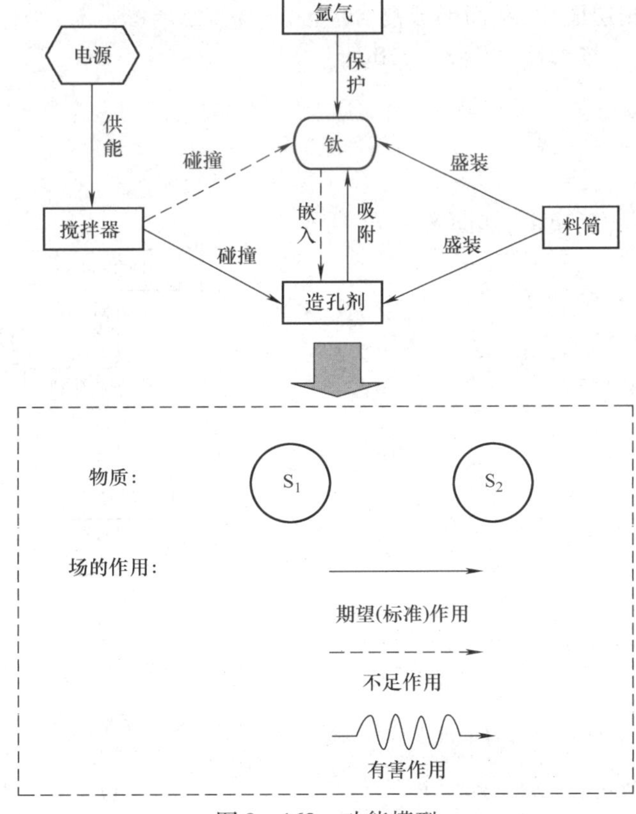

图 8－168　功能模型

(2)根据所建问题的物质－场模型,应用标准解解决流程,得到标准解为:第一类物质－场改进与拆解。

No. 3 外部型复杂物质场模型如图 8－169 所示。

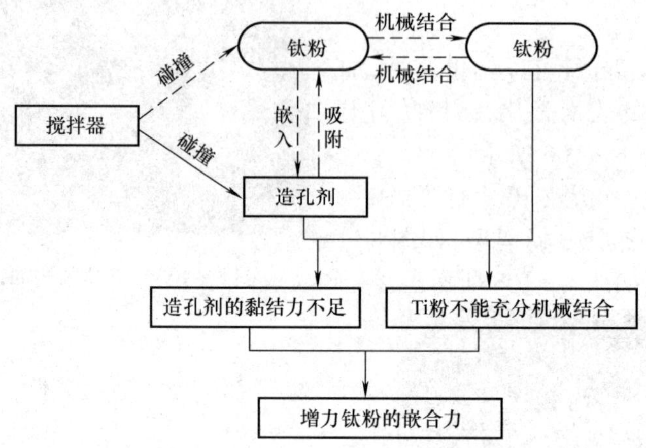

图 8－169　物质场模型

(3)依据选定的标准解,得到问题的解决方案。

No. 14 标准解为:No. 3 外部型复杂物质场。

方案 5　依据 No. 3 标准解,得到问题的解为:将造孔剂进入到有机凝胶中,表面黏附一层厚厚的凝胶,将黏有凝胶的造孔剂逐渐加入搅拌中的钛粉中,钛粉嵌入凝胶,并黏附很厚一层钛层,然后加热使凝胶层固化,从而形成复合层。

改进之后的物质－场模型如图 8－170 所示。

8.12.4　问题分析

1. 功能分析

建立已有系统的功能模型,如图 8－171 所示。

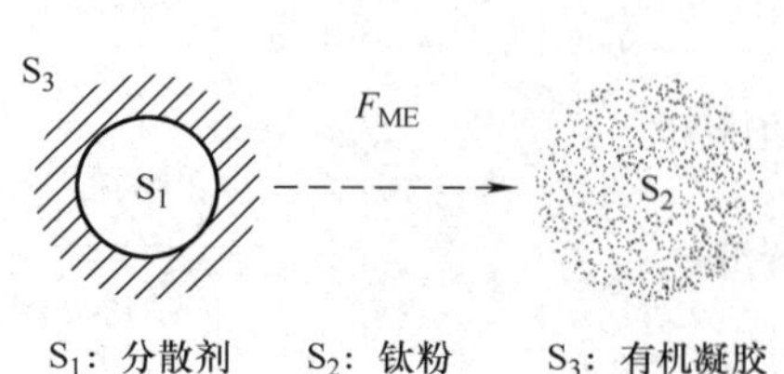

图 8－170　改进之后的物质－场模型

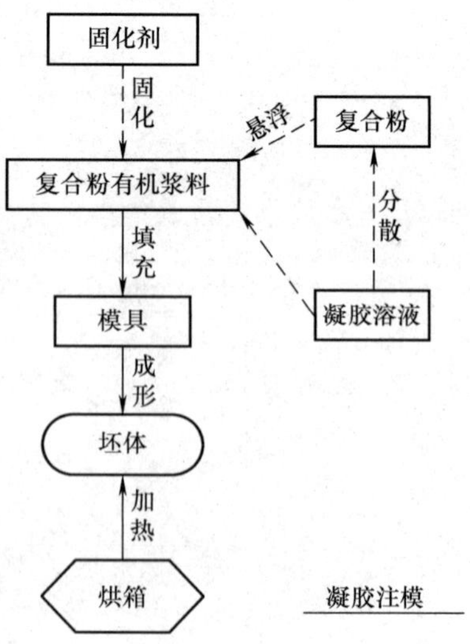

图 8－171　系统整体功能模型

2. 因果分析

因果分析鱼骨图如图8－172所示。

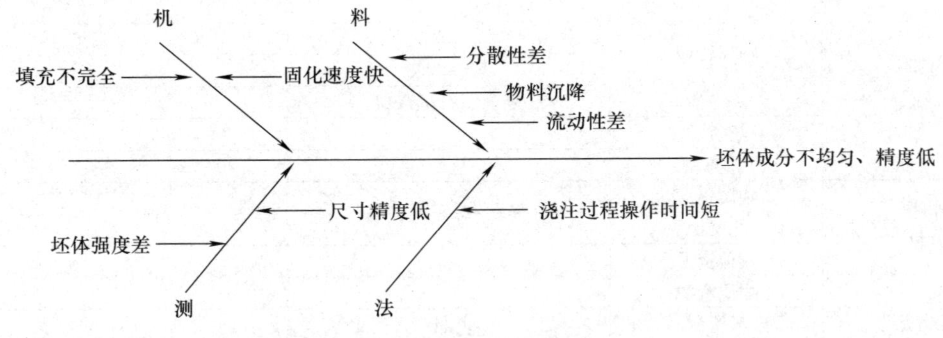

图8－172　因果分析鱼骨图

应用因果链分析法确定产生问题的原因，如图8－173所示。

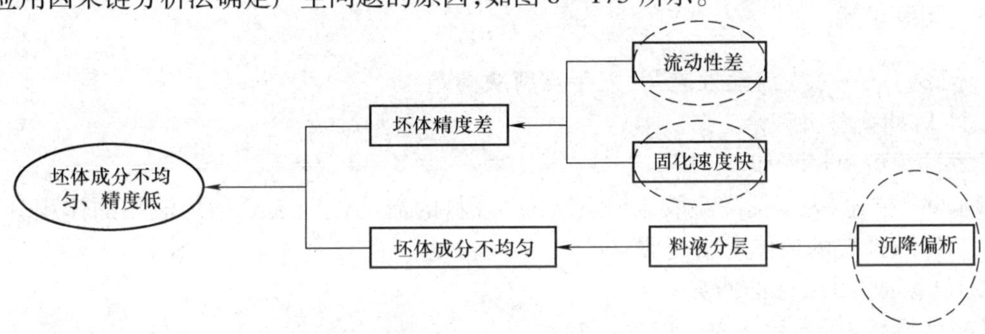

图8－173　因果链分析

3. 冲突区域确定（问题关键点确定）

问题关键点1：沉降偏析。

问题关键点2：固化速度快。

4. 理想解分析

最终理想解：坯体成分均匀、成形精度高。

次理想解：坯体成分存在微小偏析、精度满足要求。

（1）设计的最终目的是什么？得到成分均匀、成形精度高的坯体。

（2）理想解是什么？坯体成分均匀、成形精度高。

（3）达到理想解的障碍是什么？物料沉降偏析、流动性差、固化速度快。

（4）出现这种障碍的结果是什么？坯体中成分不均匀并且浆料固化前不能完全填充模具。

（5）不出现这种障碍的条件是什么？固化时间可控

依据理想解分析得到方案为：浆料均匀流动，物料沉降均匀无偏析，形成精度高且成分均匀的坯体。

5. 可用资源分析

可用资源分析见表8－65。

表 8－65 可用资源分析

类别		资源名称	可用性分析(初步方案)
内部资源	物质资源	固化剂	
		复合粉	
		凝胶溶液	
		复合粉有机浆料	
	场资源		
	其他资源		
外部资源	物质资源	模具	
	场资源		
	其他资源		
超系统资源	物质资源		
	场资源	热能	
	其他资源		

8.12.5 问题求解

1. 问题 1——以“流动性差”为入手点解决问题

工具 1:冲突解决理论。

技术冲突解决过程如下。

(1)冲突描述:为了提高凝胶注模系统的“浆料的流动性”,需要增加液相的体积分数,但这样做会导致系统的坯体烧结变形。

(2)转换成 TRIZ 标准冲突。

改善的参数:运动物体的体积(No. 7)。

恶化的参数:形状(No. 12)

(3)查找冲突矩阵,得到如下发明原理,见表 8－56。

表 8－56 问题对应的发明原理

改善的参数	恶化的参数	对应的发明原理
运动物体的体积	形状	10,35,34,40

方案 6 依据“参数变化”发明原理(No. 35),得到解。

方案描述:采用粗颗粒的钛粉,增加粉末在溶液中的分散性,保证固相量不减少的情况下,浆料流动性好,如图 8－174 所示。

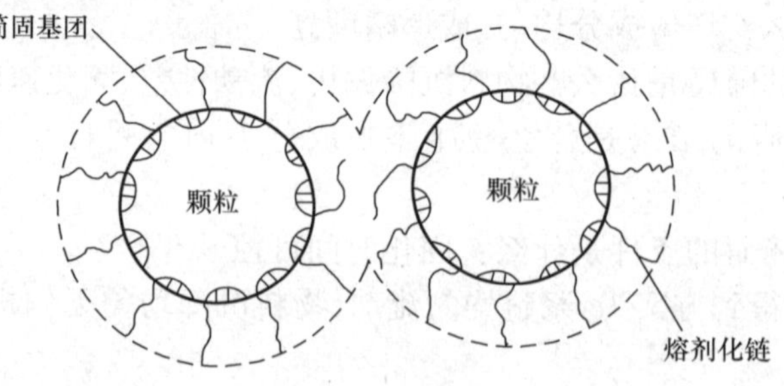

图 8－174 凝胶模型

方案 7 依据“抛弃与修复”发明原理(No. 34),得到解。

方案描述:抛弃造孔剂,采用3D打印制备内部为三维贯通网络骨架,这样浆料中没有造孔剂、固相量降低,流动性大大增加,如图8－175所示。

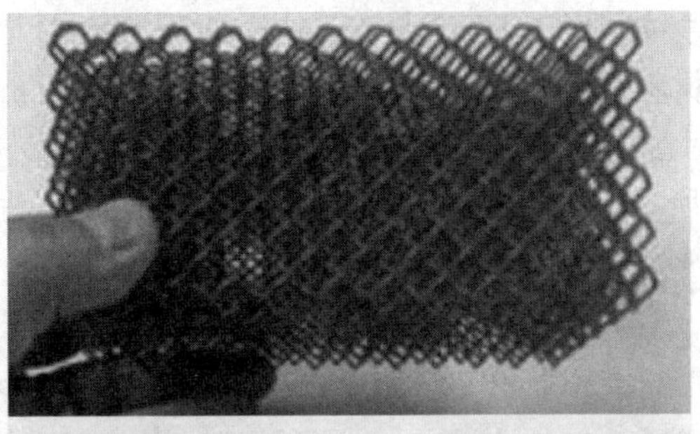

图8－175　多孔材料

物理冲突解决过程如下。

(1)冲突描述:为了"提高凝胶的流动性",需要参数"液相含量"为"正",但又为了"保证后续烧结后的制品强度",需要参数"液相含量"为"负",即某个参数既要"正"又要"负"。

(2)选用四条分离原理(空间分离、时间分离、基于条件的分离、整体与部分分离)当中的"条件分离原理28、29、31"原理,得到解决方案。

方案8　依据"机械系统的替代"发明原理(No. 28),得到解。

方案描述:在浆料凝胶注模成形前对浆料进行球磨(磨球采用氧化铝球),在液体不增加的情况下,提高浆料的黏度,如图8－176所示。

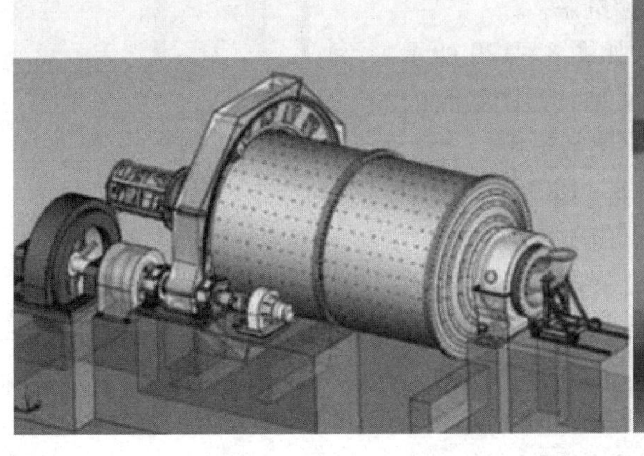

图8－176　球磨工艺

方案 9　依据“气动与液压结构”发明原理(No. 29),得到解。

方案描述:采用液压注射成形替代浇注提高浆料的压力,克服浆料的流动性差问题,用压力填充模具,获得尺寸精度,如图 8－177 所示。

方案 10　依据“多孔材料”发明原因(No. 31),得到解。

方案描述:将纯钛粉制备成流动性好的浆料,然后用浆料浸渗泡沫多空体,直接得到多孔材料的坯体,如图 8－178 所示。

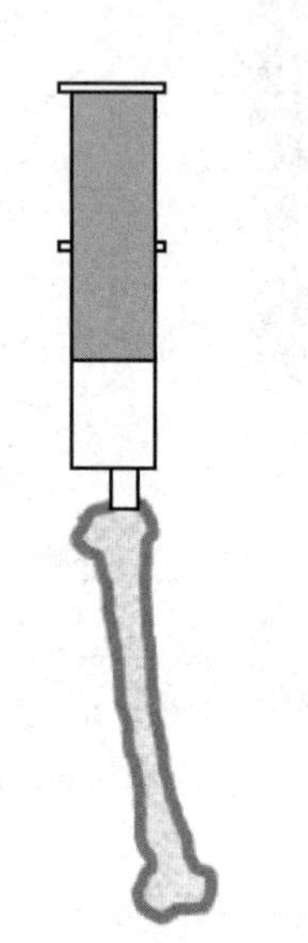

图 8－177　凝胶注模工艺

图 8－178　多孔结构微观组织

工具 2:物质－场分析及 76 个标准解。

(1)建立问题的物质－场模型,如图 8－179 所示。

(2)根据所建问题的物质－场模型,应用标准解解决流程,得到标准解为:第一类物质－场的构建与拆解。

改进不充分系统的性能。如图 8－180 所示。

(3)依据选定的标准解,得到问题的解决方案。

No. X 标准解为:No. 2 内部型复杂物质场。

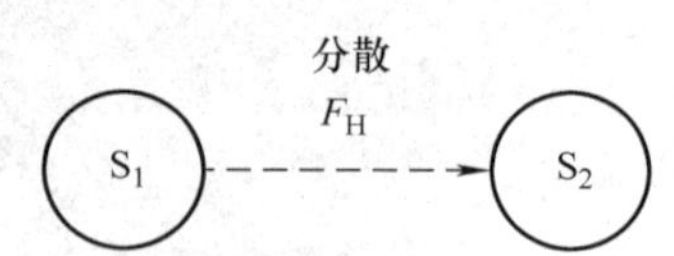

S_1:粉体
S_2:凝胶溶液

图 8－179　物质－场模型

方案 1　依据 No. 2 标准解,得到问题的解为:在溶液中加入超分散剂(Solsperse 17000),增加粉体间的分散性,提高浆料的流动性,从而不降低固含量。如图 8－181 所示。

改进之后的物质－场模型如图 8－182 所示。

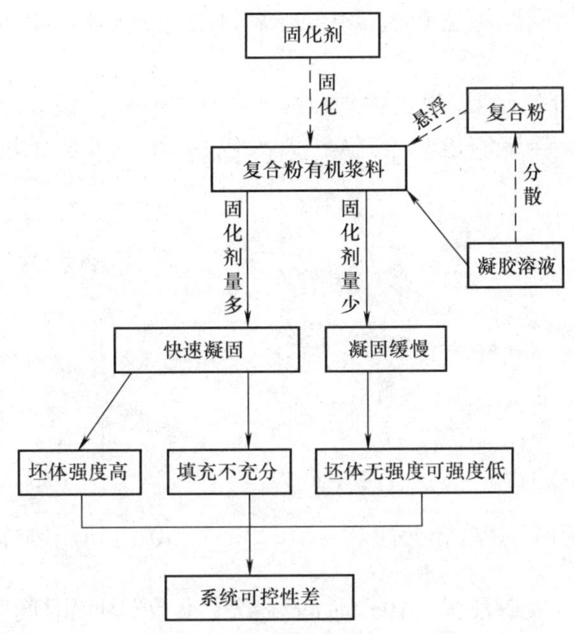

图 8－180　系统功能模型

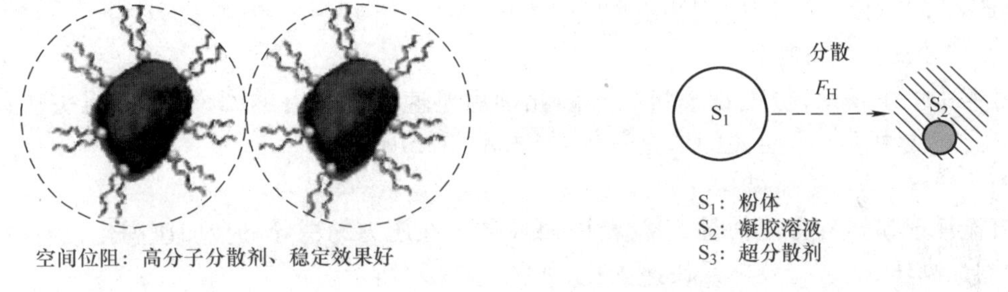

图 8－181

图 8－182　改进之后的物质－场模型

2. 问题 2——以“固化速度过快”为入手点解决问题

工具 1：冲突解决理论。

技术冲突解决过程如下。

（1）冲突描述：为了解决凝胶注模系统的“固化速度过快”，需要减少固化剂的数量，但这样做会导致系统的坯体强度降低。

（2）转换成 TRIZ 标准冲突。

改善的参数：物质或事物的数量（No. 26）。

恶化的参数：强度（No. 14）。

（3）查找冲突矩阵，得到如下发明原理，见表 8－57。

表 8－57　问题 2 对应的发明原理

改善的参数	恶化的参数	对应的发明原理
物质或事物的数量	强度	10,14,34,35

方案 12　依据“参数变化”发明原理（No. 35），得到解为：调节加热温度，采用一种温度控

制固化的凝胶体系，采用低温浇注到模具中，待浆料填充完毕后，加热是浆料固化，如图 8－183 所示。

方案 13　依据“抛弃与修复”发明原理（No. 34），得到解为：抛弃凝胶溶液，改为制备骨骼状的弹性胶套，作为冷等静压的包套，将钛粉装入包套，在冷等加压机上直接成形，如图 8－184 所示。

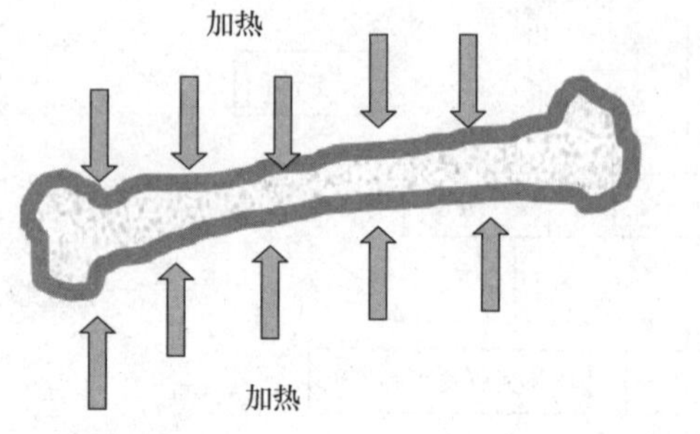

图 8－183　热固化示意图

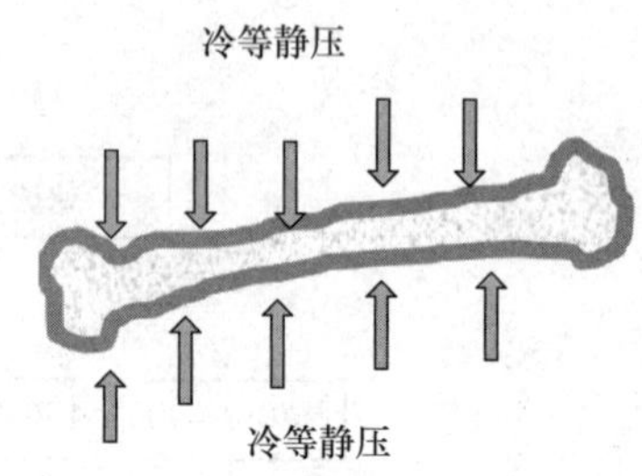

图 8－184　冷等静压示意图

（1）冲突描述：为了“凝胶注模的操作时间”，需要参数“固化时间”为“正”，但又为了“保证坯体强度”，需要参数“固化时间”为“负”，即某个参数既要“正”又要“负” 。

（2）选用四条分离原理（空间分离、时间分离、基于条件的分离、整体与部分分离）当中的“条件分离原理 28 ，29 ”原理，得到解决方案。

方案 14　28 机械系统替代

制备骨骼中上下模腔，将凝胶浆料加入固化剂后迅速倒入制备的凹模中，上压头快速压下，快速成型，解决由于模具浇注的填充问题，如图 8－185 所示。

方案 15　29 气动与液压结构

采用机械注射挤压的方法代替直接浇注，凝胶体系在压力的诱导下会加速固化，当注射完毕后，注射器加高压，促进凝胶体系快速固化，如图 8－186 所示。

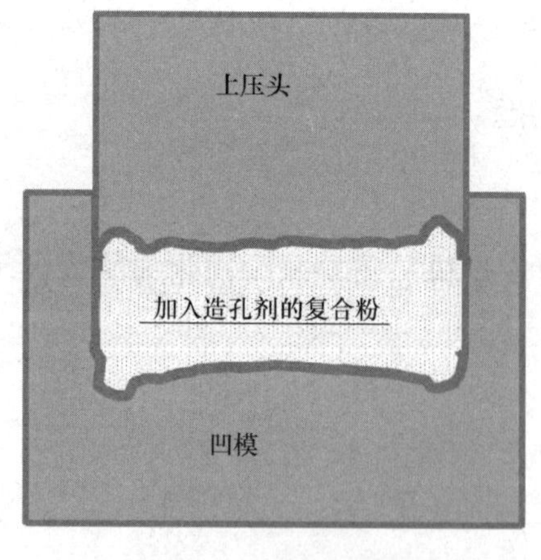

图 8－185　压制示意图

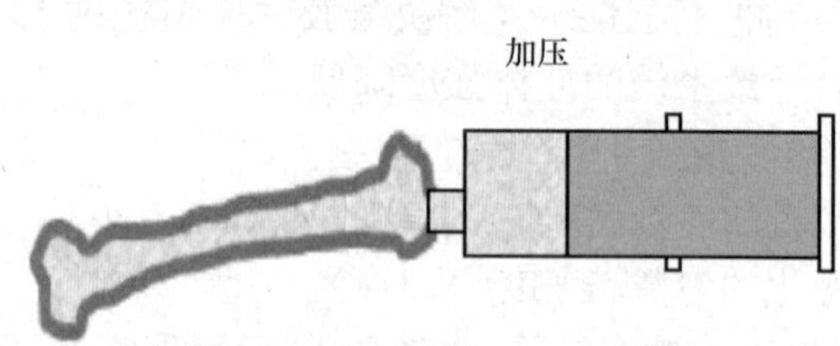

图 8－186　注射加压示意图

工具 2：物质－场分析及 76 个标准解。

（1）建立问题的物质－场模型，如图 8－187 所示。

（2）根据所建问题的物质－场模型，应用标准解解决流程，得到标准解为：第二类物质－

场的构建与拆解。

(3)依据选定的标准解,得到问题的解决方案。

No. X 标准解为:No. 8 选择性极大值规则

方案 16　依据 No. 8 标准解,得到问题的解为:为了延长凝胶注模的可操作性时间,保证在浆料的浇注过程及浆料在模具中的填充过程中不固化,将模具放置在低温的冰水中,将浆料浇注入模具中,由于温度低,固化的诱导期变长,能够保证浆料充分填充后再固化。

改进之后的物质 - 场模型如图 8 - 188 所示。

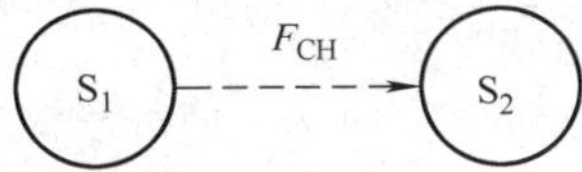

S_1:固化剂
S_2:浆料

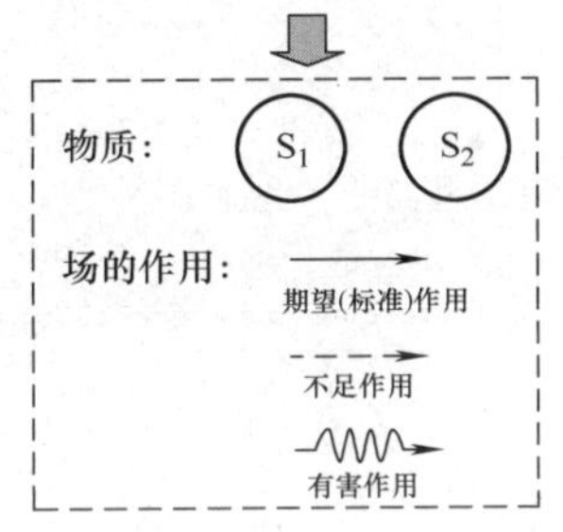

图 8 - 187　物质 - 场模型

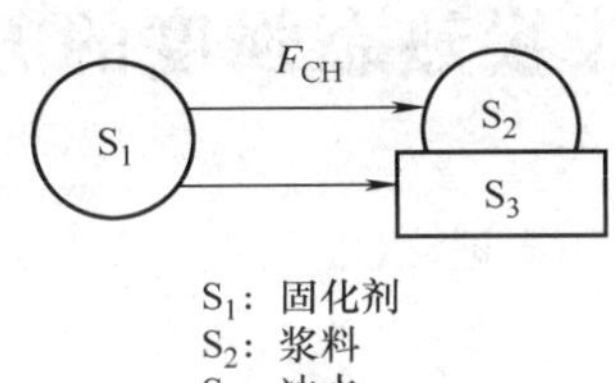

S_1:固化剂
S_2:浆料
S_3:冰水

图 8 - 188　改进之后的物质 - 场模型

8.12.6　问题的解

上述方案汇总见表 8 - 58。

表 8 - 58　方案汇总

序号	方案	所用创新原理	可用性评估
1	采用聚乙烯醇颗粒作为造孔剂	No. 3 局部质量	可用
2	搅拌过程中逐渐加入造孔剂	No. 35 参数变化	可用
3	采用电镀或化学镀的方法制备复合粉体	No. 40 复合材料	可用
4	采用粗的糖颗粒,自身可以提供黏性,又可以作为为造孔剂	No. 6 多用性	可用
5	有机凝胶中,表面黏附一层厚厚的凝胶	No. 3 局部质量	可用
6	采用粗颗粒的钛粉	No. 35 参数变化	可用
7	抛弃造孔剂,采用 3D 打印制备内部为三维贯通网络骨架	No. 34 抛弃与修复	可用
8	球磨提高流动性	No. 28 机械系统替代	可用
9	液压注射成形替代浇注	No. 29 气动与液压结构	可用
10	浆料浸渗泡沫多空体	No. 31 多孔材料	可用
11	超分散剂	No. 2 分离	可用
12	采用一种温度控制固化的凝胶体系,	No. 35 参数变化	可用

续表

序号	方案	所用创新原理	可用性评估
13	改为制备骨骼状的弹性胶套,冷等静压	No. 34 抛弃与修复	可用
14	模具法	No. 28 机械系统替代	可用
15	机械注射挤压的方法代替直接浇注	No. 29 气动与液压结构	可用
16	将模具放置在低温的冰水	No. 8 重量补偿	可用

8.12.7 取得成果与效益

专利名称:

(1)一种多孔材料的制备方法(聚乙烯醇表面凝胶黏附,低温搅拌,高温固化)(发明);

(2)一种医用多孔钛合金制备方法(发明);

(3)一种复合材料的制备方法(发明)。

8.13 提高焦炭热态强度的方法

8.13.1 问题背景和描述

1. 问题的背景

目前炼铁行业普遍认为高炉要想提高煤比和冶炼强度就需要提高焦炭的热强度,这样导致的结果是肥煤和主焦煤的配比不断增加,导致优质炼焦煤供应严重不足,加快了优质炼焦煤资源的消耗速度,炼铁成本居高不下,直接威胁着高炉炼铁工艺的可持续发展甚至生存。

通过对高炉反应机理的研究,提出了低温保存带(热空区)高炉冶炼新概念,从而开发出高反应性焦炭,来提高冶炼强度,但如何保证焦炭的热强度成为研究的关键问题。

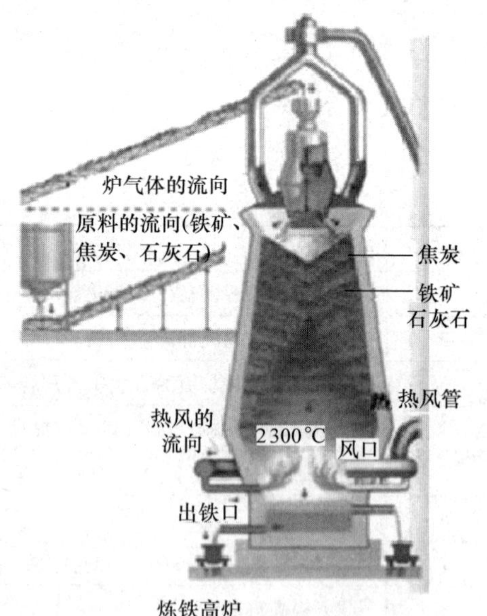

图 8 - 189 高炉炼铁生产工艺流程图

2. 问题的描述

1)定义技术系统实现的功能

问题所在技术系统为:煤炼焦系统。

该技术系统的功能为:提高焦炭反应后强度,满足大型高炉炼铁需要。

实现该功能的约束有:煤料质量、添加剂、炼焦条件。

2)现有技术系统的工作原理

炼焦为炼焦煤在隔绝空气条件下加热到 1 000 ℃左右(高温干馏),通过热分解和结焦产生焦炭、焦炉煤气和其他炼焦化学产品的工艺过程。

焦炭的溶损:

$$C + CO_2 = CO$$

铁矿石的还原:

$$Fe_mO_n + C = Fe + CO_2 \qquad Fe_mO_n + CO = Fe + CO_2$$

特点:焦炭与煤相比,在化学成分上,焦炭的碳含量提高、氢氧含量降低、灰成分提高;强度上,焦炭的强度大幅提高。

作用:焦炭在高炉内有四个作用,还原剂、燃烧供热、支撑骨架、供碳,在高炉软熔带以上焦炭劣化的主要原因为与二氧化碳的反应。

3)当前技术系统存在的问题

焦炭强度尤其是热态强度是保证其在高炉内的骨架作用,确保高炉顺行的前提条件。当前提高焦炭热态强度的主要措施为增加优质炼焦煤的配比,但这样势必造成配煤成本高企。

4)问题出现的条件和时间

依据上述当前系统存在的问题,需要说明,焦炭有较高的热态强度,主要由于其焦炭中碳基质结合本身较为紧密,强度高;在高炉溶损过程中失重率较低。因此焦炭的光学组织结构影响着焦炭的热态强度;高炉内温度越高焦炭溶损越剧烈。

5)新系统的要求

对新技术系统的要求是提高焦炭热态强度的同时,不增加优质炼焦煤的配入量。

8.13.2　问题分析

1. 功能分析

建立已有系统的功能模型对煤料进行预处理,如图 8 – 190 所示。

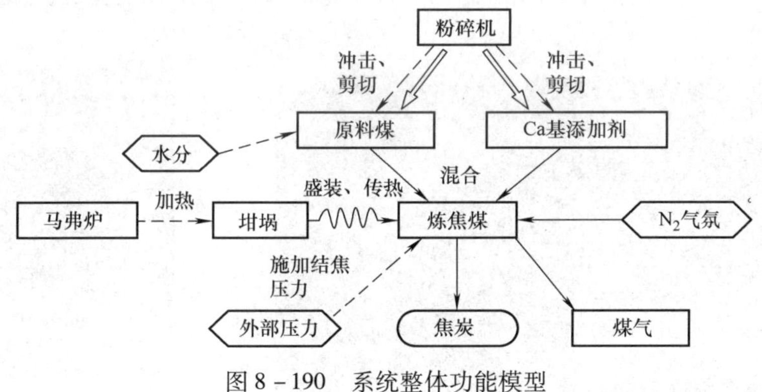

图 8 – 190　系统整体功能模型

2. 因果分析

图 8 – 191 为因果分析鱼骨图。

应用因果链分析法确定产生问题的原因,如图 8 – 192 所示。

3. 冲突区域确定(问题关键点确定)

问题关键点 1:Ca 的添加催化了焦炭溶损,气孔壁变薄,强度下降。

问题关键点 2:实验室下制作的焦炭与工业生产焦炭条件有所不同,马弗炉加热无法形成单侧加热的效果。

问题关键点 3:焦炭中的各向同性组织强度不高。

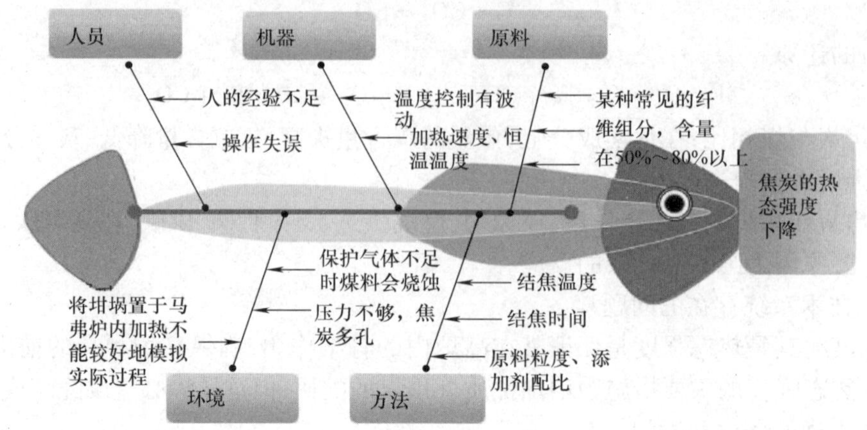

图 8－191　因果分析鱼骨图

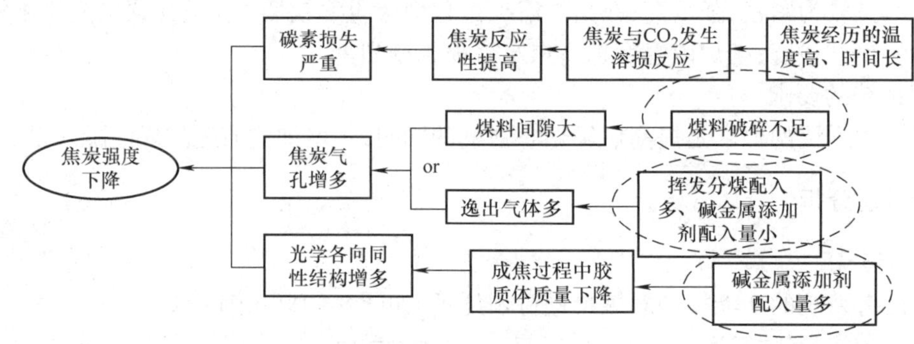

图 8－192　因果链分析

图 8－193

4. 理想解分析

最终理想解：提高焦炭强度。

次理想解：降低成本，保持焦炭强度不降低。

（1）设计的最终目的是什么？在高炉软熔带内焦炭既能保持一定强度，还能提供较好的反应活性。

（2）理想解是什么？高强度、高反应活性。

（3）达到理想解的障碍是什么？Ca 的加入或碱金属的加入。

(4)出现这种障碍的结果是什么？碱金属的加入会影响焦炭的反应后强度(降低)

(5)不出现这种障碍的条件是什么？创造这些条件存在的可用资源是什么？

从 Ca 的添加方式上分析,考察是否跟添加方式有关,或者更换其他元素,或者炼焦的方式等。

依据理想解分析得到方案为:更改添加方式或更换为 K,Na 等碱金属。

5. 可用资源分析

可用资源分析见表 8－59。

表 8－59　可用资源分析

	类别	资源名称	可用性分析(初步方案)
内部资源	物质资源	原料煤	破碎粒度
		Ca 添加剂	加添形式/K,Na 等元素替换 Ca
		马弗炉	加热方式
	场资源	热	
		电	
		空气的氧化作用	
	其他资源		
外部资源	物质资源	破碎机	转速
		坩埚	形状、结构
	场资源	压力	
	其他资源		

8.13.3　问题求解

1. 问题 1——以“气煤配入量”为入手点解决问题

工具 1:冲突解决理论。

技术冲突解决过程如下。

(1)冲突描述:为了提高系统的“焦炭热态强度”,需要降低气煤配入量,但这样做会导致系统的煤气产率下降。

(2)转换成 TRIZ 标准冲突。

改善的参数:强度(No. 14)。

恶化的参数:运动物体的能量(No. 19)。

(3)查找冲突矩阵,得到如下发明原理,见表 8－70。

表 8－70　问题 1 对应的发明原理

改善的参数	恶化的参数	对应的发明原理
强度	2	28,27,15,3

方案 1　依据“低成本、不耐用的物体代替昂贵、耐用的物体”发明原理(No. 27),得到解。

方案描述:可采用在配合煤中以废旧塑料制品或者以厂内废弃焦油渣替换部分气煤。但在共炼焦过程中其也会软化熔融,产生能够黏结煤粒的胶质体,也会热解产生热解气,补充因减少气煤而降低的煤气产量。

方案 2 依据“局部质量”发明原理(No. 3),得到解。

方案描述:将气煤充分粉碎至 1 mm 以下,使其能够均匀地混合在配合煤中,使煤粒间达到尽可能分布合理,又能增加煤粒之间的接触,在结焦过程中结合紧密可有效提高焦炭热强度,减少气体逸出时留下的空隙。

塑料的主要成分为:聚乙烯、聚丙烯、聚苯乙烯等直链烃。

焦油的主要成分为:高芳香度的碳氢化合物,并含有一些硫、氮、氧的支链脂肪烃。

控制合适的粒级分布可有效提高煤料堆密度,提高堆密度,提高焦炭质量。

工具 2:冲突解决理论。

物理冲突解决过程如下。

(1)冲突描述:为了“提高焦炭强度”,需要参数“气煤配入量”为“负”,但又为了“提高焦炭反应性”,需要参数“煤配入量”为“正”,即某个参数既要“负”又要“正”。

(2)选用四条分离原理(空间分离、时间分离、基于条件的分离、整体与部分分离)当中的“整体与部分分离”原理,得到解决方案。

方案 3 时间的分离中原理 10 预操作

方案描述:将配合煤预先进行快速加热至 220 ℃,提高加热速度可拓宽煤料在炼焦过程中煤料软化熔融的塑形区间,改善胶质体的稳定性和流动性,从而提高焦炭热态强度。

2. 问题 2——以“碱金属添加剂配入量”为入手点解决问题

工具 1:冲突解决理论。

技术冲突解决过程如下。

(1)为了提高系统的“焦炭热态强度”,需要降低碱金属的配入量,但这样做会导致系统的焦炭的反应性下降。

(2)转换成 TRIZ 标准冲突。

改善的参数:强度(No. 14)。

恶化的参数:物质损失 (No. 23)。

(3)查找冲突矩阵,得到如下发明原理,见表 8 - 71。

表 8 - 71 问题 2 对应的发明原理

改善的参数	恶化的参数	对应的发明原理
强度	物质损失	35,28,31,40

方案 4 依据“参数变化”发明原理(No. 35),得到解。

实施方案:改变碱金属添加量与碱金属的破碎粒度,通过改变参数找出最优的添加量与破碎粒度。

方案 5 依据“复合材料”发明原理(No. 40),得到解。

实施方案:能够催化焦炭反应的金属有很多,在试验过程中可以选择原料易得,并且对后续不产生不良影响的添加剂进行试验,选择更合适的添加剂,或者不同的添加方式。

工具 2:冲突解决理论。

物理冲突解决过程如下。

(1)冲突描述:为了“提高焦炭强度”,需要参数“焦炭中添加剂”为“负”,但又为了“提高焦炭反应性”，需要参数“焦炭中添加剂”为“ 正”，即某个参数既要“负”又要“正” 。

（2）选用四条分离原理（空间分离、时间分离、基于条件的分离、整体与部分分离）当中的“整体与部分分离”原理，得到解决方案。

方案 6　整体与部分的分离中原理 1 分割

实施方案：设计添加剂添加方式为将添加剂涂覆于焦炭表层，使焦炭的反应性随时间的推移，先高后低。使焦炭前期在表面快速反应，保证内核的完整性，而内核无催化活性点，则焦炭反应性下降。即保证了焦炭初期有较高的反应活性提供 CO，后期焦炭强度不会下降。

工具 3：物质 – 场分析及 76 个标准解

（1）建立问题的物质 – 场模型，如图 8 – 194 所示。

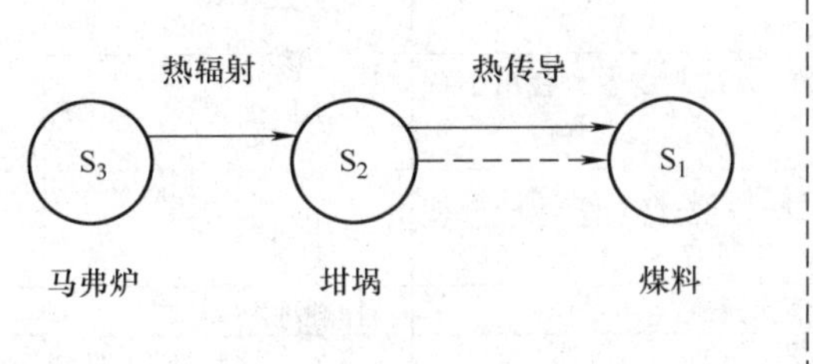

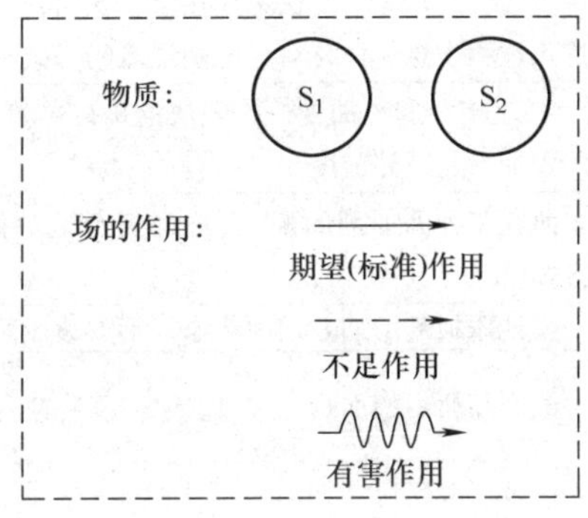

图 8 – 194　物质 – 场模型

（2）依据选定的标准解，得到问题的解决方案。

No. 10 标准解为：第一类标准解 消除有害效应（No. 10）。

方案 7　依据 No. 10 标准解，得到问题的解为：通过改变马弗炉的加热方式，把四周受热，改为单侧受热。

改进之后的物质 – 场模型如图 8 – 195 所示。

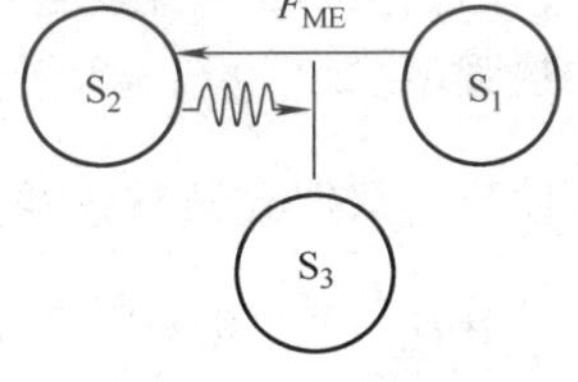

图 8 – 195　改进之后的物质 – 场模型

3. 问题 3—— 以“煤料破碎粒度”为入手点解决问题

工具 1：冲突解决理论。

技术冲突解决过程如下。

（1）冲突描述：为了提高系统的“焦炭热态强度”，需要降低煤粒破碎粒度，但这样做会导致系统的煤料运输过程中逸散。

（2）转换成 TRIZ 标准冲突。

改善的参数：强度（No. 14）。

恶化的参数：物质损失（No. 23）。

（3）查找冲突矩阵，得到如下发明原理，见表 8 – 62。

表 8 – 62　问题 3 对应的发明原理

改善的参数	恶化的参数	对应的发明原理
强度	物质损失	35，28，31，40

方案 8　依据“机械系统的替代”发明原理（No. 28），得到解。

实施方案：在破碎机出口增加加湿抑尘装置，并保证煤料的含水量符合炼焦要求。

8.13.4 问题的解

上述方案汇总见表 8－63。

表 8－63 方案汇总

序号	方案要点	所用创新原理	可用性评估
1	可采用在配合煤中以废旧塑料制品或者以厂内废弃焦油渣替换部分气煤	发明原理 27	
2	将气煤充分粉碎至 1 mm 以下，使其能够均匀地混合在配合煤中，使煤粒间达到尽可能分布合理	发明原理 3	
3	将配合煤预先进行快速加热至 220 ℃，提高加热速度可拓宽煤料在炼焦过程中煤料软化熔融的塑形区间	发明原理 10	
4	改变碱金属添加量与碱金属的破碎粒度，通过改变参数找出最优的添加量与破碎粒度	发明原理 35	
5	研究多种添加剂的配入，选择更合适的添加剂，或者不同的添加方式	发明原理 40	
6	设计添加剂添加方式为将添加剂涂覆于焦炭表层	物理冲突 1	
7	改变马弗炉的加热方式，把四周受热，改为单侧受热	物质－场模型消除有害效应 10	
8	在破碎机出口增加加湿抑尘装置，并保证煤料的含水量符合炼焦要求	发明原理 28	

依据上面得到的若干创新解，通过评价，确定最优解。

最终解为：改变配煤方案，将部分气煤用回收来的废旧塑料或者是焦化厂废弃物焦油渣代替，并且将添加剂的添加方式由与原料煤混合配入改为焦炭浸泡的方式进行添加，来改善焦炭的热强度。

8.13.5 取得成果与效益

其他成果：发表论文 1 篇。

预期效益：

（1）解决部分焦化厂焦油渣的处理问题。

（2）解决废旧塑料处理的问题。

（3）降低配煤成本。

（4）改善焦炭热态强度。

8.14 提高试验过程中中药材粉末研磨的粒度的问题

8.14.1 问题背景和描述

1. 问题的背景

红外光谱在植物分类和中药材鉴定方面还被作“分子的指纹”，广泛用于分子结构的研究。

红外光谱研究之初要对药材进行初期研磨,通常采用的方法是中药研磨机进行研磨(如图8-196)。该研磨方式对于样品量较大的中药材比较适用,但对于微量的药材粉末研磨却不充分,研磨粒度大影响红外光谱检测的效果。

图8-196　中药研磨机

2. 问题的描述

1)定义技术系统实现的功能

问题所在技术系统为:研磨系统。

该技术系统的功能为:对所测量的中药材进行研磨。

实现该功能的约束有:①研磨少量药材时研磨不均匀;②研磨之后的药材粉末粒度大。

2)现有技术系统的工作原理

利用中药研磨器中的刀片旋转对药材进行高速研磨,其原理如图8-197所示。

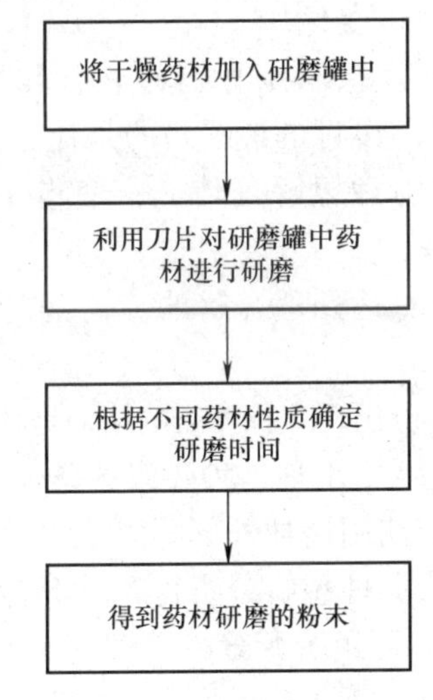

图8-197　现有技术系统的工作原理

3)当前技术系统存在的问题

(1)研磨的量要有最小限度值,即大于5 g。

(2)研磨粒度小则需要研磨时间加长,进而导致温度升高,可能会影响药材的化学性质。

(3)针对微量药物的研磨基本不可进行。

4)问题出现的条件和时间

条件:药材量较少时不能研磨。

时间:研磨时间短研磨粒度小研磨不充分,研磨时间长影响药材的化学性质。

5)问题或类似问题的现有解决方案及其缺点

(1)液氮冷却后变脆进行微波震动研磨(分子生物学)。(针对叶片效果较好,对于根茎类研磨仍不充分)

(2)较小的研磨罐进行研磨。(研磨罐小,产热相对更快,影响化学性质)

6)新系统的要求

既要求研磨充分、粒度小,又要避免产热对药材化学性质的影响。

8.14.2　问题分析

1. 因果分析

图8-198为因果分析鱼骨图。

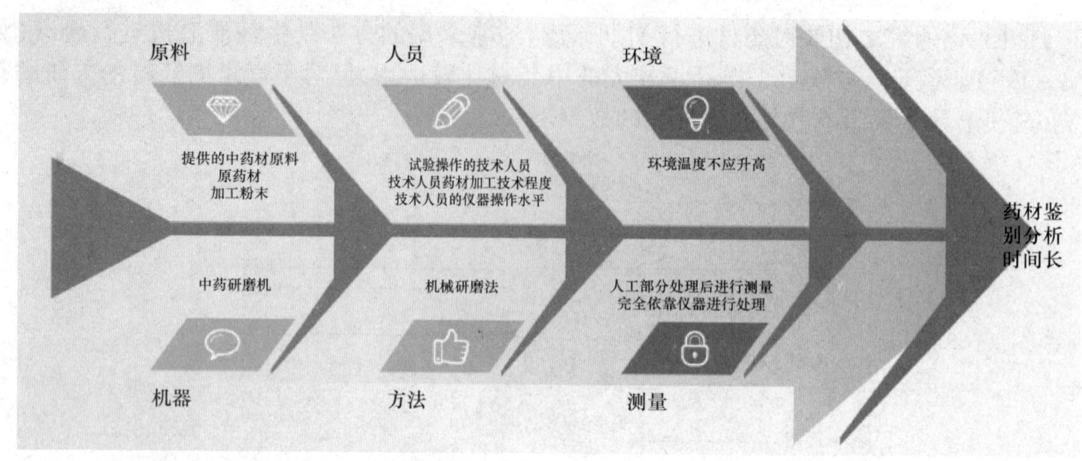

图 8 - 198　因果分析鱼骨图

2. 冲突区域确定(问题关键点确定)

问题关键点 1:研磨罐对于微量药品处理效果不理想(粘在研磨罐上)。

问题关键点 2:研磨刀速度和研磨过程中温度的矛盾。

3. 理想解分析

最终理想解:研磨速度快,使得研磨的药材粒度小,同时研磨中不额外产热导致药材化学性质发生变化。

次理想解:研磨速度快,同时通过外加装置使研磨过程热量不会急剧升高。

(1)设计的最终目的是什么?提高中药粉末研磨的粒度(无论原料多或少均可使用)。

(2)理想解是什么?使得中药研磨粒度变小,同时研磨温度不升高,不影响药材化学性质。

(3)达到理想解的障碍是什么?温度升高对药材化学性质的影响,量少情况下研磨不充分。

(4)出现这种障碍的结果是什么?①影响药材化学性质。②量少情况下不能研磨得更细。

(5)不出现这种障碍的条件是什么?创造这些条件存在的可用资源是什么?

可使用增加外部降温装置,增加研磨过程中的碰撞概率

依据理想解分析得到方案为:①增加外部降温装置;②在研磨过程中添加助研磨物质。

4. 可用资源分析

可用资源分析见表 8 - 64。

表 8 - 64　可用资源分析

	类别	资源名称	可用性分析
内部资源	物质资源	药材研磨粉末	药材研磨的粉末先进行预处理(超低温冷冻)使药材变脆后更易研磨
		刀片	提高研磨中刀片的转速,提高研磨的粉碎率
		研磨罐	研磨量少时研磨罐上会有很大程度残留,研磨罐内壁可增加减少摩擦的材料
	场资源	冲击势能	调整电动机转速,提高破碎率和破碎程度
外部资源	物质资源	电动机	调整电动机为脉冲式,避免粘连,改变冲击力
超系统资源	物质资源	激光粒度仪	测量 Fe、Cu 颗粒的颗粒度

8.14.3　问题求解

1. 问题1——以“研磨罐对于微量药品处理效果不理想”为入手点解决问题

工具1:冲突解决理论。

技术冲突解决过程如下。

(1)为了中药检测系统的“中药材粉末研磨的粒度变小”,需要加大研磨过程中的转速,但这样做会导致产热进而影响药材的化学成分,使得检测的准确性降低 。

(2)转换成 TRIZ 标准冲突。

改善的参数:中药粒度减小(No.)。

恶化的参数:化学成分改变,检测准确性产生偏差(No.)。

(3)查找冲突矩阵,得到如下发明原理,见表8-65。

表8-65　问题1对应的发明原理

改善的参数	恶化的参数	对应的发明原理
中药粒度减小	可能的化学成分产生变化	24,34,28,32

方案1　依据“中介物”发明原理(No. 24),得到解。

方案描述:

(1)可以在研磨过程中加入碰撞物(例如小的石英珠)加速研磨的进程;

(2)可以通过调节石英颗粒的大小控制研磨的粒度。

方案2　依据“复制”发明原理(No. 26),得到解。

方案描述:可尝试使用X射线代替红外光谱的方法检测(未经实验证实是否可行)。

方案3　依据“机械系统的替代”发明原理(No. 28),得到解。

方案描述:可尝试使用声波震动的方法进行研磨,进而改进研磨粒度的大小,代替原来机械研磨的过程也可避免机械研磨过程中产热对研磨材料化学成分的影响。

工具2:冲突解决理论。

物理冲突解决过程如下。

(1)冲突描述:为了“解决红外光谱检测过程中中药粒度仍较大的问题”,需要参数“研磨粒度”为“减小”,但又为了“药品化学性质不被影响”,需要参数“研磨粒度”为“不可过小损坏化学性质”,即某个参数既要“变小”又要“不可太小”。

(2)选用“中介物”原理(在系统中引入中介物)当中的“引入中介物”原理,得到解决方案。

方案4　将传统的机械研磨方式改变为超生震动研磨方式,同时引入中介物——石英珠进行研磨辅助,这样在研磨中既不会额外产热影响药品化学性质,也可使研磨粒度更小。

(3)查找与该分离原理对应的发明原理有“ No. 24,26,32”。根据选定的发明原理,得到解决方案。

方案5　依据 No. 24 发明原理,得到解为:将传统的机械研磨方式改变为超生震动研磨方式,同时引入中介物——石英珠进行研磨辅助,这样在研磨中既不会额外产热影响药品化学性质也可使研磨粒度更小。

工具3:物质-场分析及76个标准解。

(1)建立问题的物质－场模型,如图 8－199 所示。

(2)根据所建问题的物质－场模型,应用标准解解决流程,得到标准解为:No. 24,No. 26,No. 32。

(3)依据选定的标准解,得到问题的解决方案。

No. 24 标准解为:引入中介研磨物质(石英颗粒)。

方案 6　依据 No. 24 标准解,得到问题的解为:引入中介研磨物质(石英颗粒)。

改进之后的物质－场模型如图 8－200 所示。

No. 28 标准解为:机械系统由原来的机械研磨,转变为超声波振动研磨。

方案 7　依据 No. 28 标准解,得到问题的解为:机械系统由原来的机械研磨替换为超声波振动研磨器。

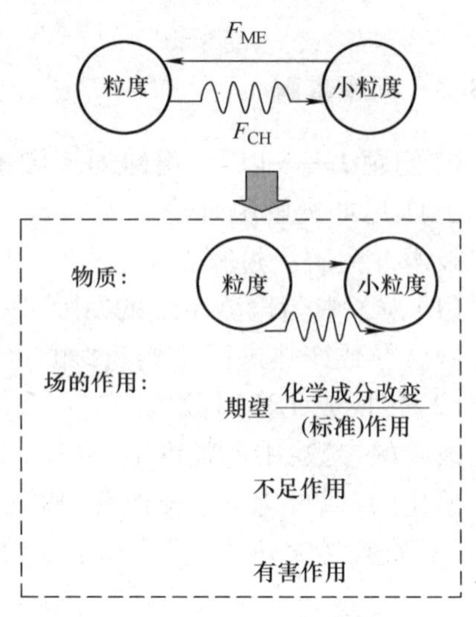

图 8－199　物质－场模型

改进之后的物质－场模型如图 8－201 所示。

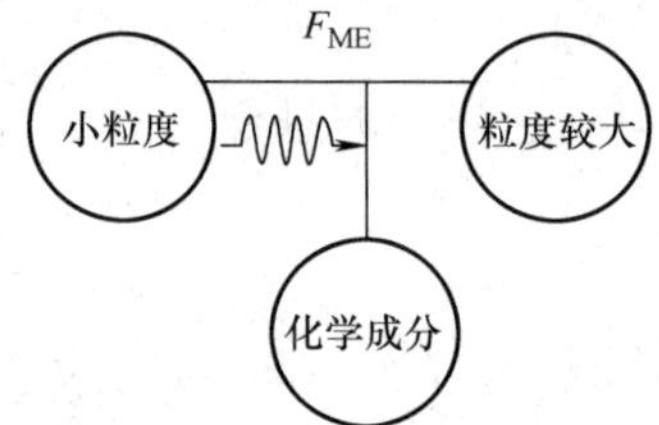

图 8－200　改进之后的物质－场模型

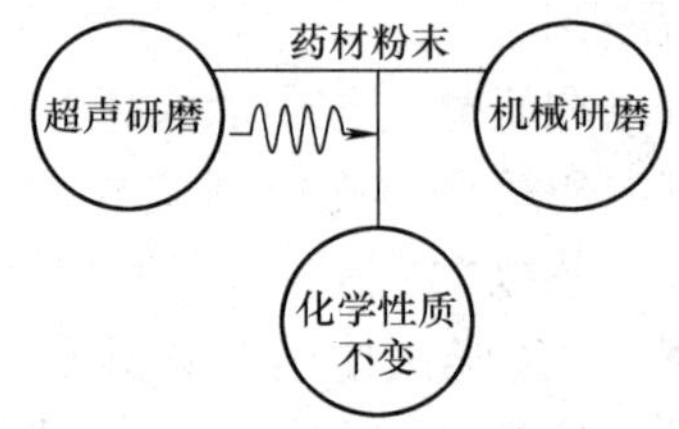

图 8－201　改进之后的物质－场模型

工具 4:效应。

(1)确定问题要实现的功能为:"研磨药材"(动词＋名词)。

(2)查找效应知识库,得到可用的效应为"检测与测量",依据该效应得到问题的解决方案。

"检测与测量"效应:间接法进行测量。

方案 8　依据"检测与测量"效应,得到解为:"间接法"通过不直接对测量药品进行处理的方法改用间接测量的方法进行。

方案 9　依据"简化与改建"效应,得到解为:

(1) 添加物质;

(2)应用物理作用的特征。

工具 5:裁剪。

(1)通过减少研磨过程中的产热来减少对药品化学成分的影响,从而裁剪研磨产热的过程。

(2)研磨过程中产热的现象去掉机械研磨的过程。见图 8－202。

按照功能裁剪过程,得到如下解决方案。

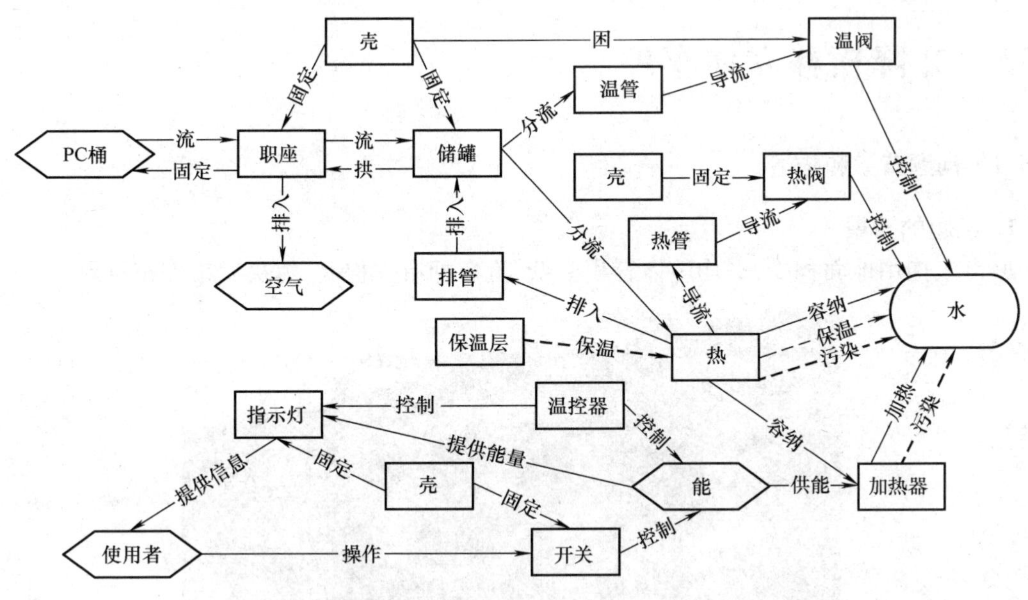

图 8 – 202　减少研磨过程产热示意图

方案 10　通过减少研磨过程中的产热来减少对药品化学成分的影响，从而裁剪研磨产热的过程。

方案 11　通过替换研磨的体系，例如通过超声波研磨的方式对物料进行研磨。

8.14.4　问题的解

上述方案汇总见表 8 – 66。

表 8 – 66　方案汇总

序号	方案	所用创新原理	可用性评估
1	改变研磨的使用仪器，替换为超声波破碎的方法	机械系统的替代原理	较高
2	研磨过程中引入石英珠进行系统内部破碎方法处理，改变样品粒度	中介物原理	较高
3	采用其他光谱进行尝试测量，是否对样品粒度适应性更广	复制原理	待检测

依据上面得到的若干创新解，通过评价，确定最优解。

最终解为：

（1）超声破碎替代传统的机械破碎方法。

（2）在破碎样品时引入中介物——石英珠等耐磨性好的材料进行研磨。

8.15 升降横移立体车库

8.15.1 问题背景和描述

1. 问题的背景

城市人均用地面积少，平均整体容积率低，汽车拥有率提高，解决城市停车难题。

图 8-203

2. 问题的描述

1）定义技术系统实现的功能

问题所在技术系统为：立体车库。

该技术系统的功能为：停车、移车。

实现该功能的约束有：场地、机械装置、自动控制。

2）现有技术系统的工作原理

地面层有一个空车位，每个车位均有载车板，所需存取车辆的载车板通过升降横移运动到达地面层，驾驶员进入车库，存取车辆，完成存取过程，如图 8-204 所示。

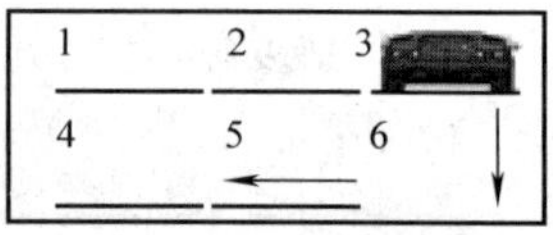

1 2 3
4 5 6

图 8-204 升降横移式车库原理示意

停泊在车库内地面层的车辆，只作横移，不必升降；而停在顶层的车辆，只做升降，不作横移。

中间层则通过升降横移运动为顶层车辆让出空位，或存取车辆。

3）当前技术系统存在的问题

上层载车板需要承受很大的重量，本身又不能太重，不然会增加驱动系统的负担。因而对上层载车板的要求是在保证承重的同时尽可能地减少质量。

下层载车板，由于只需做平移运动，因而可以在地面布置导轨，载车板下面安装小轮，便能很方便地实现左右的平移。

液压传动力和平稳性很好，但价格太高。

4）问题或类似问题的现有解决方案及其优缺点

(1)载车板采用整体钢板冲压成型。

优点:强度高,刚性好,安全可靠。

缺点:重量大,价格高。

(2)采用螺杆传动。

优点:传动距离较长,比较平稳。

缺点:价格比较高。

5)新系统的要求

(1)上层载车板的要求是在保证承重的同时尽可能地减少质量。

(2)下层载车板保证平稳运行,价格低廉。

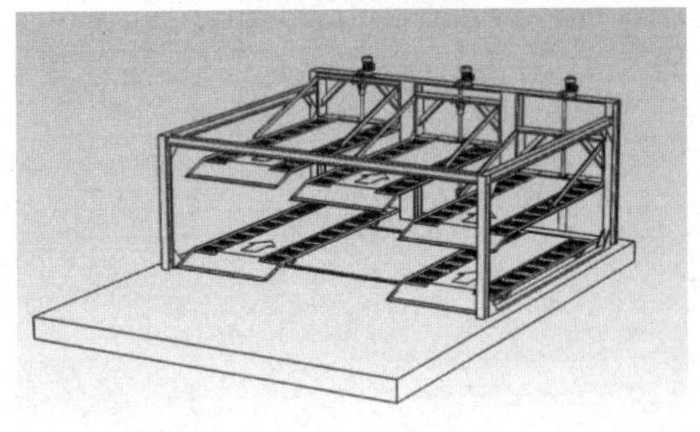

图 8 – 205　立体车库载车板示意图

8.15.2　问题分析过程

1. 功能分析

系统分析见表 8 – 67。

表 8 – 67　系统分析

制品	立体车库
系统元件	载车板、传动系统、汽车、调运装置
超系统元件	PLC 系统、司机

2. 因果分析

图 8 – 206 为因果分析鱼骨图。

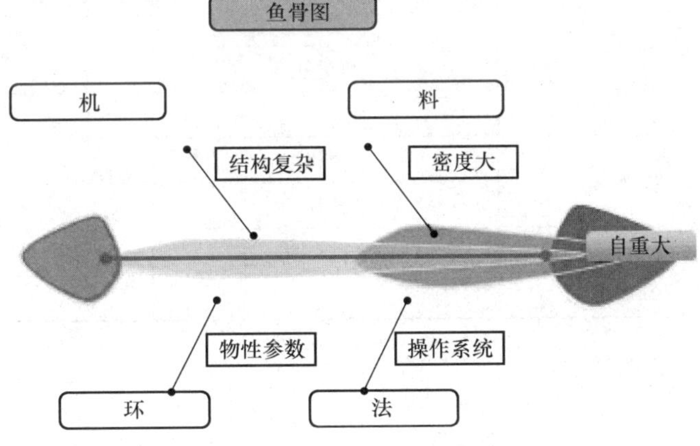

图 8 – 206　因果分析鱼骨图

应用因果链分析法确定产生问题的原因,如图 8 – 207 所示。

3. 冲突区域确定(问题关键点确定)

问题关键点 1:如何保证载重的同时减轻自重。

问题关键点 2:平稳运行,价格不高。

4. 理想解分析

最终理想解:安全平稳价格低廉。

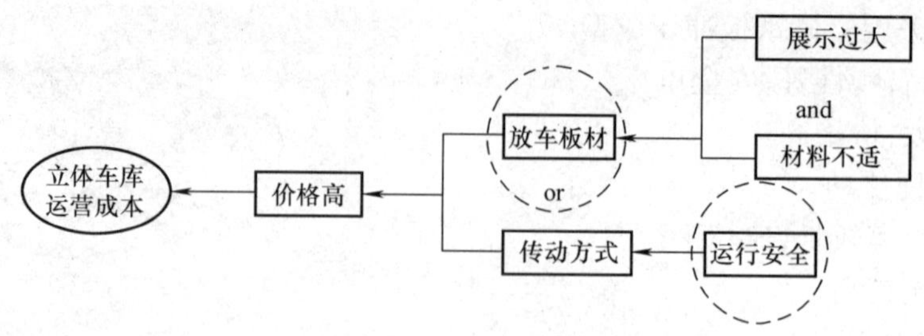

图 8－207　因果链分析

次理想解:安全平稳。

(1)设计的最终目的是什么? 价低可靠的立体车库。

(2)理想解是什么? 安全可靠平稳运行。

(3)达到理想解的障碍是什么? 传动装置和载车板。

(4)出现这种障碍的结果是什么? 价格高。

(5)不出现这种障碍的条件是什么? 创造这些条件存在的可用资源是什么?

依据理想解分析得到方案为:更换传动装置,替换载车板材料。

5. 可用资源分析

可用资源分析见表 8－68。

表 8－68　可用资源分析

	类别	资源名称	可用性分析(初步方案)
内部资源	物质资源	载车板	换轻质高强度钢
		螺杆	螺杆传动改为链传动
	场资源	电能	驱动电动机运转
		机械能	承重汽车
	其他资源		
超系统资源	物质资源	司机	培训
		场地	扩大
	场资源	地面(重力场)	地面的支撑作用,保证车库稳固。
	其他资源		

8.15.3　问题求解过程

1. 问题 1——以“减轻自重”为入手点解决问题

工具 1:冲突解决理论。

技术冲突解决过程如下。

(1)冲突描述:为了减轻系统的“自重”,需要降低载车板厚度 ,但这样做会导致系统的安全性降低 。

(2)转换成 TRIZ 标准冲突。

改善的参数:运动物体的质量(No. 1)。

恶化的参数:可靠性(No. 27)。

(1)冲突描述:为了降低系统的“成本”,需要更换传动方式,但这样做会导致系统的 不稳定。

(2)转换成 TRIZ 标准冲突。

改善的参数:可操作性(No. 33)。

恶化的参数:结构的稳定性(No. 13)。

(3)查找冲突矩阵,得到如下发明原理,见表 8－69。

表 8－69　问题 1 对应的发明原理

改善的参数	恶化的参数	对应的发明原理
质量	可靠性	3,11,1,27,
可操作性	结构的稳定性	32,40,3,28

方案 1　依据“局部质量”发明原理(No. 3),得到解为:采用高强度钢板。

方案 2　依据“低成本,不耐用的物体代替昂贵、耐用的物体”发明原理(No. 27),得到解为:采用非钢材料

方案 3　依据“机械系统的替代”发明原理(No. 28),得到解为:链传动代替螺杆传动。如图 8－208 所示。

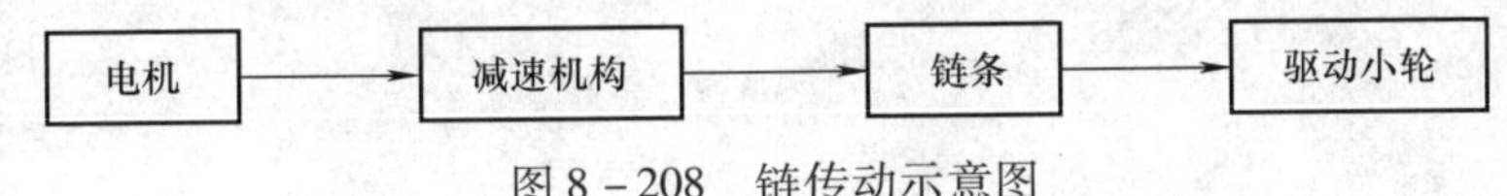

图 8－208　链传动示意图

物理冲突解决过程如下。

(1)冲突描述:为了“减轻自重”,需要参数“厚度”为“小”,但又为了“提高安全性”,需要参数“厚度”为“大”,即某个参数既要“大”又要“小”。

(2)选用四条分离原理(空间分离、时间分离、基于条件的分离、整体与部分分离)当中的“基于条件的分离”原理,得到解决方案。

(3)查找与该分离原理对应的发明原理有“No. 31,35”。根据选定的发明原理,得到解决方案。

方案 1　依据“多孔材料”发明原理(No. 31),得到解为:采用非钢材料(塑料、复合材料)。

方案 2　依据发明原理(No. 35),得到解为:采用高强度钢板。

8.15.4　问题的解

上述方案汇总见表 8－70。

表 8－70　方案汇总

序号	方案	所用创新原理	可用性评估
1	采用高强度钢板	发明原理 35	
2	采用链传动	发明原理 28	

依据上面得到的若干创新解,通过评价,确定最优解。

最终解为:采用高强度钢板,采用链传动,如图 8－209 所示。

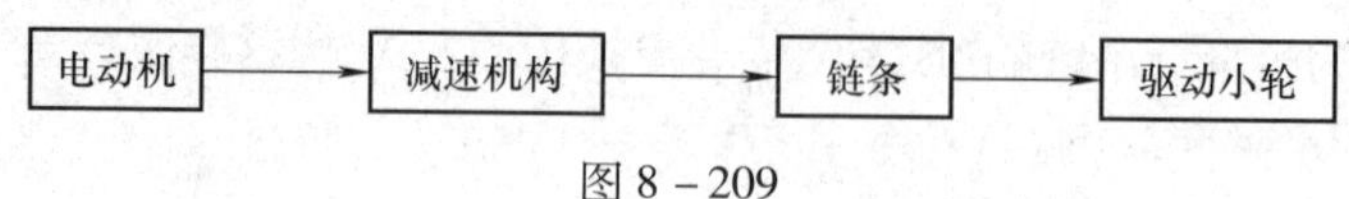

图 8-209

8.16 提高北方寒冷地区单层钢结构厂房建筑采暖性能

8.16.1 问题背景和描述

1. 问题的背景

寒冷地区的单层钢结构厂房(图 8-210),该类工业建筑数量大,冬季部分厂房需要供暖。但供暖效果不太理想,出现“暖气热而房间冷”的问题。

图 8-210 单层钢结构厂房

2. 问题的描述

1)定义技术系统实现的功能

问题所在技术系统为:单层钢结构厂房供暖。

该技术系统的功能为:供暖。

实现该功能的约束有:单层钢结构厂房空间大小、供暖方式、保温措施。

2)现有技术系统的工作原理

集中供暖和散热器结合如图 8-211 所示。

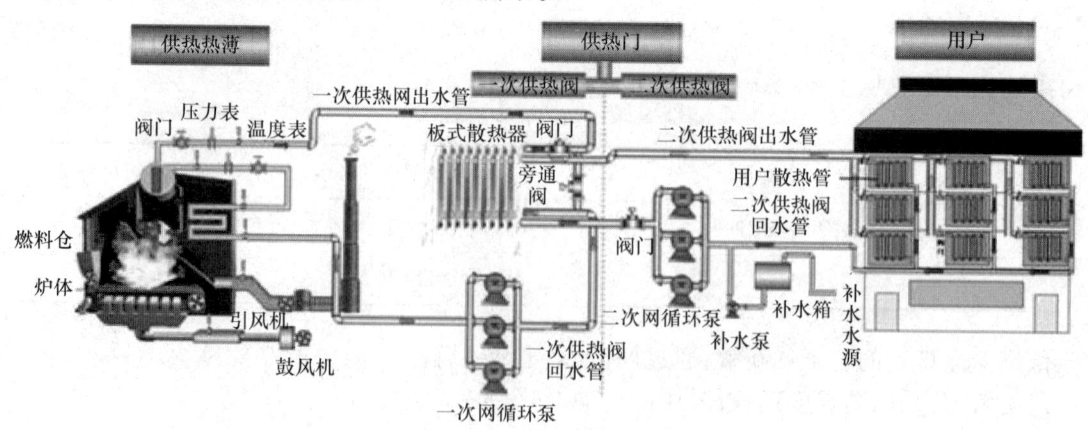

图 8-211 集中供暖和散热器结合

3）当前技术系统存在的问题

单层钢结构厂房冬季热工条件都较差，冬季无采暖的厂房感觉阴冷，即使有采暖的厂房也会出现“暖气热而房间冷”情况。在寒冷地区除了部分由于生产工艺而对生产环境有特殊要求的厂房外，其余绝大多数的一般厂房都没有采取有效的采暖措施。

4）问题出现的条件和时间

（1）冬季采暖期的水暖供暖。

（2）大空间钢结构工业厂房。

5）问题或类似问题的现有解决方案及其缺点

集中供暖：采暖能耗高、供热有损失、实际热源利用率低以及污染物排放量大等缺点。

6）新系统的要求

提高北方寒冷地区单层钢结构厂房建筑采暖性能。

8.16.2 问题分析过程

1. 功能分析

系统分析见表 8－71。

表 8－71 系统分析

制品	供暖
系统元件	供热热源、供热网、散热器、空气
超系统元件	阳光

建立已有系统的功能模型，如图 8－212 所示。

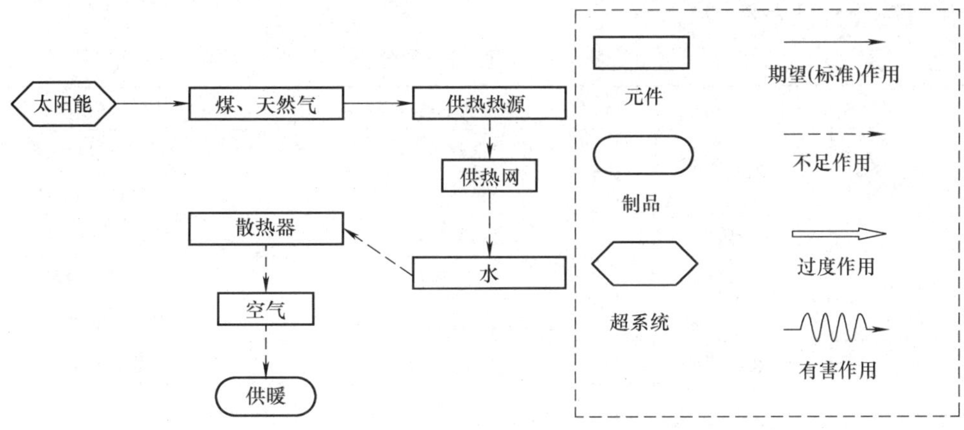

图 8－212 系统整体功能模型

2. 因果分析

图 8－213 为因果分析鱼骨图。

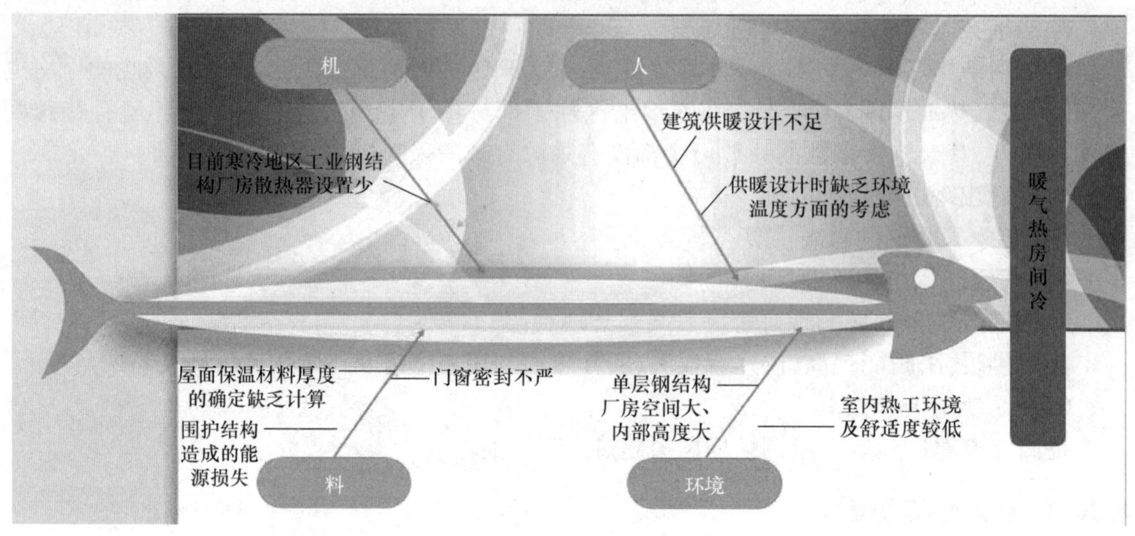

图 8－213　因果分析鱼骨图

3. 冲突区域确定(问题关键点确定)

问题关键点 1:暖气热而房间冷。

问题关键点 2:维护结构保温层厚度低。

问题关键点 3:门窗不密封。

4. 理想解分析

最终理想解:提高北方寒冷地区单层钢结构厂房建筑采暖性能、供暖温度达到国家标准要求。

次理想解:改善单层钢结构厂房“暖气热而房间冷”现象。

5. 可用资源分析

可用资源分析见表 8－72。

表 8－72　可用资源分析

	类别	资源名称	可用性分析(初步方案)
内部资源	物质资源	散热器	增加散热器数量
		供热网	提高供热网效能
	场资源	供热热源	增加供热热源
	其他资源	热能	增加其他热能
		保温层	改善保温性能
外部资源	物质资源	空气	增加热空气的流动
	场资源	热能	增加热能
	其他资源		
超系统资源	物质资源	太阳能	利用阳光采暖
	场资源		
	其他资源		

8.16.3　问题求解

1. 问题——以“暖气热而房间冷”为入手点解决问题

工具 1:冲突解决理论。

技术冲突解决过程如下。

(1)冲突描述:为了提高单层钢结构厂房系统的“暖气热而房间冷”,需要增加暖气数量,但这样做会导致系统的供暖能耗增加。

(2)转换成 TRIZ 标准冲突。

改善的参数:温度(No. 17)。

恶化的参数:能量损失(No. 22)。

(3)查找冲突矩阵,得到如下发明原理,见表 8 – 73。

表 8 – 73　问题 1 对应的发明原理

改善的参数	恶化的参数	对应的发明原理
温度	能量损失	21,17,35,38

方案 1　依据“维数变化”发明原理(No. 17)的第 1 条“将一维空间中运动或静止的物体变成在二维空间中运动或静止的物体,在二维空间中的物体变成三维空间中的物体”,得到解为:增加热空气流动,如图 8 – 214 所示。

方案 2　依据“维数变化”发明原理(No. 17)的第 2 条“将物体用多层排列代替单层排列”,得到解为:设计暖气的布置方式,如图 8 – 215 所示。

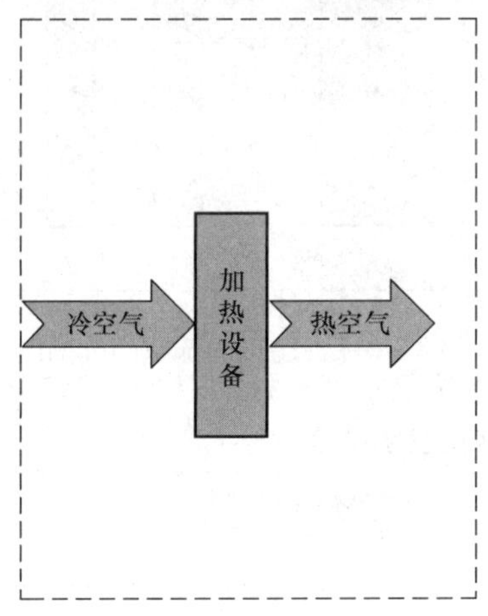

图 8 – 214　增加热空气流动

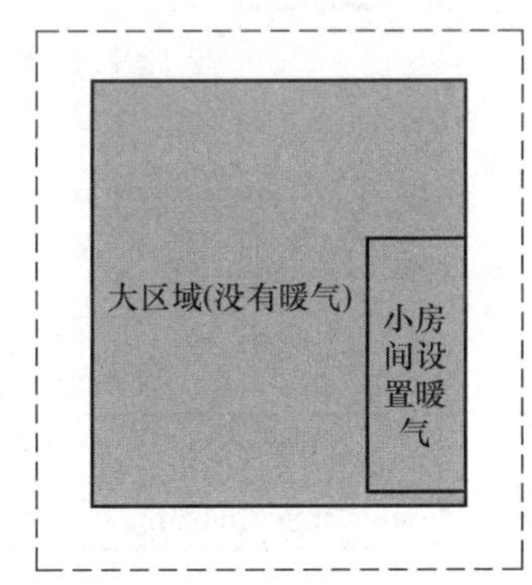

8 – 215　设计暖气的布置方式

方案 3　依据“紧急行动”发明原理(No. 21)以最快的快速完成有害的操作,得到解为:利用暖风替换冷空气,如图 8 – 216 所示。

方案 4　依据“参数变化”发明原理(No. 35)的第(4)条“改变温度”,得到解为:增高供暖温度。

方案 5　依据“参数变化”发明原理(No. 35)第(5)条“改变压力”,得到解为:增高供暖压力。

物理冲突解决过程如下。

(1)冲突描述:为了"提高冬季单层钢结构厂房室内温度",需要参数"增加暖气数量"为"多",但又为了"能耗少",需要参数"暖气数量"为"少",即某个参数既要"暖气数量多"又要"暖气数量少"。

(2)选用四条分离原理(空间分离、时间分离、基于条件的分离、整体与部分分离)当中的"空间分离"原理,得到解决方案。

方案 6 冬季室内温度要求较高的单层钢结构厂房区域,设置单独的保温性能较好的小房间,如图 8-217 所示。

2. 问题 2——以"维护结构保温层厚度薄"为入手点解决问题

技术冲突解决过程如下。

(1)冲突描述:为了提高单层钢结构厂房系统的"室内温度",需要增加保温层的厚度,但这样做会导致系统的工程造价提高。

(2)转换成 TRIZ 标准冲突。

改善的参数:温度(No. 17)

恶化的参数:物质或事物的数量(No. 26)

(3)查找冲突矩阵,得到如下发明原理,见表 8-83。

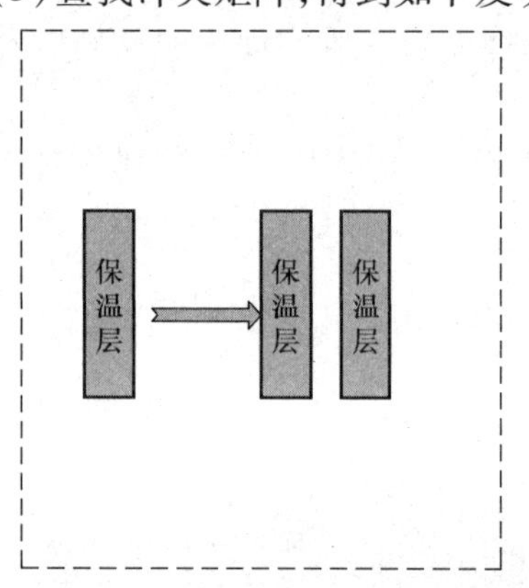

图 8-216 利用暖风替换冷空气

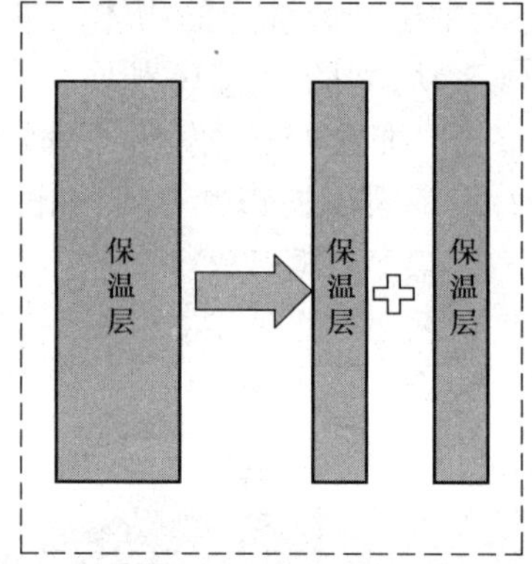

图 8-217 建筑内部空间分割图

表 8-83 问题 2 对应的发明原理

改善的参数	恶化的参数	对应的发明原理
温度	物质或事物的数量	3,17,30,39

方案 7 依据"维数变化"发明原理(No. 17)的第(2)条"将物体用多层排列代替单层排列",得到解为:单层保温层设置为双层,厚度不变,如图 8-218 所示。

方案 8 依据"柔性壳体或薄膜"发明原理(No. 30)的第 2 条"使用柔性壳体或薄膜将物体与环境隔离",得到解为:设置薄膜保温层。

物理冲突解决过程如下。

(1)冲突描述:为了"提高冬季单层钢结构厂房室内温度",需要参数"保温层"为"厚",但又为了"工程造价",需要参数"保温层"为"薄",即某个参数既要"保温层厚"又要"保温层厚薄"。

（2）选用四条分离原理（空间分离、时间分离、基于条件的分离、整体与部分分离）当中的“空间分离”原理，得到解决方案。

方案9　把保温层分为两层，外层为厚，内部为薄，两层保温层间为空，如图8－219所示。

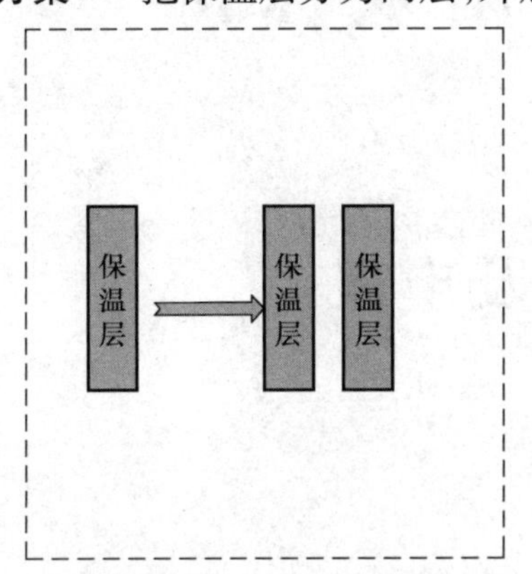

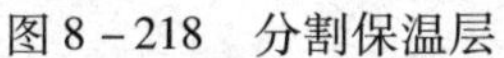

图8－218　分割保温层

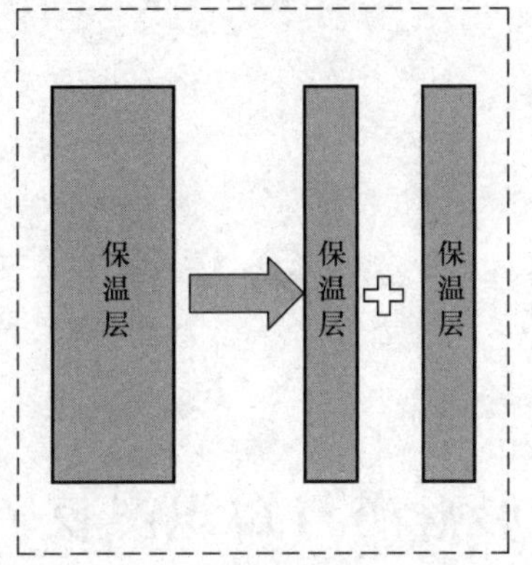

图8－219　分割保温层，两层间为空

3. 问题——以“门窗不密封”为入手点解决问题

技术冲突解决过程如下。

（1）冲突描述：为了提高单层钢结构厂房系统的“室温”，需要增加门窗的密封性能，但这样做会导致系统的门窗的造价增加。

（2）转换成TRIZ标准冲突。

改善的参数：温度（No. 17）。

恶化的参数：结构的稳定性（No. 13）

（3）查找冲突矩阵，得到如下发明原理，见表8－74。

表8－74　问题3对应的发明原理

改善的参数	恶化的参数	对应的发明原理
温度	能量损失	21，17，35，38

第4部分　专利申请及保护

第9章　专利保护及申报

9.1　无形财产与知识产权

9.1.1　财产与无形财产

财产(Property)是人类社会存在的物质基础,也是法律保护的主要客体之一。所以保护财产的财产法是人类法律制度的基本组成部分。作为私法基本法的民法主要由两大部分组成,即财产法和身份法。

广义的财产概念可表述为:有体物、无体物与有货币价值的权利的总和。所以,如果同时使用财产和物的概念,则可以说财产是大概念,物是小概念,物是财产的一种。应该注意的是,在民法、物权法中所提到的物往往仅指有体物,而不包括无体物。在这里,为了说明问题,使用的物的概念包括无体物。从社会发展趋势上看,物应该包括有体物和无体物。

财产所包括的范围是非常广泛的,体现的形式种类也很多,如以房地产为核心的不动产和动产,动产可分为有形动产(货物)、无形动产和特殊动产(货币),无形动产可分为商业票据、专利、商标、作品、股票等。

依据不同的标准,财产可有不同的分类。除动产和不动产的划分以外,财产可分为有形财产和无形财产。这种划分对如何认识知识产权的本质更有意义。随着人类社会的进步,无形财产在人类财产中所占比例越来越大。何为无形财产呢?无形财产是指无体物和基于无体物产生的有货币价值的权利的总和。应该说最后这种无形财产的观点是科学合理的。

无形财产中无体物主要是指商业信誉、智力成果、虚拟物等;有货币价值的权利主要是指债权、商业票据权、股份权、专利权、商标权等。应注意的是任何财产上的权利都是财产。

9.1.2　知识产权的含义和范围

知识产权最早出现于17世纪中叶的法国,主要倡导者是卡普佐夫。随着社会的发展,无形财产在人们生活中变得越来越重要,知识产权的概念逐渐被人们所接受。各国在称谓上曾存在着较大的差别,如称“无体财产权”“智力成果权”等。1967年《成立世界知识产权组织公约》签订后,知识产权(Intellectual Property)才成为无可争议的用语。我国过去受前苏联的影响,一直使用“智力成果”用语,1986年《中华人民共和国民法通则》正式使用“知识产权”一词,“智力成果”提法在法学界逐渐被“知识产权”提法所取代。

我国目前一般将知识产权概括为：人们基于自己的创造性智力成果和工商业标记而依法享有的民事权利。

主要的知识产权国际公约一般对知识产权采用列举的方法概括。

《成立世界知识产权组织公约》第2条规定了知识产权是指下列各项权利：

(1)与文学、艺术及科学作品有关的权利；

(2)与表演艺术家的表演活动、录音制品及广播有关的权利；

(3)与人类创造性活动的一切领域的发明有关的权利；

(4)与科学发现有关的权利；

(5)与工业品外观设计有关的权利；

(6)与商品商标、服务商标、商号及其他商业标记有关的权利；

(7)与防止不正当竞争有关的权利；

(8)一切其他来自工业、科学及文学艺术领域的智力创作活动所产生的权利。

1994年达成的《世界贸易组织知识产权协定》中关于知识产权部分的协议，规定知识产权范围包括：①著作权与邻接权；②商标权；③地理标志权；④工业品外观设计权；⑤专利权；⑥集成电路布图设计权；⑦未披露过的信息专有权。

这种列举式定义直观易懂，便于操作，但难免有所遗漏。在立法上可暂时使用，从理论上说，不是好的方式。

知识产权的范围主要包括如下几个方面。

1. 专利权

专利权是指由国家专利主管机关依法授予专利申请人或其继承人在一定期间内，对其发明创造享有的专有权。专利权是一种重要的工业产权，当然，也是知识产权的一种。所以，专利权具有知识产权的主要特征。但有的特征在专利权上是非常淡化的，如权利内容的双重性在专利权上几乎没有体现。

2. 商标权

商标权是指商标所有人依法对其商标所享有的专有权。所谓商标是指商品生产者或者经营者用以标明自己所生产或经营的商品和服务者提供的服务，与他人生产或经营的同类商品和提供的同类服务相区别的标记。

3. 著作权

著作权是指作者依法对文学、艺术和科学作品所享有的各项专有权利的总和。此项权利具有排他性，除法律另有规定外，非经著作权人的许可或让与，他人均无权行使。

4. 邻接权

我国的著作权法不仅仅保护著作权，而且也保护邻接权。何为邻接权呢？各国规定相差很多。概括地说，所谓邻接权是作品传播者对传播作品的活动依法享有的专有权。国际上所称的邻接权，英文为Neighboring Rights，原义是指相邻、相近或类似的权利，作为法律上的专门用语，它专指与著作权相邻的权利。主要包括艺术表演者对其表演享有的权利，录制者对其录制品享有的权利，广播组织对其广播节目享有的权利，在我国还包括出版者对其图书、报刊及其出版作品享有的权利。

专利权、商标权和著作权是知识产权的主体，但不是全部。在我国知识产权还有：商业秘密权、商号权、植物新品种权、货源标记或原产地名称权、发明权、发现权、科技成果权等。

9.1.3 知识产权的特征

知识产权是多种民事权利中的一种,与一般有形财产所有权、债权等其他民事权利相比,它有一些不同的特征。

1. 权利客体的无形性

知识产权客体是非物质化的劳动产品,即信息类无体物。它的存在不具有一定的形态(如固态、液态、气态),不占有一定的空间,没有一定的质量,人们对它的占有不是实在的具体的控制,而是表现为认识和利用。

信息类无体物总是要通过一种物的形态表现出来。如作品内容是无形的,但表现出来或者是一本书,或者是一幅画,或者是通过其他人们能看见的形式表现出来。技术是无形的,但表现形式可以是产品。知识产权客体的无形性决定了侵权赔偿计算、转让价款计算的特殊性,这些价值的定量计算问题要远比有形财产的相关问题复杂得多。

知识产权客体的无形性是知识产权的最基本特征,它是探索一切知识产权问题的出发点。

2. 权利内容的双重性

权利有四个要素:主体、客体、内容和目的。根据权利的目的,可把民事权利分为精神权利和经济权利。所谓精神权利是指以非物质的精神利益为目的的民事权利;所谓经济权利是指以物质利益为目的的民事权利。大多数知识产权的权利内容中既有精神权利,也有经济权利,这与有形财产权一般主要体现经济权利内容有明显的不同。

知识产权的精神权利主要体现在两个方面:第一,知识产权权利人追求精神利益,如署名、获得荣誉奖等;第二,当知识产权权利人同时也是成果完成人时,其完成人身份是不能改变的,即使知识产权经过多次转让,完成人身份也不能发生变化。知识产权从理论上说也是一种财产权,它的经济权利内容必然是不可缺少的。知识产权权利人通过权利的行使,可获得相应的经济利益,知识产权的经济权利可以转让、继承。

3. 权利的依法认定性

知识产权因国家主管机关依法确认或授予而产生,这是由知识产权客体的非物质性所决定的。纯粹无形财产没有形体,不占据空间,所有人不能实际控制,客观上可以由多人使用,所以知识产权专有性必须通过法律确认。知识产权权利人要想正常地按照自己的意愿行使无形财产的占有、使用、收益和处分权,一般要依靠法律的特别保护,即通过国家主管机关授予专有权。

正因为知识产权要由国家机关认定,所以大部分知识产权的产生要经过申请和批准登记程序,如专利权、商标权等。这既有利于权利的确认,又有利于权利的管理。当然,也有一部分知识产权可以或只能自然产生而不需要履行任何程序,如著作权、商业秘密权等。

4. 权利的独占性

知识产权是一种独占性权利,具有排他性和绝对性,这一点与一般有体物的所有权相类似。即这种权利为权利人所专有,权利人垄断这种专有权利并受到严格保护,权利人以外的其他人不得侵犯这种权利,未经权利人的同意,不能享有或使用这种权利,权利人对这种权利可以自己行使,也可转让他人行使,并从中收取报酬。

5. 权利的地域性

根据现有的国际公约和国际惯例,有形财产的所有权一般是没有地域限制的,即这种所有权在不同的国家都给予确认。也就是说无论是一个公民从一国移居另一国而转移的财产，还是一个法人因投资、贸易从一国进入另一国的财产，都照样归权利人所有，不会发生财产所有权失去法律效力的问题。知识产权则不是如此，在一国依法取得的知识产权一般仅在本国有效。

6. 权利的时间性

对于有形财产来说，只要该财产没有灭失，相应的财产权就存在，当该财产不存在时，相应的财产权就必然消失，这是合理的。而对于无形财产而言，无形财产本身是不会灭失的，如果财产不灭失，独占权就存在。

对知识产权的保护旨在采取特殊的法律手段调整因纯粹无形财产的创造、使用而产生的社会关系，既要促进科学文化知识的广泛传播，又要注重保护智力劳动者的合法权益，协调知识产权独占性与无形财产社会性的矛盾。知识产权时间限制的规定即反映了建立知识产权法律制度的这种社会需要。

绝大多数知识产权的有效期，法律都有明确的规定，如我国专利法规定发明专利的保护期为 20 年，自申请之日起计算。也有的知识产权保护期是不确定的，如技术秘密的保护期即是如此。

9.1.4　专利制度的产生和发展

1. 专利法的产生和广泛传播

专利制度最早起源于英国。1236 年英国国王亨利三世曾经颁发给波尔市的一个市民制作色布 15 年的特许权。继后，英国国王爱德华三世又授予弗来明人约翰·肯特以织布、染布的特权。1367 年又曾经特许两名钟表工匠经营特权。但是，这时的专利权还仅是君主给发明人的一种特许权，是国王的恩赐物。直到 15 世纪，威尼斯为了通过发展科学技术来促进其已经发达起来的经济、贸易，于 1474 年 3 月 19 日以立法形式制定了世界上第一部专利法。著名科学家伽利略曾在威尼斯取得了扬水灌溉机械的专利权。

具有现代意义的专利法是资产阶级作为一个阶级登上历史舞台，资本主义生产方式确立以后才形成的。1624 年英国实施了《垄断法》，这个法规被认为是世界上第一部现代含义的专利法。它规定了发明专利权的主体、客体以及可以取得专利的发明主题、条件，专利有效期以及在什么情况下专利权将被判为无效，等等。这些规定为后来国家的专利法划出了一个基本范围，其中的许多原则和定义一直沿用至今。

继英国的第一部现代含义的专利法之后，美国、法国、德国等许多国家相继颁布了专利法。

2. 第二次世界大战以后，各国专利法的发展

第二次世界大战以后，在现代科学技术发展的推动下，各国的专利制度经历了一场激烈的更新过程。大多数国家或者制定了新的专利法，或者对专利法进行了根本性的修改。专利制度发生的变化主要体现在以下几个方面：

(1)发展中国家加强对专利权的限制；

(2)专利制度国际化进一步发展；

(3)逐渐扩大专利保护对象的范围。

3. 我国专利制度的产生和发展

在我国，专利思想和专利制度是在 19 世纪中叶以后，作为一种西方文明由当时的一批具有改革精神的知识分子和民族实业家介绍到中国来的。我国近代史上第一件专利是1882年光绪皇帝赐予郑观应的上海机器织布局的机器织布工艺10年专利。

我国近代史上的第一个专利立法是光绪二十四年(1898年)的《振兴工艺给奖章程》。以后关于专利的立法有:1912年辛亥革命胜利后工商部公布的《奖励工艺品暂行章程》,1923年3月农商部公布的《暂行工艺品奖励章程》,1928年6月农工商部公布的《奖励工艺品暂行条例》,1932年9月国民党政府颁布的《奖励工业技术暂行条例》,等等。我国历史上第一部正式的专利法是1944年由当时的国民党政府颁布的。

1950年8月,即在中华人民共和国成立后的第二年,中央人民政府政务院批准公布《保障发明权与专利权暂行条例》,同年10月,政务院财政经济委员会公布该条例的施行细则。该条例自公布之日起施行,至1963年11月国务院明令废止,历时13年。

自1978年底党的十一届三中全会以后,为了适应全面改革、对外开放和集中力量进行经济建设的需要,我国开始筹建专利制度,着手起草专利法。1984年3月12日第六届全国人民代表大会常务委员会第四次会议通过了《中华人民共和国专利法》(以下简称《专利法》),该法的颁布和实施标志着我国专利制度进入了一个新的历史时期。《专利法》于1985年4月1日起正式施行。1985年1月19日国务院批准了《专利法实施细则》。为了配合专利法的实施,中国专利局还针对若干具体问题公布了一系列单行部门规章。《专利法》颁布实施以来,分别于1992年、2001年和2008年进行了三次修改。

9.1.5 案例——苹果 iPad 商标侵权案

案情介绍 2000年,唯冠集团注册了 iPad 在欧洲与世界其他地区的商标。次年,唯冠大陆子公司深圳唯冠注册了 iPad 中国商标。

2009年12月,苹果通过旗下英国子公司 IP Application 支付3.5万英镑从唯冠台湾子公司唯冠国际手中买下了 iPad 全球商标权。

2010年1月,苹果正式发布 iPad。2月,苹果以深圳唯冠连续3年停止使用 iPad 商标为由要求中国商标局撤销1090557号商标。

2010年4月,苹果在深圳中级人民法院起诉深圳唯冠,认为基于之前转让协议,自己持有 iPad 商标在大陆的所有权。但深圳法院驳回了这一诉求,认为苹果是与唯冠国际达成协议,并未与深圳唯冠签署合约,而且也没有证据表明深圳唯冠批准了这一协议。

2011年,唯冠在深圳与惠州两地起诉苹果经销商,要求禁售 iPad。2月,苹果在深圳法院起诉深圳唯冠,要求深圳唯冠进行赔偿并确认苹果在大陆拥有 iPad 商标权。这是双方首次正面交锋。3月,深圳唯冠向北京工商局投诉,要求对商标侵权的苹果实施罚款。12月,深圳中级人民法院判决苹果败诉,其赔偿与商标要求均被驳回。

2012年2月22日,深圳唯冠在上海浦东新区法院起诉苹果总经销商侵权,但法院未宣判。2月29日,苹果在深圳起诉深圳唯冠要求获得 iPad 在大陆商标权的二审在广东高等人民法院开庭。

2012年4月1日,深圳市中级人民法院裁定,富邦公司(唯冠科技债权人之一)申请唯冠破产清算要求遭拒。

2012年5月9日,美国加州高级法院法官马克·皮尔斯5月4日应苹果的请求,驳回了唯冠起诉苹果 iPad 商标侵权一案。

2012 年 7 月 2 日,广东省高级人民法院对外宣布,苹果公司与深圳唯冠就 iPad 商标权问题达成和解,苹果公司支付 6 000 万美元和解费用。

9.2　专利权与专利权的保护对象

专利权客体,又称专利法保护的对象,根据我国专利法的规定,是指依法授予专利权的发明创造,即依法以专利形式保护的发明创造成果。笼统地讲,专利保护的客体即是各种发明创造;具体地看,这些发明创造按专利的种类又可分为发明专利、实用新型专利、外观设计专利、植物专利,等等。我国规定了发明、实用新型、外观设计三种专利。

9.2.1　发明

法律意义上的发明与日常生活中的发明,其含义是不完全相同的,各国法律界和学术界也有许多不同的定义。我国专利法对发明有明确的定义。《专利法》第 2 条第 2 款规定:发明,是指对产品、方法或者其改进所提出的新的技术方案。

发明根据不同的标准可以有很多分类。如根据发明完成人的数量可分为独立发明和共同发明,根据发明的完成状况可分为已完成发明和未完成发明,根据发明人的国籍可分为本国发明和外国发明,等等。但专利法上最常用的分类是根据发明所涉及的技术方案特点的划分。

我国《专利法》从国际惯例和我国实际情况出发,规定作为专利权客体的发明有两种,即产品发明和方法发明。

1. 产品发明

产品发明是指人工制造的一切有形物品,包括制造品(如机器、设备、装置、用具等)、材料(如化学物质、合成物等)以及有新用途的产品的发明。产品发明可以是一个独立的产品,也可以是一个产品的部件。未经人们加工制造而完全处于自然状态下的天然物不能作为产品发明的对象。

2. 方法发明

方法发明是指发明人所提供的技术解决方法,可以针对某种物质或某种物品实施一定的作用,使其发生新的技术效果的一种发明。方法发明是用操作方式、工艺过程等形式表现其技术方案的。

9.2.2　实用新型

实用新型是专利法所特有的概念,根据《保护工业产权巴黎公约》第 1 条规定,实用新型与发明专利一样是工业产权的一个组成部分。人们可以把它看作是保护发明创造的第二种方式。有些国家的工业产权法律中没有实用新型的概念。目前,施行实用新型保护制度的,有中国、德国、日本、法国、巴西、西班牙、意大利、墨西哥、波兰、葡萄牙、澳大利亚、菲律宾、韩国和乌拉圭等 20 多个国家。

在我国,实用新型与发明一样,是在《专利法》中作为专利的一种规定。我国《专利法》第 2 条第 3 款给实用新型下的定义是:实用新型是指对产品的形状、构造或者其结合所提出的适于实用的新的技术方案。根据这个定义实用新型作为专利权客体,必须具备以下条件:

第一,实用新型必须是某种产品;

第二,实用新型必须是具备一定形状、结构或两者结合的产品;

第三,实用新型必须有直接的实用功能价值。

作为专利权客体的实用新型与发明是科学技术上的发明创造。两者在专利权的内容、保护范围、限制及专利权人义务等方面也基本相同。但它们在法律地位、专利权取得等方面不尽相同,主要的差异有如下五个方面。

第一,实用新型的创造性水平较发明低。

实用新型仅是一种"小发明",法律对其创造性的要求低于发明。我国《专利法》规定,对发明的创造性要求是与申请日以前已有技术相比有突出的实质性特点和显著进步,而对实用新型只要求与申请日以前已有技术相比有实质性特点和进步即可。

第二,实用新型的保护范围较发明窄。

发明是对产品、方法或其改进所提出的新的技术方案,因此,它可以是产品发明,也可以是方法发明。产品可以是定形的和不定形的,除《专利法》特殊规定外,任何发明都可以获得专利权。可是,实用新型则不同,它仅限于产品的形状、构造或者其结合所提出的适于实用的新的技术方案。这样,它就不适用于物品的制造方法,同时,与形状、构造或其组合无关的产品也不能适用。所以说没有一定形状和结构的产品和方法不属于实用新型的保护范围。

第三,实用新型申请专利的手段简便。

根据《专利法》规定,实用新型专利申请,经国务院专利行政部门初步审查认为符合《专利法》要求的,不进行实质审查,即公告授权。而发明专利则须经过形式审查和严格的实质审查,专利取得的程序较实用新型复杂得多。但是,由于实用新型专利不经新颖性、创造性、实用性方面的实质审查,因此,专利的可靠性和质量难以保证。

第四,实用新型保护期短。

我国 1984 年制定的《专利法》中,实用新型专利的保护期只有 5 年,期满后可再续展 3 年,而发明专利有 15 年的保护期。1992 年修改后的《专利法》,实用新型专利的保护期为 10 年,发明专利的保护期则为 20 年。

第五,申请专利文件要求不同。

申请发明专利,根据具体的申请对象可以有附图,也可以没有附图,而实用新型申请则必须要有附图。

9.2.3 外观设计

法律上把外观设计作为保护对象的,最早见于 1711 年法国里昂市政府关于丝绸图案的规定。1806 年法国颁布了比较完整的外观设计法。随后,各国相继建立外观设计保护制度。对外观设计进行保护的国家数量远远超过对实用新型进行保护的国家。但各国对外观设计所建立的保护制度,保护的客体和保护的范围并不相同。

1883 年 3 月 20 日签订的《巴黎公约》把外观设计列入了工业产权保护范围。1958 年修订《巴黎公约》时,又增加了有关外观设计保护的最低要求,即外观设计在本联盟一切成员国都应受到保护。但是公约没有规定用何种法律形式保护。1925 年 11 月 6 日在海牙签订了《工业品外观设计国际保护海牙协定》,并建立了外观设计国际申请联盟,对外观设计进行国际合作和保护。《尼泊尔公约》也将外观设计作为成员国"可以保护"的对象之一。

我国对于外观设计长期缺乏保护,不能鼓励设计人员和单位搞设计创造的积极性,所以产品陈旧呆板,色彩单调,在国际产品市场中缺乏竞争力,阻碍了我国工业的发展。为了促进我国工业产品式样和图案、色彩的改进,使工业品更为适销,增强出口竞争力,改变我国工业产品外观设计的落后状况,我国专利法明确规定,把外观设计作为专利权客体之一。

我国《专利法》第2条第4款规定:外观设计,是指产品的形状、图案或者其结合以及色彩与形状、图案的结合所作出的富有美感并适于工业应用的新设计。按照定义,外观设计应具备以下条件:

第一,外观设计是指形状、图案或其结合以及色彩与形状、图案的结合的设计,既包括对物品外形的三维空间的造型设计,也包括对物品外形的二维平面设计;

第二,外观设计必须是对产品的外表所作的设计;

第三,外观设计必须是适合于工业上应用的设计;

第四,外观设计必须能够产生美感。

9.2.4　专利法不予保护的客体

专利法是保护发明创造的法律。一般说来,凡是具备授予专利权实质条件的发明创造均可以作为专利权的客体,予以保护。但是,有些客体实际上不属于发明创造,有些客体虽属于发明创造,按照法律规定也不能作为专利权的客体。究竟哪些客体不受专利法的保护,取决于国家的经济、技术发展水平及其专利法的具体规定。

我国《专利法》第5条和第25条明确规定了不授予专利权的发明创造和领域,按其性质可以分为以下三类。

(1)违反公共秩序的发明创造。

我国《专利法》第5条规定:违反法律、社会公德或者妨害公共利益的发明创造,不授予专利权。对违反法律、行政法规的规定获取或者利用遗传资源,并依赖该遗传资源完成的发明创造,不授予专利权。这种规定,在法律上称为"公共秩序"条款。许多国家专利法中都有类似规定,其目的在于维护国家的利益。

(2)不属于专利法上的发明创造。

专利法上的发明创造,包括发明、实用新型、外观设计,均有极严格的法律含义和必备的法律特征。显然,与此不相符合的一切智力成果,都不是专利法上的发明创造,理所当然不能成为专利权客体。在我国《专利法》中,为了进一步明确起见,专门列举了四项不属于发明创造的项目,规定不得授予专利权,它们是①科学发现;②智力活动的规则和方法;③疾病的诊断和治疗方法;④动物和植物品种。

(3)不宜授予专利权的发明创造。

这是根据一个国家一个时期的政策,由于特定的技术因素和国防利益,不宜给予专利保护的一类发明创造。各国专利法一般都有此规定。我国在1984年3月颁布《专利法》时,规定了食品、饮料和调味品,用化学方法获得的物质、药品,用原子核变换方法获得的物质,属于这类不给予保护的发明创造。1992年6月颁布的修改后的《专利法》仅把用原子核变换方法获得的物质列为这种不宜给予专利保护的发明创造。

9.2.5　案例

案情介绍　王某于2004年8月向中国专利局提出了"科学计划生育"的发明专利申请,

该项专利申请内容为向有生育能力的夫妇传授选择生男孩还是生女孩的方法，以控制人口的无限增长和人口性别比例的失衡。专利局以该项专利申请属于《专利法》不授予专利权的情形为由，驳回了王某的申请。王某对此不服，向专利复审委员会提出复审请求，专利复审委员会认为该申请为一种受孕方法，为不授予专利权的治疗方法，维持原驳回决定。王某遂向法院起诉，声称该专利申请主题是科学计划生育，不应该将其列为人类的受孕方法。专利复审委员会辩称，原告的申请是计划生育、控制人口、平衡人口性别比例等，归根到底属于人类的受孕方法问题，属于治疗方法。法院经审查，裁定专利复审委员会驳回王某的专利申请是正确的。

案例分析 我国《专利法》第 25 条规定，疾病的诊断和治疗方法不授予权利。我国《专利审查指南》对“治疗方法”作出了具体规定：以治疗为目的的受孕、避孕、增加精子数量、体外受精、胚胎转移等方法属于不能被授予专利权的治疗方法。因此法院裁定维持专利复审委员会的复审决议是正确的。

另外，《专利法》和《专利审查指南》中都规定：违反国家法律、社会公德或妨碍各个领域的发明创造不授予专利权。该案中王某提出的方法违背了我国的伦理观念和社会公德。人口的性别应该自然决定，不能随意左右。可见，申请人提出的“科学计划生育”发明专利申请违反了我国《专利法》的立法宗旨。

9.3 专利权的取得

并不是所有的发明创造都能获得专利法的保护，发明创造必须符合专利法规定的条件，才能被授予专利权。这是各国专利法确认的一项基本原则。各国都根据自己的国情，在专利法中对可以授予专利的发明创造作了某些规定，即规定了条件。一般来讲，这些条件表现为两个方面，形式条件和实质条件。所谓形式条件是指发明创造在申请专利过程中所应当满足的有关程序上的要求，如申请文件的撰写规则、内容、种类等；所谓实质条件，主要是指对发明创造本身的技术属性、技术水平和价值方面的要求，这就是广义的授予专利权的条件。在一般情况下，一项发明创造的专利申请，只有在既符合形式条件，又符合实质条件的情况下，才能被授予专利权。

9.3.1 授予专利的实质条件

1. 新颖性

《专利法》第 22 条第 2 款规定：新颖性，是指该发明或者实用新型不属于现有技术；也没有任何单位或者个人就同样的发明或者实用新型在申请日以前向国务院专利行政部门提出过申请，并记载在申请日以后公布的专利申请文件或者公告的专利文件中。现有技术，是指申请日以前在国内外为公众所知的技术。

申请专利的发明创造在申请日以前 6 个月内，有下列情形之一的，不丧失新颖性：①在中国政府主办或者承认的国际展览会上首次展出的；②在规定的学术会议或技术会议上首次发表的；③他人未经申请人同意而泄露其内容的。

2. 创造性

根据我国《专利法》的规定，创造性是指与现有技术相比，该发明具有突出的实质性特点和显著的进步，该实用新型具有实质性特点和进步。

3. 实用性

根据我国《专利法》第22条第4款的规定，所谓实用性是指发明或者实用新型能够制造或者使用，并且能够产生积极效果。

9.3.2 专利申请的原则

专利申请人在申请专利时，除具备一定的条件外，还应遵循一定的原则。

1. 书面原则

专利申请的书面原则，是指申请人办理专利申请手续时，必须采用书面的形式。专利申请的书面原则，不仅适用于专利申请人，同时也适用于专利审批机关。

2. 先申请原则

由于专利权是一种独占权、排他权，因此同一发明一般只能确定一位专利权享有人，如果有两个或两个以上的人就同一发明申请专利，如何确定专利权人成为专利法需要解决的问题。

所谓先申请原则是指两个或两个以上的申请人就同样的发明申请专利时，专利授予最先申请的人。先申请原则最大的优点在于可以简化手续，提高工作效率。

3. 单一性原则

专利申请单一性原则，又称“一申请一发明原则”，即一项发明创造只能作一次专利申请案申请，一般不允许合案申请，如果是两项以上的发明创造则应该分别提出申请。采用此原则对专利的申请、审查、登记和文献检索等都较方便，对专利权的使用、交换等方面易于实行。

9.3.3 专利申请的文件

获得专利权，除应符合专利发明的法定条件外，还必须按照专利申请的书面原则，向专利审批机关提交有关专利申请文件。

专利申请文件作为发明创造的基础文件，具有重要的法律意义。根据我国《专利法》的规定，发明和实用新型申请专利的文件包括请求书、说明书、权利要求书、摘要四类；外观设计专利申请的文件包括请求书、外观设计的图片或照片等文件。

9.3.4 几种不同的专利审查制度

审查制度是专利法的重要组成部分。世界各国都由政府主管部门对专利申请进行审核，决定是否授予专利权。由于各国具体情况不同，专利审查制度也各有特色，大体说来，可以分为登记制度、实质审查制度和延迟审查制度三种。

1. 登记制度

登记制度，是指专利审查时，只对专利申请的法定形式要求进行审查，而不对专利申请的实质内容即发明的专利性进行审查的一种制度。我国实用新型和外观设计专利审查采用登记审查制度。

2. 实质审查制度

实质审查制度是指对专利申请不仅进行形式方面的审查，还要对专利申请的技术的专利性条件及技术特点进行文献检索，与现有技术进行分析对比，最后予以审定。

3. 延迟审查制度

延迟审查制度亦称请求审查制度，是指除对专利申请的形式要件进行审查以外，对专利的实质审查推迟一段时间进行。

延迟审查制是荷兰于 1964 年开始采用的制度，从 20 世纪 60 年代以来，德国、瑞典、丹麦、芬兰等国相继采用了该制度。

我国《专利法》规定，发明专利申请实行早期公布，延迟审查制。

9.3.5 案例

案情介绍 李某研究开发了一无级变速的设备，于 1994 年 9 月 5 日向中国专利局提出了发明专利申请。王某也独立开发了与之大致相同的无级变速的设备，于 1994 年 3 月 6 日在机械工业部举办的技术会议上首次展出了该设备，并于 1994 年 9 月 6 日向中国专利局提出了发明专利申请。李某的专利申请于 1996 年 3 月 5 日被专利局公开。李某和王某的专利申请是否符合新颖性条件的要求？

案例分析 本案例涉及专利申请中丧失新颖性的例外情况、专利的抵触申请、先申请原则等方面的法律问题。

王某的发明创造虽然在国务院有关主管部门的技术会议上首次展出，在其后六个月内申请专利属于丧失新颖性的法定例外情况，其专利申请应当不丧失新颖性，但由于李某的申请先于王某，且李某的申请在王某的申请后公开，构成抵触申请，故王某的申请丧失新颖性。李某的专利申请早于王某，但是由于该发明创造已由王某于 1994 年 3 月 6 日的展出而进入已有技术领域，故李某的专利申请亦不具有新颖性。

9.4 专利权人的权利和义务

9.4.1 专利权人的权利

专利权是指在法律规定的有效期间内，专利权人对其发明创造所享有的各项专有权利的总和。专利权作为知识产权的一种，应当具有知识产权的共有特征，它的权利内容也有精神权利和经济权利两方面。但专利权的精神权利很少，所以，人们在使用专利权概念时，往往主要是指经济权利。专利权的精神权利主要是发明人、设计人的身份权。

1. 独占实施权

独占实施权，是指专利权人对专利发明创造享有的独占利用的权利。它是专利权的基本内容。我国《专利法》规定，任何单位或者个人未经专利权人许可，都不得实施其专利，即不得为生产经营目的制造、使用、许诺销售、销售、进口其专利产品，或者使用其专利方法以及使用、许诺销售、销售、进口依照该专利方法直接获得的产品。

产品专利包括产品发明专利和实用新型专利。其实施权的内容包括制造、使用、许诺销售、销售该项专利产品的权利。

方法专利指的是方法发明专利，其实施权的内容包括使用该项专利方法以及使用、许诺销售、销售依照该专利方法直接获得的产品。

根据我国《专利法》的规定，外观设计专利的实施权的内容包括不得为生产经营目的制造含有外观设计专利的产品和销售含有外观设计专利的产品两个方面。

2. 进口权

进口权,是指专利权人享有独占进口其专利产品或者包含专利产品的物品,或者进口用专利方法直接获得的产品的权利。

3. 转让权

转让权,是指专利权人有权以买卖、赠予、交换等形式将专利权转移给他人的权利。

4. 实施许可权

实施许可权,是指专利权人有权许可他人实施其专利的权利。专利的实施许可是专利权利用的主要方式,也是专利权人的一项重要权利。

专利的实施许可,既可以是独占许可,也可以是独家、普通的许可,还可以是分许可或交叉许可。

5. 使用标记权

使用标记权,是指专利权人有权在其专利产品或该产品的包装上标明专利标记和专利号的权利。专利权人还有权要求其他被许可人在销售专利产品时使用专利标记。

9.4.2　专利权人的义务

专利权人依法享有一定的权利,同时也要承担相应的义务。专利权人履行这些法定的义务,是维持专利权的必要条件,专利权人如不履行这些义务,就会造成专利权丧失、专利权被强制许可等法律后果。各国专利法规定的专利权人的义务不尽相同,但主要有实施专利发明创造、公开发明创造和缴纳专利年费的义务。我国规定了后两个义务。

1. 缴纳专利年费

缴纳专利年费是专利权人一项重要的义务,几乎所有实行专利制度的国家都明文规定了专利权人的这项义务。所谓专利年费,是指专利权人维持专利权的效力,逐年向专利管理机关缴纳的费用,多数国家称为专利年费,有的国家称为续展费或维持费。专利年费的征收起源于中世纪英国国王授予专利特权时所征收的金钱,它作为专利制度的一项重要内容被沿用至今。我国《专利法》也规定,专利权人应当自被授予专利权的当年开始缴纳年费。

2. 公开发明创造的义务

依照专利法的规定,获得专利权的发明创造必须通过说明书等文件将发明创造的内容对公众公开,这是专利法保护的前提,也是专利制度存在的基础。这是专利权人和公众利益平衡原则要求的结果。

9.4.3　案例

案情介绍　2006年4月10日,广东省知识产权局在广州某公司的经营场所现场勘验检查时,发现该公司根据东莞某公司的授权,进行了被控药品的投标并中标。工作人员将广州某公司用以投标并中标的东莞某公司制造的“养血清脑颗粒”与“ZL93 1 00050. 5”(一种治疗头痛的中药)发明专利的权利要求中记载的技术方案相比较,具有该发明专利权利要求所述的全部必要特征,落入该发明专利权的保护范围。

广东省知识产权局依法作出了处理决定:责令广州某公司立即停止侵犯专利权行为,即立即停止许诺销售东莞某公司制造的与“ZL93 1 00050. 5”发明专利的技术方案相同的“养血清脑颗粒”药品。

利害关系人东莞某公司不服,遂向广州市中级人民法院提起行政诉讼。法院经审理,作出维持广东省知识产权局处理决定的判决。

案例分析 许诺销售专利产品是指明确表示愿意出售具有权利要求所述技术特征的产品的行为。如未经授权就将专利产品陈列在展会、商店中,或列入拍卖清单,或在报纸、电视、网络上做广告等,都属于许诺销售侵权行为。本案是在招投标采购活动中发生的,被请求人许诺销售专利药品的侵权行为,应当承担相应的法律责任。

9.5 专利权的限制和保护

9.5.1 专利权的限制

建立专利制度的目的,除保护专利权人的权利外,还应维护国家和社会的利益。为防止专利权的滥用,各国专利法对专利权人的权利都作了某些限制。《保护工业产权巴黎公约》及其他专利国际条约也对专利权规定了一些限制措施。各国专利法有关专利权的限制措施主要有合理利用、强制许可及国家征用。

1. 专利权的期限

专利权的保护不能是永久的,这是公共利益的需要,也可以说是对专利权的限制。根据我国《专利法》的规定,发明专利权的期限为20年,实用新型专利权和外观设计专利权的期限为10年,均自申请日起计算。

2. 合理利用

合理利用是指法律允许的对受专利权保护的发明创造的某些利用。这些对专利发明创造的利用,可以不经专利权人的许可,也无须向其支付报酬。我国《专利法》规定了五种合理利用:

(1)先用权人的利用;
(2)科学研究中的使用;
(3)专利权用尽后的使用或销售;
(4)外国运输工具运行中的使用;
(5)善意第三人的使用和销售。

9.5.2 专利权法律保护的范围

专利权的保护范围,是指专利法规定的专利权人所享有的应当依法保护的发明、实用新型或者外观设计专利涉及技术成果范围。我国《专利法》对发明、实用新型和外观设计专利权明确规定了不同的保护范围。

1. 发明和实用新型专利的保护范围

我国《专利法》对发明专利权范围的规定基本上采纳了欧洲专利公约所体现的中式解释权利要求的原则。《专利法》第56条明确规定,发明或者实用新型专利的保护范围以其权利要求的内容为准,说明书及附图可以用于解释权利要求。这一规定明确了专利权人的权利要求是确定发明或者实用新型专利保护范围的最根本的依据。权利要求是由反映发明或者实用新型内容技术特征组成的,确定了技术特征,也就随之确定了该项专利权的保护范围。由于权利要求是用准确的文字和精练的法律语言对发明或者实用新型的技术内容作出概括的表述，有时人们难以一目了然地了解到它的含义，故必须用说明书及附图来进一步解释权利要求，以易于帮助有关人员全面了解权利要求的内容，正确判断某些人的行为是否侵犯了专利权，但是说明书及附图不能作为专利权保护范围的基本依据。

2. 外观设计专利权的保护范围

外观设计是一种图形（造型）设计，与一般艺术作品具有同样的性质，难以用文字准确地描述其内容，因此外观设计专利就不需要权利要求书，也没有说明书，只要用该外观设计的图片或照片可达到确认其权利内容的要求。根据这一特性，我国《专利法》第 56 条第 2 款规定，外观设计专利权的保护范围以表示在图片或者照片中的该外观设计专利产品为准。从这一规定可以看出，外观设计专利权的保护范围有二：其一是表示在图片或照片中的该外观设计；其二是在申请专利时指定的产品上使用该外观设计。任何单位和个人一旦仿制外观设计生产同类外观设计的产品，就构成侵犯外观设计专利权行为。

9.5.3　侵犯专利权行为及其法律责任

1. 侵犯专利权行为的概念及其构成条件

专利权虽然是一种财产权，但它是一种纯粹无形财产权，不像有形财产那样极易被所有人占有，故很容易被人侵犯，而且被侵犯了之后，不仅不易发现侵权行为，也不易确定侵权的范围。这是侵犯专利权行为与一般侵权行为的不同之处。

侵犯专利权的行为，是指未经专利权人的许可，也没有任何其他法定事由，为生产经营目的行使其专有权的行为。侵犯专利权的行为必须具备下列条件：

(1)专利实施人未经专利权人许可；

(2)必须有对专利权的不法侵害行为；

(3)侵害人必须是有过错的。

2. 侵犯专利权行为的法律责任

侵犯专利权行的法律责任包括：

(1)侵犯专利权行为的行政责任；

(2)侵犯专利权行为的民事责任；

(3)违反专利法的刑事责任。

9.5.4　受理专利侵权案件的机关

我国《专利法》有关条文规定，当专利权人的权利受到不法侵害时，可以请求专利管理机关进行处理，也可以直接向人民法院起诉。

1. 请求专利管理机关处理

所谓专利管理机关，是指国务院有关主管部门和各省、自治区、直辖市、开放城市、计划单列市和经济特区人民政府设立的专利管理机关。专利管理机关是指有权处理侵权案件的行政机关。因此，在发生专利纠纷时，专利权人和利害关系人可以请求侵权行为地区或侵权单位的上级主管部门的专利管理机关处理。对专利管理机关作出的处理决定不服时，可以在收到通知之日起 15 日内向人民法院起诉。期满不起诉的，该处理决定即具有法律效力，如不履行，专利管理机关可以请求人民法院强制执行。

2. 向人民法院起诉

当专利权受到非法侵犯时，专利权人或者利害关系人可以直接向人民法院起诉，也可以在专利管理机关作出处理决定后，对其不服再向人民法院起诉。由于这类纠纷案件所涉及科技的复杂性，为保证审判质量，最高人民法院确定，专利侵权案件由各省、自治区、直辖市人民政府所在地的中级人民法院和经济特区的中级人民法院作为第一审法院，各省、自治区、直辖市的高级人民法院为第二审法院。各省、自治区的高级人民法院根据实际需要，经最高人民法院同意，可以指定本省、自治区的开放城市或设有专利管理机关的较大城市的中级人民法院作为审理其辖区内的专利侵权案件的一审法院。

9.5.5 案例

案情介绍 甲厂研制了一种 N23 型高压开关，于 1997 年 8 月向中国专利局提出专利申请，1998 年 5 月获得实用新型专利权。乙厂于 1995 年 7 月自行研制出这种 N23 型高压开关，于 1996 年开始试生产。1997 年 9 月，乙厂完成了产品的定型图纸，至同年底，共销售 20 台。1998 年 6 月，甲厂发现乙厂的销售行为后，便主动与乙厂交涉，但是，乙厂没有接受甲厂的意见。在这种情况下，甲厂向人民法院起诉，认为乙厂侵犯其专利权。

案例分析 乙厂不侵权。根据我国《专利法》规定，乙厂享有先用权，在甲厂申请专利之前已做好了生产的准备，有权在原有范围内继续生产，不视为侵权。